内容简介

本书涵盖对智慧农业概念和相关技术的介绍，以及对农业各个产业信息化、数字化和智能化情况的讨论。第一章为绪论，主要介绍智慧农业的由来及发展；第二章介绍智慧农业的支撑技术；第三章和第四章讨论智慧作物种植（包括智能种植决策和生长智能监测）；第五章至第八章分别讨论智慧果园、智能化植物工厂、智慧畜牧和智慧渔业；第九章讨论智慧农产品运营。

本书内容全面，知识面广，可读性强，适合作为各类高等院校相关专业课或通识课的教材，也可以作为相关学科的科研人员以及农业从业人员的参考读物。

农本通识教育书系
普通高等教育农业农村部"十三五"规划教材

智慧农业概论

熊　航　主　编
李道亮　吴文斌　副主编

中国农业出版社
北京

编写人员名单

主　　编　熊　航（华中农业大学）
副 主 编　李道亮（中国农业大学）
　　　　　吴文斌（中国农业科学院
　　　　　　　　　农业资源与农业区划研究所）
参　　编（以姓氏笔画为序）
　　　　　方亚平（华中农业大学）
　　　　　卢云帆（华中农业大学）
　　　　　史　云（中国农业科学院
　　　　　　　　　农业资源与农业区划研究所）
　　　　　刘　斌（西北农林科技大学）
　　　　　李晓慧（华中农业大学）
　　　　　陈　琳（华中农业大学）
　　　　　宋　茜（中国农业科学院
　　　　　　　　　农业资源与农业区划研究所）
　　　　　倪福川（华中农业大学）
　　　　　凌　霖（上海海关学院）
　　　　　陶　慧（华中农业大学）
　　　　　程瑞锋（中国农业科学院
　　　　　　　　　农业环境与可持续发展研究所）

前 言

　　智慧农业是全球农业未来发展的方向。当前，世界各国都在大力推进农业的数字化、智能化转型，农业人才培养也要积极顺应和融入这个大趋势。2019年，我国农业高等教育开设了"智慧农业"本科学位专业，现已有15所大学招收了该专业的本科生，还有大专院校正在积极申报设置该专业。现有院校多是结合自身的学科优势和特色，进行智慧农业专业的课程体系设计。由于智慧农业显著的前沿性和学科交叉性的特点，目前尚缺乏系统性介绍智慧农业及其相关科技与实践知识的教材。作为一部农业农村部规划教材，本书希望成为可供智慧农业专业基础课程教学和农业通识课程教学选用的教材。智慧农业的快速发展对相关学科内部以及学科之间的交叉研究提出了迫切的需求，本书希望成为智慧农业领域的科研人员快速了解其他学科相关知识的参考书。此外，越来越多新型农业经营主体、高素质农民、农技推广服务人员、农业部门管理人员参与到农业数字化、智能化的实践中来，掌握一些与智慧农业相关的理论知识有助于提高相关工作人员工作的科学性和方向感，本书也希望成为想了解智慧农业概貌和基本技术原理人员的参考手册。

　　本书系统地介绍了智慧农业的发展现状、核心技术及不同产业领域的应用情况，作为一部介绍农业前沿科技应用的通识读物，它具有以下几个特点：

　　（1）全面性。智慧农业是农业全部产业、农产品全产业链上的创新与变革。本书系统地阐述了作物种植、果蔬种植、畜牧业、渔业等各个农业细分产业数字化、智能化的状况和前景，全面地介绍了智慧农业所涉及的技术、数据、模型和产品等，在价值链上除了包含生产这一环节，还覆盖了流通和销售等环节，力图为读者展示智慧农业的全貌。

　　（2）实践性。智慧农业是5S、大数据、人工智能、区块链、VR/AR、智能控制等新兴科技以及传统技术的新发展在农业中的全新实践。本书内容以实践相关的知识为主、纯理论性知识为辅，针对产业应用领域的每一章（即第三至第九章）都设置了应用案例，与日新月异的实践紧密相连。当然，智慧农业技术的发展一日千里，尽管本书试图选取有代表性的最新实践作为案例，仍然无法充分展示智慧农业一线的状况，鼓励读者多到鲜活的实践中去观察和体会。

（3）跨学科性。智慧农业是一个将诸多学科的理论、技术和产品融为一体的庞大系统工程。本书的内容直接涉及作物栽培学、植物保护学、土壤学、园艺学、畜牧学、水产学、农业经济学、市场营销学等多个科学以及信息技术、控制技术、工程技术等多个领域的技术，具有学科多样性高、学科跨度大、文理交叉等特点。

（4）通俗性。虽然智慧农业所涉及的知识专业且复杂，但作为一部通识读物，本书尽量避免讲解晦涩的理论，专业术语的介绍也尽量采用通俗易懂的语言，力求在知识的全面性、专业性以及内容的易读性之间找到平衡。

基于这些特点，本书能够基本胜任对其定位的服务教学、服务科研和服务实践的使命。具体而言，本书可以作为大专院校智慧农业专业基础课程及农业通识课程的教材，作为从事智慧农业相关研究的研究生和其他科研人员的参考读物，作为具有一定专业基础知识的智慧农业从业人员的科普读物。

自入选农业农村部"十三五"规划教材以来，在负责人的精心组织下，来自华中农业大学、中国农业大学、中国农业科学院、西北农林科技大学四所科研院校的教学科研人员有序开展各个章节的编写工作。参与编写人员的学科背景覆盖了本书所介绍的智慧农业的各个领域，他们都在各自的领域围绕智慧农业开展研究、教学和实践，本书既是他们对相关知识的归纳总结，也体现了他们在智慧农业方面的研究成果。

本书在结构设计、编写组织、内容编写和审阅过程中，得到了除编写人员以外的诸多学者的帮助，他们包括华南农业大学的罗锡文院士、周志艳教授，南京农业大学的朱艳教授、汤亮教授，华中农业大学的朱龙付教授、丁幼春教授、杨万能教授等。本书的内容编写参考了许多文献资料，吸收了许多专家同仁的观点和说法。在此，一并表示诚挚的谢意！

本书虽经几次修改，但由于编者能力所限，加上智慧农业发展迅速，不足之处在所难免，敬请读者批评指正。作者邮箱：hangxiong@outlook.com。可通过 www.zh.ag 网站下载配套课件及学习资料。

编　者
2021 年 9 月

目 录

前言

第一章 绪论 ... 1

第一节 智慧农业的由来与含义 ... 1
一、农业的发展阶段 ... 1
二、智慧农业的内涵 ... 6
三、智慧农业的构成维度 ... 8

第二节 发展智慧农业的基础条件 ... 10

第三节 智慧农业的发展现状与趋势 ... 12
一、国外智慧农业的发展现状与趋势 ... 13
二、我国智慧农业的发展现状与趋势 ... 14
三、促进我国智慧农业发展的政策建议 ... 18

第二章 智慧农业的支撑技术 ... 22

第一节 支撑技术概述 ... 22

第二节 遥感技术与智慧农业 ... 29
一、遥感技术概述 ... 29
二、遥感卫星技术的发展状况 ... 31
三、遥感技术在农业中的应用 ... 33
四、遥感技术在智慧农业中发挥的作用 ... 35

第三节 物联网与智慧农业 ... 36
一、物联网概述 ... 36

二、农业物联网的发展 ………………………………………………… 40
三、物联网对智慧农业的支撑 ………………………………………… 41

第四节 大数据与智慧农业 …………………………………………… 43
一、大数据 ……………………………………………………………… 43
二、农业大数据 ………………………………………………………… 45
三、农业大数据与智慧农业的关系 …………………………………… 48

第五节 人工智能与智慧农业 ………………………………………… 50
一、人工智能概述 ……………………………………………………… 50
二、农业人工智能 ……………………………………………………… 52
三、人工智能在智慧农业中的代表性应用 …………………………… 54

第三章 智能种植决策与执行 …………………………………………… 55

第一节 智能决策支持系统 ……………………………………………… 55
一、智能决策支持系统的内涵 ………………………………………… 56
二、智能决策支持系统的发展概况 …………………………………… 60
三、总结与展望 ………………………………………………………… 61

第二节 智能种植决策的原理及模型 …………………………………… 61
一、智能种植决策支持系统的内涵 …………………………………… 61
二、智能种植决策支持系统的发展概况 ……………………………… 63
三、智能种植决策支持系统的关键技术 ……………………………… 65
四、智能种植决策支持系统的功能模块及其应用 …………………… 66
五、总结与展望 ………………………………………………………… 74

第三节 智能农机装备 …………………………………………………… 74
一、智能农机类型及相关技术 ………………………………………… 74
二、总结与展望 ………………………………………………………… 78

第四节 智能农机装备的应用 …………………………………………… 79
一、无人驾驶农机 ……………………………………………………… 79
二、植保无人机 ………………………………………………………… 80
三、智能水肥一体化技术 ……………………………………………… 81

第五节 智能种植决策应用案例 ………………………………………… 82
一、玉米生长环境数据采集 …………………………………………… 82
二、玉米种植智能分析与决策 ………………………………………… 83

三、智能水肥灌溉设备精准控制 ………………………………………… 85

第四章 农作物生长智能监测 87

第一节 农作物类型识别 87
一、农作物类型识别概述 …………………………………………… 87
二、农作物类型识别方法 …………………………………………… 88
三、图像分类技术在农作物类型识别领域的应用步骤 ………………… 92

第二节 农作物长势监测 95
一、农作物长势监测概述 …………………………………………… 95
二、农作物长势监测方法 …………………………………………… 97

第三节 农作物病虫害智能诊断与监测 99
一、农作物病虫害概述 ……………………………………………… 99
二、农作物病虫害智能诊断 ………………………………………… 100
三、农作物病虫害智能监测 ………………………………………… 106

第四节 农业气象灾害监测与预警 109
一、农业气象灾害概述 ……………………………………………… 109
二、农业气象灾害的监测与预警 …………………………………… 112

第五节 农作物生长智能监测应用案例 114
一、农作物类型识别应用 …………………………………………… 115
二、农作物叶部病害智能检测与诊断应用 ………………………… 116
三、农作物长势监测应用 …………………………………………… 117
四、农业气象灾害监测与预警应用 ………………………………… 118

第五章 智慧果园 120

第一节 智慧果园概述 120
一、智慧果园的概念 ………………………………………………… 120
二、智慧果园的由来 ………………………………………………… 120
三、智慧果园的特征 ………………………………………………… 121
四、智慧果园的主要内容 …………………………………………… 123

第二节 智慧果园的发展 124
一、国外智慧果园的发展现状 ……………………………………… 124
二、我国智慧果园的发展现状 ……………………………………… 126

三、我国智慧果园的发展趋势 ··· 128

第三节　智慧果园的技术框架 ·· 129
　　一、新型感知：智慧果园的观测系统 ·· 129
　　二、万物互连：智慧果园的信息传输 ·· 131
　　三、多维数据：智慧果园的数据采集 ·· 133
　　四、深度学习：智慧果园的智能分析 ·· 136
　　五、全域智能：智慧果园的自动控制 ·· 139

第四节　智慧果园应用案例 ·· 141
　　一、智慧果园总体技术方案 ··· 141
　　二、智慧果园的"触角"："天空地"一体化的果园智能感知系统 ·············· 142
　　三、智慧果园的"大脑"：大数据驱动的果园生产全过程诊断 ·················· 144
　　四、智慧果园的"手脚"："云边端"一体化的智能作业装备 ····················· 147

第六章　智能化植物工厂 ··· 148

第一节　植物工厂概述 ··· 148
　　一、植物工厂的概念及优势 ··· 148
　　二、植物工厂的分类及特点 ··· 149

第二节　植物工厂的发展历程 ·· 153
　　一、国外植物工厂的发展历程 ·· 153
　　二、我国植物工厂的发展历程 ·· 156

第三节　植物工厂系统构成 ·· 159
　　一、围护结构 ··· 160
　　二、环境控制系统 ··· 160
　　三、净化系统 ··· 162
　　四、人工光源系统 ··· 164
　　五、营养液栽培系统 ·· 166
　　六、智能控制系统 ··· 167
　　七、辅助机械 ··· 168

第四节　植物工厂光环境及其调控技术 ·· 171
　　一、人工光源 ··· 171
　　二、植物工厂电能及光能利用率 ··· 174

第五节　植物工厂应用案例 ·· 176

一、福建中科三安植物工厂 ·· 176
　　二、深圳富士康植物工厂 ·· 178
　　三、北京京鹏集装箱植物工厂控制系统案例 ··· 179

第七章　智慧畜牧 ·· 187

第一节　智慧畜牧概述 ·· 187
　　一、智慧畜牧的内涵 ·· 187
　　二、智慧畜牧的关键技术 ·· 189
　　三、智慧畜牧的应用示例——智慧养殖监测系统 ··· 190

第二节　基于计算视觉的动物个体识别 ··· 192
　　一、猪脸识别 ·· 192
　　二、牛脸识别 ·· 194

第三节　动物行为识别 ·· 196

第四节　动物疾病智能诊断 ··· 199

第五节　畜禽养殖管理优化模型 ·· 200
　　一、饲料营养配方优化 ·· 200
　　二、生猪销售模型优化 ·· 203

第八章　智慧渔业 ·· 205

第一节　智慧渔业概述 ·· 205
　　一、传统渔业面临的基本问题 ·· 205
　　二、智慧渔业的概念和内涵 ··· 206

第二节　智慧渔业关键技术 ··· 207
　　一、物联网与智慧渔业 ·· 207
　　二、大数据与智慧渔业 ·· 209
　　三、人工智能与智慧渔业 ·· 210
　　四、智能装备与智慧渔业 ·· 212
　　五、机器人与智慧渔业 ·· 214
　　六、云管控平台与智慧渔业 ··· 215

第三节　智慧渔业的系统组成 ··· 217
　　一、基础设施系统 ··· 217
　　二、作业装备系统 ··· 218

三、测控系统 ·· 220
　　四、云管控平台 ·· 221
第四节　智慧渔业应用场景 ·· 222
　　一、智慧池塘养殖 ·· 222
　　二、智慧陆基工厂养殖 ·· 224
　　三、智慧网箱养殖 ·· 225
　　四、智慧海洋牧场养殖 ·· 227

第九章　智慧农产品运营 230

第一节　智慧农产品运营概述 ·· 230
　　一、农产品运营 ·· 230
　　二、智慧农产品运营 ·· 231
　　三、智慧农产品运营的特征 ··· 231
第二节　智慧农产品营销 ·· 232
　　一、农产品营销 ·· 232
　　二、智慧农产品营销——电子商务的发展 ······································ 233
　　三、农产品电子商务模式的基本要素 ··· 235
　　四、典型的农产品电子商务模式 ·· 237
　　五、应用案例 ··· 240
第三节　智慧农产品供应链管理 ·· 243
　　一、农产品供应链 ·· 243
　　二、农产品供应链管理 ·· 243
　　三、智慧农产品供应链管理 ··· 244
　　四、基于区块链的农产品质量溯源 ··· 245
　　五、应用案例 ··· 246

附表 ·· 249

参考文献 ··· 253

第一章
绪　论

农业是一门植物种植和动物养殖的科学与艺术，也是一个利用自然条件和动植物的生长发育规律来获取产品的产业。人类通过对农业品种、技术、生产工具的改造、革新，不断提高农产品产量、改善农产品品质、减轻农业劳动强度、降低农业生产成本、节约能源和改善生态环境，进而为人类生存、繁衍、迁徙和从事其他类型的生产活动提供坚实的物质基础。随着农业生产实践的深化和科学技术的进步，农业生产方式不断变化。突破性的技术进展促使农业生产方式发生革命性的改变，从而使农业进入新的发展阶段，产生新的农业发展形态。智慧农业是进入 21 世纪以后开始形成的一种新型农业形态，是现代农业发展的最新阶段和最高形态。

第一节　智慧农业的由来与含义

新兴的智慧农业在原有农业形态的基础上逐步发展，是原有农业形态在精准化、数字化、智能化水平上提升的产物。了解智慧农业前，需要大体了解现代农业发展的基本历程，而现代农业又是植根于传统农业的。回顾农业的发展历程，一般认为农业经历了四个发展阶段，形成了四种形态的农业，或者将其称为农业 1.0 到农业 4.0 的四个"版本"。

一、农业的发展阶段

（一）传统农业阶段（农业 1.0）

传统农业阶段指的是农业生产以人力、畜力作为主要动力，以手工业制造的铁质农具作为主要生产工具的阶段，大体为铁器时代开始到农业机械化进程之前的时期。随着人类社会从石器时代、青铜时代进入铁器时代，冶铁技术在农业中得到广泛应用，铁制农具被普遍应用于农业生产之中。冶铁技术的发明使得农业生产经历了一次深刻的变革，其影响持续至今。在我国春秋时期，掌握冶铁技术后陆续产生了铁制锄、镰、犁等农具。这些铁制农具的使用使得大规模开垦荒地和兴修水利成为可能，许多大型水利项目如连接济、濮、汴等河流的鸿沟等相继出现。在欧洲中世纪，铁制农具极大地促进了农业生产方式的发展，如轮重犁推动了三圃制的产生，畜力条播机和中耕机的出现使得在劳动力短缺的条件下实行四圃制成为可能。在这个时期，古埃及人也发明了耕犁，并创立了作物轮作制。

在传统农业阶段，铁制农具在农业生产中的大范围应用提升了劳动生产率，牛、马等畜力的应用减轻了劳动强度，大型农田水利工程的修建改善了农业生态环境。此外，对农业生产实践经验的总结，加深了人类对土壤与物产、农时与物候等农业生产规律的认识。这些都为传统农业所开展的精耕细作提供了技术支撑。

（二）机械化农业阶段（农业 2.0）

在人类进入工业文明时代后，农业生产方式发生急剧变革，精耕细作的传统农业向高投入、高产出的机械化农业转型。农业机械化是指运用机械装备减轻体力劳动强度和提高劳动生产率，改善农业生产经营条件，不断提高农业的生产技术水平和经济效益、生态效益的过程。这一过程始于 20 世纪初电动机、内燃机的出现，它们催生了各式农业机械，内燃机牵引的轮式通用拖拉机逐渐成为农业生产的主要工具。农业机械化的根本特征是运用电力或其他动力来驱动与操纵机械设备，以代替人工劳动或者牲畜活动来完成农业生产作业。根据机械代替人力或畜力的程度，机械化可以分为半机械化和完全机械化。前者指人力或畜力部分地被机械代替的情况，后者指人力或畜力完全被机械代替的情况。

发达国家的农业机械化从 20 世纪初期开始，美国在 20 世纪 40 年代就实现粮食生产机械化，是最早实现农业机械化的国家，而其他西方国家要迟于美国。20 世纪 30 年代，欧洲各个发达国家开始发展农业机械化，到 50 年代中后期才陆续完成。2019 年，我国主要农作物耕、种、收综合机械化率超过 70%，如果以机械化率 70% 作为完成标准，我国已经实现农业机械化。我国 20 世纪 70 年农业发展的成就是传统农业向机械化农业转型，农业生产实现了由主要依靠人畜力向主要依靠机械动力的转变。根据国家统计局统计数据，2019 年主要用于农、林、牧、渔业各种动力机械的农业机械总动力达到 10.27 亿 kW·h，大约是 1952 年的 5 100 倍。在农业机械化的不断发展下，我国 2019 年粮食总产量为 66 384 万 t，比 1949 年增长 4.8 倍，以单位耕地面积产量计算，中国 70 年间谷物生产效率提升了 5~10 倍。

（三）自动化农业阶段（农业 3.0）

20 世纪后期，随着信息与通信技术（information and communication technology，ICT）、自动控制技术（autocontrol technology）、遥感（remote sensing，RS）技术、传感技术（sensor technology）等在农业生产经营中的应用逐渐增多，农业开始进入自动化

阶段。农业的自动化在机械化的基础上，减少或取消人工操作，从而大幅降低对劳动力的依赖，同时提高操作的效率。典型的农业自动化操作包括利用计算机技术来指导作物生产决策和科学管理，利用人造卫星来进行资源勘测和农作物产量预报，利用自动控制技术、传感技术、信息与通信技术构建农业灌溉自动化系统等。

农业自动化大致有三种实现方式。一是对农业机械装备的部分自动化控制。这种自动化实现方式以提高已有农业机械装备的作业与操作性能，提高作业效率和作业精度，减轻驾驶员的负担，节约资源等为目的。二是对已有农业机械装备的无人自动操作。这种自动化实现方式主要用在操作简单且容易实现无人运转，危险性高或是长时间重复单调过程的作业上。例如，用计算机程序或无线电遥控来操纵拖拉机及联合收割机，自动控制行驶，自动检测耕深、耕宽或作物行列数，自动完成作业。三是开发农业机器人。农业机器人是一种可由不同程序软件控制，能感知并适应作物种类或环境变化，有检测（如视觉等）和演算等人工智能（artificial intelligence，AI）以适应各种作业的新一代无人自动操作机械。农业生产自动化控制系统基本上是各种系统的集成，其硬件包括传感器、控制器、计算机、被控设备、总线等组成部分。

一些发达国家目前已经进入农业自动化阶段。美国、荷兰和比利时等国家在农业某些领域已经成为自动化生产的引领者。美国的大田种植中自动控制技术的采用率高达80%，主要体现在智能灌溉、病虫害监测以及粮仓自动化管理等方面。例如，在水肥管理环节，采用土壤水分温度传感器、遥感、遥测等技术监测土壤墒情和作物生长情况，对灌溉用水和土壤养分进行动态监测预报，实现水肥管理的自动化。以微灌（滴灌、喷灌等）设备的使用为基础，对取水加压设施、输水管网及灌溉出水装置等实现自动化监控和管理，实施精准施肥、精准灌溉，提高了水资源的利用率和减少了化肥的使用量。再如，在作物收获环节，利用机器视觉（machine vision）技术对农作物的颜色、形状、大小进行分析，从而判断作物是否成熟，若符合收获条件则启动收割机，实现作物收获的自动化。

目前，我国自动控制技术在农业生产中的应用尚处在初级阶段，不断完善发展农业机械化技术、提升农业机械自动化水平是当下重要的发展方向。不断提高农业机械自动化水平是农业生产安全性、高效性、精准性的保障，是农业发展的有效动力。伴随现代农业机械自动化水平的提高，人们真实感受到了机械自动化状态下的高效性，其对于农业机械自动化的真实认知，进一步推进了农业生产机械自动化的发展。

（四）智慧农业阶段（农业4.0）

智能化生产工具、无人系统是智慧农业阶段的主要特征。智慧农业是将传感器、大数据（big data）、人工智能、物联网（internet of things，IoT）、云计算（cloud computing）等现代信息技术应用到农业的生产、管理、营销等各个环节，实现农业智能化决策、精准化管理、无人化作业等全程智能生产经营的新兴农业阶段。智慧农业是现代信息技术对农业资源的重新配合和整合,是对农业生产方式、产业模式和经营管理手段的多维创新。随着经营规模程度的提高和农村劳动力减少趋势的加剧,经营主体需要运用物联网、大数据、人工智能等技术实现对农场的无人化管理。通过传感器、摄像头等获取数据后,利用有线或无线网络传输到云端,利用人工智能技术对数据进行处理和分析,通过标准化流程体系,实现农业生产、加工、销售等全产业链的智能化管理。使用机器人收获农产品,经过机器人运输到加工车间,加工完成后,利用电子商务(electronic commerce 或 e‐commerce)进行农产品销售,最终实现一、二、三产业融合发展。

2004 年,日本就已经将农业物联网列入政府计划当中,提出 U‐Japan 计划,追求实现在未来形成人、物互连的网络社会。欧洲已经实现对农产品从原料供应到销售整个流通链的全程追溯管理,利用信息化保障食品安全。美国的智慧农业也发展迅速,是第一个实现专家系统(expert system,ES)的国家。目前,美国已将全球定位系统(global positioning system,GPS)、遥感监测系统、农田信息采集与环境监测系统、地理信息系统(geographic information system,GIS)、决策支持系统和智能农机装备系统等应用于农业生产。

相比于日本、美国等发达国家,我国智慧农业起步较晚,但国家高度重视智慧农业的发展,发布了多个政策文件以支持智慧农业发展。当前智慧农业在我国还只是萌芽阶段,物联网、大数据等技术都被用于智慧农业,我国农业物联网已经探索出一批应用模式,涵盖了农业传感技术、射频识别(radio frequency identification,RFID)技术、GIS、北斗卫星导航系统(Beidou navigation satellite system,BDS)等农业信息感知识别技术,并在大田种植、设施种植、畜禽养殖、水产养殖、质量安全追溯等领域得到了一定的推广应用。

如图 1‐1 所示,农业先后经历了以传统农业为代表的农业 1.0 时代、以机械化农业

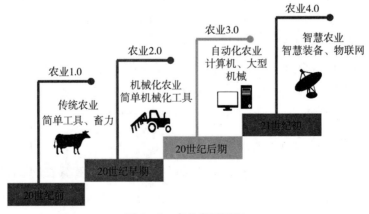

图 1‐1 农业发展历程

为代表的农业 2.0 时代和以自动化农业为代表的农业 3.0 时代，进入了以智慧农业为代表的农业 4.0 时代。智慧农业是当今世界农业发展的重要方向，也是我国实现农业现代化的必然选择。

（五）现代农业所面临的挑战

从全球范围来看，农业面临的基本挑战来自供给和需求两个方面。一方面，由于自然资源枯竭与质量下降、全球气候变化与天灾人祸频发等给农业发展和食物生产带来多重制约因素。另一方面，人口数量逐年增长与生活水平提升、居民消费升级等使得人类对农产品的刚性需求日益增长。

我国用不足全世界 10% 的耕地养活了世界近 20% 的人口，并告别了绝对贫困，这是我国农业发展的巨大成就。与此同时，我国现代农业发展面临严峻挑战。第一，农业自然资源条件不断恶化。具体表现为土壤退化与沙漠化现象严重、耕地资源日益减少、水资源严重短缺、森林资源破坏速度加快、优质生物种质资源锐减。根据国家林业局第五次全国沙漠化和沙化监测结果显示，截至 2014 年全国荒漠化土地面积占国土面积的 27.2%。中国耕地表土流失量占世界每年耕地表土流失量的 14.35%，是世界上耕地水土流失最严重的国家之一。第二，农业对环境的污染与生态的破坏加剧。中国的化肥、农药使用量都位居世界第一，农业面源污染已经成为最主要的污染来源。根据第二次全国污染源普查数据，我国种植业的氮和磷排放量占全国水体污染总排放量的 23.6% 左右，过去 30 年我国长江流域可溶性无机氮和磷含量增长 400%。第三，农村老龄化问题日益突出。农村劳动力平均年龄不断上升，且有效劳动力不断减少。截至 2019 年，我国农村适龄劳动力人口数量为 3.13 亿人，占农村常住人口的 56.8%。这一比重不仅低于全国平均水平，更远低于城镇 79.5%。在农村常住人口中，65 岁以上的人口占比超过 18%，远高于全国平均水平的 12.6%。第四，农业的投入产出比在下降。1977—2005 年，中国化肥用量增长了 700%，但粮食产量只增长了 71%，化肥投入对粮食增产的边际贡献越来越小。

如何保证农业可持续发展和粮食安全，使农业产量及品质与农业投入同步增长，实现农业高产、优质、高效、生态、安全的协调发展，是我国农业今后相当长时期内必须面对和解决的问题。解决这一问题，不能回归到传统农业的道路。传统农业生产效率过低这一现实决定了必须把大量的劳动力捆绑在土地上从事农业劳动，限制了人口承载总量，无法满足当今社会的发展。因此，必须探索一种全新的农业生态模式，对以机械技术、化学技术、生物技术为支撑的农业生态模式进行升级改造，全面提高土地产出率、资源利用率和劳动生产率，达到节本、提质、增效和生态安全的目标。以现代信息和通信技术、大数据技术、人工智能技术等为支撑的智慧农业是实现这些目标的必然选择。

二、智慧农业的内涵

（一）智慧农业的定义

智慧农业（smart farming 或 smart agriculture）这一概念是在以信息技术为代表的现代科技应用于农业的进程中逐步发展而来。在这一进程中涌现出了精准农业（precision agriculture）和数字农业（digital agriculture）等相关概念。

精准农业是在信息技术的支撑下，通过对农业生产对象和生产环境进行精确地观测和描述，从而能够定位、定时、定量地进行农事操作和生产管理的农业生产方式。它是信息技术引入农业的背景下对低投入可持续性农业（low input sustainable agriculture）这一概念的延伸，强调种植或养殖的农事活动更加精准、优化和可控，其中优化是核心，一般体现在生产要素的投入上。精准农业最初体现在通过GPS技术对拖拉机等农机装备进行精准导航，后来扩展到对各种农事操作的精准控制。成熟的精准农业是一种基于信息感知和精准控制的现代农业生产系统，它通过3S技术（GPS、GIS和RS三项技术的合称）和自动控制技术的综合应用，达到按照每一个生产操作单元上的具体条件来科学规划生产投入和充分发挥生产资源潜力的目标，从而最大限度地提高农业生产效率和减少农业生产活动对环境的影响。

数字农业以数据作为核心生产要素，通过信息技术获取、存储、分析和共享生产、流通、销售等农业价值链各个环节中的数据，对生产经营的状态和过程进行数字化监测和模拟，从而达到优化生产经营方式、高效利用农业资源、改善生态环境的目的。数字农业是农业数字化过程的产物，它深刻地影响农业价值链包括非农环节的各个方面，而不仅仅是农事操作方面，这一点也是数字农业与精准农业的区别。

智慧农业这一概念和数字农业没有本质的区别，国内外很多学者认为这两个概念可以替换性地使用。本书采用国内主流的表述方式，使用智慧农业这个概念。严格来讲，国内普遍使用的智慧农业的概念，强调的是农业智能化的特征，即根据所处的具体场景自主性地决策和操作，这一点并非数字农业这一概念所必然涵盖的。

学界对智慧农业的含义没有统一的界定，不同学者的认识相近但侧重不同。中国工程院院士赵春江认为，智慧农业是通过以云计算、大数据、物联网、空间信息、人工智能等为代表的现代信息技术、智能装备等与农业农村深度融合，实现信息感知、定量决策、智能控制、精准投入和个性化服务等功能的一种现代化农业生产方式，并指出智慧农业是农业信息化从数字化到智能化的更高级阶段。中国工程院院士罗锡文认为，智慧农业是智慧思维与信息技术等新兴科技相结合而形成的，以建立高产、优质、低耗的农业生产体系和实现农业可持续发展为目标，具体包含智能感知、智能生产和智能管理等内容。中国工程院院士汪懋华认为，智慧农业是新一代信息及通信技术与农业农村发展深度融合而形成的现代化农业形态，其技术体系包括各种能够有效提高土壤、水资源等各类资源利用效率和保护农业生态环境的技术。

综合而言，智慧农业是现代信息技术、控制技术、智能技术等与农业价值链各个环节深度融合而形成的新型农业发展形态，它通过提高农业生产经营的精准化和智能化水平实现经济效益和环境效益的提升。智慧农业主要包含智能感知、智能分析决策与智能控制三个方面。智能感知指的是通过遥感、传感器、物联网等技术和手段对农业生产经营对象、环境和主体进行观测并智能化地获取数据。智能分析决策是指运用大数据、云计算、人工智能等技术对数据进行分析，以此为基础通过模型和专家知识自主地进行生产经营决策，并根据反馈的结果不断更新迭代决策过程从而提高决策的准确性。智能控制指的是通过自动精准地控制农机装备来自主性地进行农事操作和执行智能决策所形成的生产经营方案，并根据执行效果的反馈情况来不断提高控制的精度。形象地讲，如果把智慧农业比作一个人，那么智能感知功能就对应其五官，智能分析决策功能对应其大脑，智能控制功能对应其四肢。智慧农业实现了在时间、空间两个维度对农业产业全过程、全方位地精准化管理，推动现代农业向资源节约、环境友好、产出优质保量的方向转型升级。

（二）智慧农业的特点

智慧农业作为一种新的农业发展形态，相较于其他农业发展形态，具有以下突出特点：

1. 农事决策智能化

通过遥感、传感器、气象站等获取的地形地貌、土壤养分、温度、湿度、光照度等数据，准确感知田间生产环境。运用以动植物生长生育规律开发的动植物生长模型开展分析和预测，代替农户的传统经验和局部观察进行农事活动最适时间、最优数量、最佳资源配比等决策；进一步根据在农事操作过程中实时获得的精确数据不断迭代优化模型，从而使得农事活动方案的精度不断提高，农事决策的智能化程度不断增强。

2. 农业生产精准化

通过信息技术和智能感知设备在农业生产各个环节中的应用，对土壤养分、重金属、气温、光照、水分等指标进行实时动态监测，并全面准确地记录农业生产投入与产出信息，构建覆盖全产业链的信息资源库。通过大数据手段，对农作物的生长状况进行分析，结合信息反馈系统和自动化调控设备，实现对生产环境的调节和改善。根据不同地区的气候、作物等多方面因素，结合理论和实际经验，因地制宜地运用精准农业技术，实现对农业投入的定点分配，做到精确灌溉、施肥、用药。在农业生产组织过程中，通过智能设备和组织管理支持软件，合理安排用工、用时、用地，降低劳动和土地使用成本，提高劳动生产率。

3. 农场经营管理无人化

通过运用支撑无人驾驶的导航技术（navigation technology）和无人机（unmanned aerial vehicle，UAV），可以实现作物厘米级精度的播种、分米级精度的大田精细管理、米级精度的拖拉机数百万米跨区作业调度管理。目前，我国已成功发射50多颗北斗导航卫星，组网形成一个巨大星座。天上北斗加上北斗地基增强系统，已可以满足农庄厘米级、全国分米级、全球米级的高精度实时定位导航需求。无人驾驶拖拉机集全球卫星定位、GPS自动导航、电控液压自动转向、作业机具自动升降、油门开度自动调节和紧急遥控熄火等多项自动化功能为一体，实现了拖拉机自动控制精密播种、施肥、起垄等作业。通过智能水肥一体化技术和无人植保技术，可以实现无人化或少人化的田间管理。例如，田间传感器和气象站能够实现实时获取土壤墒情和养分、气象等信息，并进行墒情自动预报、灌溉智能决策及远程控制灌溉设备，最终达到无人化管理水肥的目的。通过无人化技术、智能机器人、大数据智能决策等手段，可以实现耕、种、管、收各个环节的无人化作业与作物生产过程实时监控。

4. 种植（养殖）方式生态化

一是能够在生产过程中按照资源节约、环境友好的理念，通过计算机模拟和智能监测控制，合理确定化肥、农药等化学品最优投入量，精准控制施用时间，减少对生态环境的不利影响。二是能够因地制宜地设计循环生产模式，择优选取最佳种植、养殖或种养结合模式，精准控制各环节资源循环过程，推动发展循环生态农业，提高资源利用率和综合效益。

5. 农产品营销网络化

首先，智能感知设备能够实时精准检测产品中有益、有害成分的含量，进而调控有益成分如各种营养元素含量，有害成分如化肥、农药、生长激素的残量，以及加工环节食品添加剂的含量等，使生产的最终产品符合相应的质量标准，保证产品品质的同一性。同时，又可以根据市场和消费者需求专门生产个性化、差异性农产品，提供更多元化的产品满足不同偏好消费者的需求。其次，通过建立电子商务平台可以优化农产品经营和供应链网络，通过大数据分析可以提前预测农产品供需信息、产量、价格等，通过基于区块链的农产品追溯，回应消费者对农产品质量安全的关注，实现农产品流通扁平化、交易公平化、信息透明化，建立最快速度、最短距离、最少环节、最低费用的农产品流通网络。

三、智慧农业的构成维度

智慧农业主要包括智慧生产、智慧组织、智慧管理、智慧科技、智慧生活五个维度（图1-2）。

图1-2 智慧农业的构成维度

（一）智慧生产

智慧生产集生物、环境、技术、经济、社会等农业生产资源于一体，通过现代智能技术连接农业生产的各个环节，构建高效运行的农业生产系统，改进农业生产工艺和升级农业生产方式，促进生产的智慧化，让生产的产品更具安全性和市场竞争力，同时减少农业生产过程中的资源消耗和环境污染。

农业生产的智慧化主要体现在以下几方面：一是农业生产自动化系统的构建。依托物联网技术，构建集环境生理监控、作物模型分析和精准调节于一体的农业生产自动化系统。二是农产品安全溯源。农产品溯源系统可将农产品生产、加工、销售等过程的各种相关信息进行记录和存储，并能通过食品识别号（条形码和二维码）在网络上对农产品进行查询认证，追溯全程信息。三是规模化的生产。农业规模经营主体如农垦农区、现代农业产业园、大型农场等，采用测土配方技术、智能田间管理设备、智能采收设备等进行智慧生产。

（二）智慧组织

智慧组织是指基于持续学习，具备生产、预期和发展能力，能够透彻了解并预测生态环境中的各种关系，且能根据环境的动态变化适时调整自身与环境之间的关系，及时做出对策，从而制定正确的发展策略和管理方式的组织。其核心是通过建立知识库、知识协作中心、信息技术平台、知识网络和必要的制度来实现知识共享。

农业上的智慧组织具有如下特征：具有主导产品，组织管理上实行布局区域化、管理企业化、生产专业化、服务社会化、经营一体化。智慧组织将农户的小型生产联结起来，建立生产、技术指导、销售等共享互利平台，增强了组织的竞争力，提升了组织主导产品的品牌价值，促进了农户增收。智慧组织的建设离不开现代科技，如感知技术、互连互通技术，在这些技术的指导下，以市场为导向，实施基地化生产，进行集农户之间的生产、贸易于一体的经营活动，转变了经营模式，促进农业现代化发展。

（三）智慧管理

智慧管理区别于传统农业资源、环境和信息等方面的管理方法与技术，它运用现代农业管理技术，对农业资源、环境进行宏观调查、监测、管理和预测等，以达到资源的合理开发和利用，把握现代农业发展方向，制定科学有效的农业管理政策和措施。

现代农业发展的集约化和专业化趋势对现代管理人员提出了新的要求，科学的决策和智慧化管理对农业的可持续发展显得尤为重要。传统的农业调查和统计手段难以实时、快速、系统地获取农业资源和环境信息，这些问题的解决依赖于现代农业科技的进步和农业管理者素质的提升。现代科技的应用使得信息的获取达到实时、低成本、快速和高精度的效果，土壤、气候、水、农作物品种、动植物类群、海洋鱼类等资源信息的获取不再困难，数据管理及空间分析能力将极大提高，现代农业宏观管理和预警决策手段更加丰富，管理和决策过程更加科学和智慧。

（四）智慧科技

智慧科技是充分应用现代信息技术成果，结合计算机、物联网、移动通信、遥感、地理信息系统、全球定位系统等技术，对农业生产的各个环节进行可视化、数据化、智能化处理的现代科技，以促进农业现代化。

智慧农业的技术特征表现在，智慧农业客观上能促进农业各个领域及环节更加精细化、节约化和自动化。智慧农业通过农业生产的智能化、管理的科学化、控制的自动化，实现对传统农业产品质量和生产进程的控制，实现未来农业整体发展的目标。以数字化、智能化、信息化为主要内容的智慧农业的兴起，将促使大批高效、生态、安全型技术及产品形成。

（五）智慧生活

智慧生活是随着现代科技在农业农村的应用，农民生活的方方面面发生了变化，形成了农村的新型生活方式，涉及农村基础设施的完善、生活环境的改善、新产业的发展、新风尚的建立、社会化服务体系的健全等方面。现代科技在农业农村的应用使得农民的生活更加便捷、更加智能，有助于实现新时代乡村振兴"产业兴旺、生态宜居、乡风文明、治理有效、生活富裕"的总要求。

第二节 发展智慧农业的基础条件

智慧农业建设是具有前瞻性和复杂性的系统工程，需要基础设施、产业、科技、人才、市场、制度等方面的条件。

1. 基础设施条件

信息化基础设施是支持信息资源开发、利用及信息技术应用的各类设备和装备,是分析、处理及传播各类信息的物质基础。政府是推进农业信息化基础设施支撑体系建设的第一主体。信息化基础设施建设主要包括广播电视网、电信网、互联网的建设及其他相关配套设施的建设。在智慧农业阶段,信息化基础设施以光纤通信为骨干并通过 IP 实现互连互通,以大数据、云计算和雾计算(fog computing)作为网络功能,同时支持固定接入和移动接入的互联网,为用户提供一个高安全性、灵活性和高质量服务的网络环境。

2. 产业条件

信息产业的发展开拓了农业发展的道路,农业信息产业的发展作为重要的物质内容,直接影响着智慧农业的发展。现代农业产业的结构优化升级依赖于诸多新兴科技,信息与数据的及时、准确和全面的有效传递是这些科技手段发挥作用的关键,也是农业科学知识与技术有效转化为生产力的重要环节。企业是农业信息化产业支撑体系的主要实施主体。在智慧农业阶段,将涌现一批具有强大国际竞争力的、服务于农业产业的大型跨国互联网和信息企业,它们将着力打通第一产业、第二产业和第三产业之间的边界,有助于实现一、二、三产业融合发展。

3. 科技条件

农业信息化科技创新与应用基地建设是推进智慧农业创新发展的重要支撑,其中高校和科研院所是推进科技支撑体系建设的主体。提升农业信息化科研支撑和创新能力,要完善农业农村信息化科研创新体系,壮大农业信息技术学科群建设,科学布局一批重点实验室,加快培育领军人才和创新团队,加强农业信息技术人才培养储备。在智慧农业阶段,就是要通过大幅度提高农业科技水平来突破资源环境约束,提高劳动生产率,降低农产品生产成本,改善农产品品质,发展农业产业化,提升农业综合生产能力,加快农业发展转型升级。

4. 人才条件

推进信息技术与现代农业深度融合,迫切需要一批既懂现代信息技术,又懂现代农业技术和市场营销技术的农业网络信息服务人才。高校是培养人才的重要主体。政府要加强引导,致力于就地培养和利用人才资源,大力营造网络信息人才优先发展的良好氛围,突出产业引领,不断加大产业扶持力度,以产业聚人才,增强产业发展对人才的吸纳力。要吸引网络信息人才致力于农业发展信息化建设,使专家学者、高校毕业生、科研机构的网络信息人才积极投身于农业发展。在智慧农业阶段,从事农业生产经营的新一代农民将是一大批懂技术、会应用的实用性人才。例如，在水产养殖领域，通过集成现代信息技术、构建物联网平台，实现水产养殖中饲料投喂、收获、洗网、加工的完全自动化，只要定期维护便可实现1~2人管理全场事务。

5. 市场条件

市场条件是在互联网背景下，流通领域内农产品经营、交易、管理、服务等组织系统与结构形式的总和，是沟通农产品生产与消费的桥梁和纽带，是现代农业发展的重要支撑体系之一。在智慧农业阶段，将形成高度成熟、规范、完整的市场支撑体系，包括智能化、标准化的农产品批发市场、农产品超市以及农产品物流系统等；同时，将会形成一批具有智能化管理能力的农产品中间商，成为衔接农业经营主体与批发市场、超市的重要纽带。

6. 制度条件

发展智慧农业是一个由政府、各类生产经营主体、科研机构等利益相关者共同参与的系统工程，需要一系列的政策、制度和运行规则来充分调动各方参与的积极性，保证人、财、物等资源在这项工程中的有效配置。各地政府应立足区域农业发展特点，根据不同的气候和地质条件，加强对智慧农业工作的宏观指导，促进智慧农业相关政策的落地实施，鼓励发展适合本地实际的智慧农业模式。政府部门应加大对智慧农业的资金支持和投入，对智慧农业技术产品和应用主体给予政策性资金补贴，鼓励有实力的企业和村级集体经济组织参与到智慧农业体系建设中来。建立政府引导、社会参与的多元投入机制，鼓励采取以奖代补、政府购买服务、贷款贴息等方式，吸引金融和社会资本投入智慧农业建设。完善农业科技知识产权的利益分配机制，使知识产权制度成为激励创新的基本保障，将农业专利等知识产权作为农业科技成果评价的重要指标，与科技人员职称晋级、绩效分配等挂钩，使产权人真正得到应有的回报，充分调动广大农业科技工作者的积极性。构建智慧农业技术"政产学研用"协同创新机制，明确合作各方的任务分担、风险承担、成果归属和冲突协调措施、激励惩罚机制等，保证各方参与者合作的有效性和持续性。

第三节　智慧农业的发展现状与趋势

随着科学技术的不断突破，现代信息技术在农业领域已经得到广泛的应用，如今全球已经掀起了发展智慧农业的热潮。一些发达国家，凭借先发优势以及自身良好的资源条件等，在智慧农业领域迅速扩张并取得显著成效，提高了农业生产的质量和效率。这为发展中国家发展智慧农业提供了经验。

一、国外智慧农业的发展现状与趋势

（一）国外智慧农业的发展现状

国外一些发达国家在智慧农业发展道路上起步较早，相继开展了一系列智慧农业发展计划。美国是在智慧农业领域起步最早的国家，早在20世纪80年代，美国就提出"精准农业"的构想，其在智能监控、测土配方等方面的一系列尝试为智慧农业的发展奠定了基础。

在政策方面，各国政府和组织相继推出发展计划，为智慧农业的发展提供了良好的政策环境。美国自20世纪60年代以来先后推出了多项法律法规，包括《全国农业研究、推广和教育策法》《信息自由法案》《1996年联邦农业完善和改革法》等。日本于2014年启动了战略性创新创造项目（strategic innovation-drive project，SIP），项目提出要发展新一代农林水产业创新技术。2017年，日本发布SIP的二期修正案，其中明确指出要以智慧生物产业及农业基础技术为发展目标。2019年7月，欧洲农业机械协会（CEMA）在其"AgriTech 2030"计划中提到了未来的三个工作重心，包括以高安全标准最大化工业对高产、有竞争力、可持续耕作方法的贡献，要以使欧洲农业走在数字农业及精准农业的前沿为工作目标，以及在工业和技术方面加强欧洲在先进农业设备上的领导地位。

在应用方面，世界各国都在推进产学研相结合，大大提高了农业生产的效率和质量。美国已经将智能化农机技术、5S技术［RS、GIS、GPS、DPS、ES五项技术的合称，DPS是数字摄影测量系统（digital photogrammetry system）］等应用于农业生产中，形成了精细化、规模化的农业发展模式。日本通过发展智慧农业，采用机器人技术和信息与通信技术等，以机器人代替人力避免危险劳作并节省劳力，来应对农业劳动力短缺以及劳动力老龄化问题。以色列拥有世界上最先进的灌溉技术，精确的灌溉技术使得农业生产中水资源匮乏的问题得到缓解。此外，以色列农业设施先进，温室大棚数量多，自动化控制设备、滴灌技术与农业生产密切结合，使得耕作施肥一体化，像采棉和摘果等劳动密集型工种实现机械化，无论是种植业还是养殖业都实现精确管理以及智能控制。澳大利亚应用了5S技术、信息采集系统、农场数字化管理系统等先进技术，使得农业生产实现从播种到收获各环节的精准化。此外，澳大利亚正在发展基于物联网、云计算、移动互联网等现代信息技术的智能农场模式。同时，澳大利亚政府也在提升农民专业知识和技术能力方面做出了大量努力。印度的一些科技公司通过手机App使用人工智能帮助农户识别作物中的疾病，通过移动互联网让农户可以在线诊断作物的健康情况，并获取治疗计划以及其他生产指南。物联网等技术使农户能够实时监测作物的生长环境，并在必要时给予农户指导，保障了生长环境的适宜性。

（二）面临的问题

世界各国在发展智慧农业并取得阶段性成果的同时，也面临着各种问题。印度农业发展在技术、农业经营规模以及政府的政策支持等方面都有待进步，例如，农业信息系统存在软件相对于硬件开发不足、农户对农业信息的利用不够等问题。此外，印度市场农产品的供给与需求也由于气候变化、病虫灾害以及耕地面积的变化等得不到有效的控制。荷兰面临着农业新技术对于个体农户成本过高，以及农户的知识技能水平有限等问题。巴西在智慧农业技术的推广应用上存在一系列障碍，如农民教育程度和专业技术水平不高，市场上智能化设备难以集成以及农村基础通信设备落后等。

二、我国智慧农业的发展现状与趋势

（一）我国智慧农业的发展现状

我国政府高度重视发展智慧农业。2012年，中央1号文件提出要加快推进农业前沿技术研究，要在信息技术、先进制造技术以及精准农业技术等方面取得重大突破。2014年，政府开始实施"宽带乡村"试点工程，截至2018年已经在18个省开展整省推进、实施信息进村入户工程，这使农村网络基础设施建设得到不断的改善。全国行政村通宽带的比例截至2017年底达到96%。2015年，农业部发布《关于推进农业农村大数据发展的实施意见》，要求逐步实现农业部和省级农业行政主管部门数据库向社会开放，实现农业农村历史资料的数据化、数据采集的自动化、数据使用的智能化、数据共享的便捷化。2016年，农业部发布的《"十三五"全国农业农村信息化发展规划》提出，"十三五"期间，把信息化作为农业现代化的制高点，以建设智慧农业为目标，着力加强农业信息基础设施建设，着力提升农业信息技术创新应用能力，着力完善农业信息服务体系。2018年，科技部、农业部等共同制定的《国家农业科技园区发展规划（2018—2025年）》提出，要加快国家农业科技园区创新发展，推动农业全面升级，推动农民全面发展。2019年，中央1号文件更明确指出，要加快突破农业关键核心技术，推动智慧农业等领域自主创新。2019年，中共中央办公厅、国务院办公厅颁布的《数字乡村发展战略纲要》将加快乡村信息基础设施建设、发展农村数字经济、农业装备智能化和优化农业科技信息服务作为重点任务。随后，农业农村部、中央网络安全和信息化委员会办公室印发的《数字农业农村发展规划（2019—2025年）》提出，构建基础数据资源体系、加快生产经营数字化改造、推进管理服务数字化转型、强化关键技术装备创新、加强重大工程设施建设。

从技术上看，物联网、大数据等技术都被用于智慧农业。我国农业物联网已经探索出一批应用模式，涵盖了农业传感技术、RFID 技术、GIS 技术、北斗导航应用技术等农业信息感知识别技术，并在大田种植、设施种植、畜禽养殖、水产养殖、质量安全追溯等领域得到了一定的推广应用。例如，甘肃、河南和辽宁等地区通过传感器采集蔬菜生长环境的信息来进行全程的数据化管控，蔬菜的生长情况通过计算机视觉感知系统可以被实时检测，大棚温控技术的应用使得蔬菜的生长不受自然气候的影响，实现了蔬菜的反季节生产。黑龙江、河南等地通过物联网技术对农作物长势、虫情、土壤墒情进行监测，并实现了农田精准施药施肥、作物远程诊断管理等。北京、天津等地建立了农业用水智能计量管理系统，提高了农业用水效率，减少了水资源的浪费。此外，还有利用 3S 技术动态监测农作物的产量、利用无线传感器网络获取棉花作物精确的需水信息，实现精准灌溉等实际应用。

（二）面临的问题

智慧农业不是对传统农业的简单替代，而是在传统农业基础上的升级和迭代；智慧农业建设也不是完全的"另起炉灶"，而是基于农业 2.0、农业 3.0 以及当前的信息化水平推进数据驱动农业的转型升级。总体上，当前全球农业正处于这一转型的深刻变革中。虽然从实践来看，这一转型可能与前几次相比进行得更为迅速，但由于我国土地细碎化、农户规模小、农村整体信息化水平不高，以及相关核心技术研发能力较弱等问题，我国智慧农业转型面临着严峻的挑战。

1. 数据方面

一是系统性获取农田与农户数据的成本偏高。对于农户的生产经营而言，智慧农业是用精准、理性的科学决策代替相对模糊、感性的经验决策的农业形态。农户的农事决策一般是以地块为单位进行的，智慧农业技术以准确刻画地块和农户层面的特征数据为支撑，能够实施针对地块甚至植株的精准决策。地块层面的数据主要包括土壤温度、湿度、肥力等反映作物微观生长的环境数据；农户层面的数据主要包括反映生产经营主体（普通农户、家庭农场、农业合作社等）的播种、田间管理、收获等农事活动的数据。在我国农地细碎化程度高和小规模分散经营的现实条件下，实现对这两类数据的系统性获取都面临高昂的成本。对于生产经营主体的行为数据，目前主要通过问卷调查、访谈等方式获取，主要信息来源为农户自我报告，调查周期相对较长，一般整个生产经营周期只开展一次调查。这样的数据获取方式难以保证数据的客观可靠性。一方面，许多受访者从主观上隐瞒信息或者提供虚假信息（如刻意隐瞒农药的使用量或所收获的产量）；另一方面，农户的非主观因素也会造成信息误差。为确保数据客观、真实、可靠，在实践中只能依靠严谨的方案设计和严格的调查执行，尽可能地避免非主观因素的干扰，因而获取数据的人力、物力成本较高。对于土壤数据的获取，传统方式是通过采集土壤样本进行检测，需要依赖大量的人力、物力投入；而借助各类土壤传感器的现代手段又需支付较高费用。因此，目前通过这两种方式获取符合地块尺度决策需要的数据都面临过高成本，且其成本随着地块细碎化程度和土壤异质性的提高而不断增加。

二是多元主体参与数据获取，数据所有权不明晰。在智慧农业系统中，信息与通信技术、传感器工具等被广泛用于数据采集，原始数据还会被融合、加工形成新的数据，因而数据所有权难以界定和划分。除农户之外，参与数据采集和生产的主体还包括数据采集工具供应商、数据融合服务供应商以及纯粹的数据供应商等。在数据获取由多个主体共同完成的情况下，数据的所有权具有一定争议性。而在所有参与数据获取的主体中，农户的数据权益甚至隐私往往容易受到侵害。其一，智慧农业技术设备在采集和使用非个人数据时，通常需要与个人身份可识别信息相关联并进行认证；其二，用于监控地块和农作物的无人机、无人驾驶拖拉机等智慧农业设备同时也具备监控其使用者的功能，给农户的个人信息和数据带来潜在风险。现代产权理论指出，清晰的产权是资源有效配置和形成有效激励的前提。只有厘清了农业数据的权属关系，充分保护各类数据获取参与者的权利，才能持续地激发其采集和分享数据的积极性。

三是多源农业数据融合与挖掘面临技术难题。农业系统包含生产经营活动所依托的经济社会子系统和承载物质能量循环、生长发育过程的生态环境子系统。推进农业生产经营智能化发展，不仅要从各个方面对农业系统进行全面刻画，还要将多源数据进行融合。农业系统的数据具有来源广泛、结构多样、区域跨度大等复杂特性，这给多源农业数据的深度融合以及智慧农业技术的研发和使用带来了挑战。一方面，农业数据包含大量的文本、图像、视频等非结构化数据（如遥感影像、农事活动视频等），随着物联网的逐渐普及，非结构化数据量快速增长；另一方面，对农业大数据的整合应用超越了当前普遍采用的联机分析处理技术（on-line analytical processing，OLAP）范式，需要辅以复杂统计分析模型等深度分析手段。

2. 技术方面

一是相关的硬件和软件技术发展滞后。当前，农业传感技术滞后，难以满足构建农业物联网对农田数据获取的需求。传感器是农业物联网的"神经末梢"，是农业物联网所需数据的主要获取手段。然而，我国传感技术整体基础较为薄弱，传感器准确性差、稳定性低，与发达国家相比存在较大差距，目前大部分核心元件的供应主要依赖进口。此外，农业生产中传感器的使用也会因具体环境不同而产生差异化的特殊要求。例如，有些农业生产一般在高温多水和具有腐蚀性的环境（如温室大棚）下开展，要求农业传感器具备防水、耐高温、抗腐蚀、防昆虫等性质，这对生产传感器所需材料提出了更高要求。"传感技术强，则自动化产业强"，传感技术的滞后在一定程度上也掣肘了自动化、智能化精准农作技术和装备的发展。例如，拖拉机无人驾驶技术的发展有赖于农机导航陀螺加速度传感器和角度传感器的智能化应用，然而，目前的无人驾驶农机本质上仍是机器根据特定场景执行预先设定的操作方案，尚不能实现机器自主学习的智能化作业。此外，在软件技术层面，我国在支撑农业智能决策控制的模型和算法上也与外国存在差距。目前，我国主要采用国外开发的算法和软件，由于环境等条件的差异，其兼容性和适用性均面临不少问题。例如，我国基于国外作物生长模型研发并实现商业化应用的智能种植决策软件，在大田种植作业条件与国外较为相似的北方地区，经过大量实测数据校准后的模型能够达到较理想的预测准确度，但是在作业条件与国外相差较大的南方地区则难以适用。

二是智慧农业技术的可追责性尚不成熟。在传统的农业生产经营中，决策是农户凭借经验和既有知识做出的，而在智慧农业的生产经营中，决策软件的提供者和数据的提供者也参与了农事决策，因而错误的决策或操作所产生的经济、环境后果的追责和归责成为难题。例如，当面临由于未能及时灌溉而使作物减产的情形时，农户、灌溉决策软件供应商、监测田地含水量的传感器供应商，谁应该承担减产的责任？此外，智慧农业系统中某一个环节的决策错误可能导致下游环节的错误，并会不断传导下去，带来一系列的连锁影响。"人误地一时，地误人一年"，由于农业生产经营活动是环环相扣的，且具有很强的时节性，智慧农业技术对农时的错误判断可能延误整个农作物生长周期的生产经营活动。考虑到天气预报中的偏差难以避免，以此做出判断的智能种植决策设备出现失误的概率亦不容忽视。这对智慧农业技术的全系统可追责性，即实现对各技术设备的使用所产生后果的精准追踪提出了更高要求。就传感器而言，从目前工业领域的使用情况来看，还未达到完全可追溯的水平。这也说明至少在现阶段，智慧农业技术特别是用于决策的技术还无法开展完全独立作业，仍需要人的参与，智慧农业技术及其设备在其设计上需要保留人工操作的端口。此外，虽然不同技术设备之间可以流畅地传递数据，但是每个设备也需独立保存数据和运行日志，从而为细化分析责任提供数据支持。

三是基于物联网的智慧农业技术系统面临网络攻击风险。智慧农业作为一个由数据、技术设备组成的物联网系统，面临来自诸多方面的网络攻击。首先是针对数据的攻击，具体形式包括来自内部人员、云终端的数据泄露以及删除数据或植入虚假数据。例如，植入虚假的土壤湿度数据可能引发过度灌溉，导致粮食减产。其次是针对网络与设备的攻击，具体包括对智慧农业设备间通信无线电频率的阻塞干扰；在智慧农业软件中植入恶意程序，通过被操控的"僵尸"设备向物联网设备拒绝服务攻击以恶意消耗网络资源等。最后是针对供应链的攻击。供应链是一个由生产、加工、运输、销售等环节组成的系统，各个环节通过物联网技术相连，并依据无库存原则运行，因此其中任一环节的网络遭受攻击都会在整个供应链中引发连锁反应。

3. 经营主体方面

一是经营主体采用智慧农业技术面临较高的知识门槛。智慧农业以大数据、物联网、人工智能、遥感等技术为支撑，对数字、计算、空间等学科以及传统农业科学、气象环境、经营管理等知识都有所涉及。相关技术应用需借助人机交互界面，通过数据和算法软件实现对机械设备的精准化、自动化控制。在学习和使用技术的过程中，以农户为主体的使用者面临较高的知识门槛。

二是智慧农业引发从业人员结构的变化并加剧农户分化。智慧农业技术包含核心作业设备及传感器等配套数据采集和处理软件，使用成本较高。为分摊使用成本，技术的使用者往往集中在家庭农场、农业合作社、农业企业等生产经营规模较大的新型农业经营主体。这一方面有利于促进农村通过土地流转等方式集中土地，形成适度规模，实现规模经济；另一方面，也在一定程度上加剧了大户和普通农户在生产效率与收入上的分化。由于使用智慧农业技术的知识门槛较高，因此受教育程度相对较高的农户往往更有可能采用这一技术。同时，由于智慧农业能够有效提升农业生产经营的收益，越来越多的进城务工人员鉴于其良好的经营效益和发展前景选择返乡务农。这些因素也相继引发了农业从业人员结构的变化，并进一步导致了农民群体内部"数字鸿沟"的加剧，使得农户之间的收入和群体差异进一步加大。

三、促进我国智慧农业发展的政策建议

（一）以大数据立法为基础，建立完善数据要素参与农业生产经营成果分配的制度

建立数据所有者参与农业生产经营利润的分配机制，广泛、持续地调动各类农业参与主体利用数据创造价值的积极性，引导其获取和提供高质量数据。近年来，我国高度重视大数据立法，持续推进个人信息保护法、数据安全法等法律法规的健全完善。需要注意的是，法律法规的制定和推出一方面要明确对农户个人数据所有权的严格保护；另一方面要兼顾非个人数据的可开放性，鼓励农业企业等主体将大数据资源广泛用于技术研发。应以数据相关法律为依据，探索建立数据作为一种生产要素在不同贡献者之间的分配机制。各地要依托大数据管理部门，因地制宜、建章立制，推动全国范围内相关制度的健全和完善。软硬件手段相结合，突破微观数据获取的技术瓶颈。地块和农户数据的高效采集有赖于传感器、区块链等数据获取与管理技术的完善和规模应用。传感器不仅能够取代土壤样本检测，实现对生态环境数据的持续监测，而且能够客观精准地记录农户的生产经营行为（如土壤传感器可以准确地记录化肥的使用时间、频

次和使用量等)。应大力推动传感技术研发及其制造工艺升级提效,提高传感器的精度,降低其生产成本。区块链作为账本式的数据库,可以将包括传感器获取数据在内的多源数据集合在一起,其安全性和去中心性也有利于鼓励引导农户提供和分享个人数据。应积极发挥农产品电商的辐射带动作用,通过供应链上游带动下游的数字化、信息化进程,大力推广传感器、区块链的使用,推进生产经营主体行为数据采集的电子化、自动化,努力实现全产业链的数字化。

(二)盘活存量、优化增量,构建农业知识图谱,打通信息孤岛

在不改变现有数据资源的权属与管理格局的前提下,推进数据之间的逻辑互连,建立农业农村政务信息资源的共享交换机制,进而与行业企业数据、科研机构数据实现互通共享。同时,完善大数据管理部门统筹协调机制,逐步推动数据资源的物理集中。优化数据采集和生产项目立项流程,从规划、立项审批、建设、审计等环节严格把关,通过方案指导、规范标准等方面的技术支持,促进数据之间的互连互通,避免产生新的信息孤岛(information silo)。以自动、高效地采集、提取和加工农业大数据为目标,加快推进新兴数字技术的综合应用,通过构建知识图谱(knowledge graph)对多源异质异构的农业大数据进行有效融合,依托分布式计算模式的图像分析手段,实现对农业知识图谱内容的深度挖掘。

(三)用技术和算法代替人工,降低智慧农业技术系统可能面临的网络攻击风险

基于区块链的农产品追溯系统能有效防范针对农产品供应链的网络攻击,而智慧农业系统中的物联网则以传感器取代传统人工记录方式,能够采集和向区块链中枢上传数据。同时,还可与智能合约共同使用,从而减少交易的中间环节和相关人员的参与,规避人员工作疏漏可能引发的网络攻击。此外,人工智能的使用也有利于提高智慧农业技术系统的网络安全性,例如,基于机器学习(machine learning,ML)的算法能够监控整个系统中的安全性指标,一旦发生安全异动可及时做出反应;对于无须做出反应的异动,也会在不断学习中提高判断的准确性。将高标准基本农田建设与数字农业农村发展相结合。根据发展智慧农业的需要,创新高标准基本农田设立标准,为构建面向地块的智慧农业技术体系打好基础,从而让高标准基本农田成为数字农业农村发展基础数据资源的重要依托。将发展智慧农业的需要落实到高标准基本农田的建设中,藏粮于地、藏粮于技,进一步提升国家粮食安全保障能力。同时,集中整合高标准基本农田建设与数字农业农村发展的人力、物力,推动智慧农业技术体系及其基础设施的健全和完善。以农村土地承包经营权确权登记为基础,实现高标准基本农田上图入库和耕地质

量信息的数字化动态监控。

(四) 加大科技研发力度，加快突破关键技术，提升信息化应用水平

智慧农业的发展需要依托共性的关键科学技术，尤其是传感技术、无线传感器网络（wireless sensor networks, WSN）技术、农业云计算和农业大数据的挖掘技术等。传感技术是智慧农业的核心技术，高端传感器的核心部件（激光器、光栅等）自主知识产权缺乏制约了智慧农业发展，应研发具有自主知识产权的土壤养分（氮素）传感器、土壤重金属传感器、农药残留传感器、作物养分与病害传感器、动物病毒传感器以及农产品品质传感器。此外，研发一批能承担高劳动强度、适应恶劣作业环境、完成高质量作业要求的农业作业机器人，如嫁接机器人、除草机器人、授粉机器人、打药机器人以及设施温室电动作业机器人等。加快自主研发的步伐，开发一批拥有自主知识产权的智能化技术装备；加强技术标准建设，依托产业联盟、行业协会等组织，积极推动国家和行业标准建设，建立国家标准、行业标准、地方标准、团体标准等；推动新型互联网技术使用，依靠区块链等新型技术，建立农产品可追溯体系，将农业数据转化为具有价值的商业数据；整合各个部门的大数据资源，加强农业数据的收集和开放平台建设，在一定范围内建立数据共享机制。促进农业科研机构的相互合作和交流，使农业科研项目井然有序地进行，减少重复研究，强化集成创新，并统筹兼顾智慧农业发展所需的各项高科技。

强化信息基础设施建设，降低智慧农业发展成本。加强智慧农业基础设施和应用系统建设，利用"互联网＋"优化产业链、价值链结构，构建集实时感知、智能决策、自动控制、精准作业、科学管理于一体的智慧农业体系；扩大农业装备、关键核心技术工具在农业中的应用，加快发展大型化、自动化、智能化等高端农业设备，提高农机装备信息整合、精准作业等能力，突破主要农业经济作物全程机械化瓶颈；解决网络覆盖、信息通畅问题，研发和推广适合农民操作和使用的信息终端设备，统筹规划与建设农村物流基础设施，通过农村物流枢纽建设，将农产品的生产、加工、仓储、运输、配送等服务串联起来，形成县、乡、村三级网络。

加快智慧农业科技人才培养，充实运营操作、行政管理和研发队伍。第一，提高经营主体的互联网知识水平，大力发展线上农民教育培训，提升农民使用智慧农业技术的能力。第二，引入新人和培训现有人员双措并举，提升行政管理人员的数字技术和专业知识素养，进一步提高其管理和服务智慧农业建设的能力。第三，鼓励高校，特别是涉农高校开办智慧农业、大数据应用等跨学科专业或研究方向，大力吸引优秀学生和具备信息技术、大数据、人工智能等"硬技能"的人才进入农业领域。第四，推动科研机构与行业企业协同攻关，因地制宜，积极研发小型智能农业机械等硬件设备和智能种植决策模型等软件程序。积极引入虚拟现实等新兴可视化传播工具，将农户使用新技术的实景过程、基本

原理等内容，按照操作环节或知识点制作成短视频，通过相关机构和农户分享至网络社交平台，使新知识、新技术在生产经营主体中广为传播。这种方式具有以下传播优势：知识的呈现形式新鲜而富有吸引力，能有效调动农户学习和模仿的积极性；内容生动直观且本地化，易于被农户理解和接受；传播和交流成本低，受众面较广。除了在政府的农技推广中采用此类方式外，还可以赋予涉农科研人员一定的农技推广职责，鼓励其发挥自身优势，探索和实施先进的农技推广手段。

第 二 章
智慧农业的支撑技术

第一节 支撑技术概述

智慧农业以一系列新兴技术为支撑,这些技术显著地提高了人们获取、分析和使用农业数据的能力。具体而言,遥感技术、传感技术、物联网技术和区块链技术扩展了获取农业数据的范围、提升了数据的可靠性和数据采集的效率,大数据技术和云计算技术使得数据的分析更加高效,人工智能技术和虚拟与增强现实技术提升了数据的应用能力及水平。这些支撑技术在智慧农业各个数据环节的分布如图2-1所示。

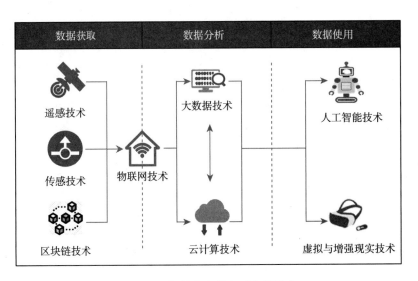

图2-1 智慧农业的主要支撑技术

(一)遥感技术

遥感技术是在现代物理学、空间科学、计算机技术、数学方法和地球科学理论的基础上发展起来的一门新兴的、综合性的交叉学科。它是应用各类主动或被动探测仪器,不与探测目标相接触,从卫星、飞机等平台来记录地面目标物的电磁波特性,通过分析来揭示物体的特征性质及其变化的综合性探测技术。一套完整的遥感系统由遥感器、遥感平台、信息传输设备、接收装置以及图像处理设备等组成。遥感技术从 20 世纪初以航空摄影技术为主到 20 世纪 60 年代进入卫星遥感时代,发展了多种不同平台、不同方式的传感器,遥感探测地物的能力(包括地物的性质和大小)和应用范围得到了极大的拓展。

农业是遥感技术最先投入应用和收益显著的领域。遥感技术一般集成于物联网技术中,在农业生产中发挥作用,以农田为观测对象,可用于监测作物生长过程、加强作物生长田间管理等。例如,热红外遥感技术是获取农田温度的重要手段,无人机监测能够极大提高热红外数据的空间分辨率,通过合成卫星与无人机的影像数据,提供数米甚至厘米级别的农田温度产品,有利于研究更小尺度的农田生态系统,在农田的干旱监测、蒸散发估算以及作物估产等方面大有用处。再如,通过无人机高光谱和偏振观测能够监测作物的氮、磷、钾营养元素的含量水平及其比率,为施加农肥提供指导。此外,无人机遥感监测作物病虫害,为施加农药提供精确指导,大大降低农业土地的化学污染。

(二) 传感技术

传感技术作为信息获取的重要手段,与通信技术和计算机技术共同构成信息技术的三大支柱。在国家标准 GB 7665—2005 中,传感器指的是"能感受被测量并按照一定的规律转换成可用输出信号的器件或装置,通常由敏感元件和转换元件组成"。新韦式大词典对传感器的定义是:"从一个系统接受功率,通常以另一种形式将功率送到第二个系统中的器件"。传感器的发展历程可大致分为三代:第一代是结构型传感器,它利用结构参量变化来感受和转化信号。第二代是 20 世纪 70 年代发展起来的固体型传感器,这种传感器由半导体、电介质、磁性材料等固体元件构成,是利用材料某些特性制成的。第三代是 2000 年开始逐渐发展的智能型传感器。智能传感器是指其对外界信息具有一定检测、自诊断、数据处理以及自适应能力,是微型计算机技术与检测技术相结合的产物。传感技术在农业领域中有着广泛的应用,在智慧农业的发展中发挥着重要作用。

在种植业应用上,传感器可以精确地对土壤湿度、土壤养分含量、光照度等进行检测,以确定种植计划、进行精准种植和管理。如通过分析土壤成分来确定施肥量和灌溉量,通过分析植物样本来确定作物成熟程度以判断采摘收获时间,利用二氧化碳、氧气、温度传感器来确定是否进行通风以调节温、光、气等条件。利用传感器也能进行灾害天气和病虫害预警,有效预防农业风险。在养殖业应用上,以养猪为例,在猪舍中安装氨气传感器,时刻监控氨气浓度并合理通风、清粪,可有效避免引发疾病。此外,利用传感器对水分、湿度、温度、光照、饲料营养成分、畜禽健康状况等检测,相较于人员检测数据更精准,同时也节省人力资源。

（三）物联网技术

物联网技术的基础和核心是互联网。它是基于互联网的扩展网络，是从无形到有形的延伸，其将有形对象添加到原始的不可见网络中，通过各种有线或无线通信网络实现互连。物联网技术的发展以传感技术和遥感技术为基础，通过智能传感器、射频识别设备、激光扫描仪、全球定位系统、遥感等信息传感设备及系统和其他基于"物—物"通信模式的短距无线自组织网络，智能化识别、定位、跟踪、监控和管理物品。

物联网技术在智慧农业中的应用为农业现代化发展提供了技术支撑。物联网技术在现代农业中的应用主要体现在三个方面。一是监测农业生态环境。应用物联网技术采集信息、传输和分析，找到适合该土壤生长的农作物，监测出土壤存在的问题并改善土壤环境。这一技术的应用也能监测水环境、大气环境等，比如监测水环境，确保水源中不存在危害人们健康及农作物生长的微生物与重金属；监测大气环境，及时发现存在的有害气体，便于管理人员及时采取改善措施，为农作物的健康成长提供良好的生长环境。二是监管农产品质量。当前阶段，农产品质量的监管物联网技术已经逐步应用于农产品质量安全追溯管理、跨区域畜禽电子出证等政府监管中。在溯源系统中，物联网技术贯穿生产、加工、流通、消费各环节，实现全过程严格控制。因此，可以应用射频识别技术或者二维码有效监督农产品生产过程，确保农产品、生态环境的安全。三是智能节水灌溉。其工作原理是应用各种传感器监测农作物、土壤等相关数据，再通过墒情信息采集站将检测到的数据传输到中央控制系统，分析软件中汇集的数值，比如在比较补偿点、含水量以及灌溉饱和点之后确定是否应停止灌溉，应用中央控制系统将开启或关闭阀门的信号传输到阀门控制系统中控制阀门开关，从而节约水资源。

（四）大数据技术

大数据技术是指在收集、传递、处理和应用数据的过程中所用到的一系列技术，本质是方法和工具，具有来源多样、类型多样、量大而复杂的特性，并具有一定的潜在价值。大数据技术采用统计学理论和方法，突破了传统数据管理的局限性和狭隘性，通过对海量数据进行精细化分析、聚类、总结，找出有价值的目标数据资源，分析繁杂事务中的本质关系，通过比较不同层次、维度，以及历史和现代的数据，找出有规律性的东西，得出有价值的结论。处理大数据的技术一般包括大数据采集、大数据预处理、大数据存储及管理、大数据分析及挖掘、大数据展现和应用，应用方面主要包含大数据检索、大数据可视化、大数据安全等。

大数据的关键技术在农业领域均有具体的展现和应用。以精准农业生产为例，大数据技术作用于农业生产的流程为：田间传感器测量土壤和周围空气的湿度与温度→控制中心收集并处理实时数据→分析决策。大数据采集技术的应用集中于大数据智能感知层，农田的土壤、水质、气候等生产要素通过数据传感、网络通信、传感适配、智能识别及软硬件资源接入设备，实现对结构化、半结构化、非结构化的海量数据的智能化识别、定位、跟踪、接入、传输、信号转换、监控、初步处理和管理等。再运用大数据预处理技术对已接收数据进行辨析、抽取、清洗等操作，利用存储器把采集到的农业数据存储起来，建立相应的农业数据库，并进行管理和调用，继而通过深度挖掘可视化农业资源状况，把握农业生产问题的动向，及时制定合理有效的策略，促进农业资源的合理利用和优质高效的发展。大数据技术促进了农业现代化，第一，获取农业生产完整周期的数据，提高监督的有效性；第二，利用收集的数据分析农业生产投入产出，及时决策，提高农业生产率；第三，利用农业大数据进行预测，制定合理的生产计划；第四，气候等自然环境的大数据促进了人类与环境的互动，有利于农业生产的生态化和可持续发展。

（五）云计算技术

云计算是一种提供资源的网络，是与信息技术、软件、互联网相关的一种服务。它以互联网为中心，在网站上提供快速且安全的计算服务与数据存储，让每一个使用互联网的人都可以使用网络上庞大的计算资源与数据中心。云计算作为传统计算技术和网络技术融合发展的产物，具有资源配置动态化、需求服务自助化、资源池化与透明化等特点。云计算体现出来的集约化建设、按需动态分配资源等优势，更适合应用于集约化建设农业共性技术支撑平台。

从不同农业经营主体来看，云计算扮演着不同的角色。农业企业需要存储和处理农作物养殖和种植数据、农作物生产加工数据、农作物仓储物流流通数据、农作物销售管理数据，以及基于数据的监管主题数据、报表中间数据、报表结果数据、应用细节数据等。地县级农业管理部门需要存储和处理农业情况监管数据，以及对企业级各环节的监管数据、报表数据等。省级农业部门作为云数据中心，处理来源于企业级、地县级的数据，存储和处理如气象、灾情预测诊断及应急反应、农业资源的评估与管理、作物长势预测与估产等数据。

（六）人工智能技术

人工智能是模拟人的感知能力、思维规律和过程（如学习、推理、思考、规划等）构建的具有一定智能的人工系统，已成为继自动化、电气化和信息化之后的新一轮工业革命的基石，在很多学科领域获得广泛应用。当前，世界人口的增长、膳食结构的改善与粮食需求之间的矛盾日益突出，对人类来说，农业领域的挑战比其他领域的挑战更加激烈，而基于人工智能的智慧农业是解决这一挑战的有效途径，具有巨大的应用潜力。

现阶段，人工智能技术不断得到突破，在计算机视觉、自然语言处理（natural language processing，NLP）、智能决策支持、自动规划、回归模型等技术方向上取得了一定成果，开拓了应用领域。在农业领域，人工智能技术应用面广，贯穿于农业生产的全过程，主要应用方向如下：

一是农作物选种和土壤分析。在作物种植之前，可通过搜集优良种子性状及其对应数据，构建分类模型，对未知种子进行筛选，保留具有优良形状的种子，从源头提升农产品产量；同时，使用土壤传感器收集土壤可溶性盐含量、地表水分蒸发量、土壤湿度等数据并运用训练好的人工神经网络模型进行预测分析，提前判断土壤情况，以便采用相应的种植措施。

二是农作物田间管理。在作物生长过程中，传统的田间管理技术如除草、施肥、喷洒药物、收获等耗费大量的劳动力，且因管理方式较粗放，造成一定的资源浪费。人工智能技术在田间管理上大有可为，如除草机器人、无人机施肥和喷洒农药、语音识别病虫害、采收机器人等技术，可减少劳动力投入、科学合理利用农资、减少资源浪费、实施精准施肥、防治病虫害等，有利于田间管理的智能化、智慧化。

三是农作物产量和价格预测。人工智能技术的预测功能核心在于构建以大数据为基础的预测模型。在农作物产量预测方面，通过综合往年如温度、湿度、光照、水分、土壤、作物种类等农田信息，借助数据挖掘（data mining）技术，构建关联分析模型，找到影响农作物产量的关键因素，并将往年关键因素数据与农作物产量数据作为预测模型训练集，借助训练好的模型对后期农作物产量进行预测。在农作物价格预测方面，可利用历年农产品种类及其对应价格、需求量、国内实际产量、进口量等多种数据训练神经网络预测模型。

（七）区块链技术

区块链是一个记录一系列事件的链式清单，这些记录（被为"区块"）之间通过加密算法连接在一起，后一个记录包含了前一个记录的所有信息。它的本质是一个记录在参与者之间执行和分享的事件（如交易）的分布式数据库或者公共账本。该公共账本中记录的每一次事件都需要经过多数参与者的确认，同时一旦被记录下来就不能被修改或者删除。随着区块链的发展，它成了一种分布式数据存储、点对点传输、共识机制、加密算法等计算机技术的新型应用模式。它是基于智能合约规则的共享数据库，通过这个共享数据库建立一组互联网上的公共账本，由网络中所有用户共同在账本上记账与核账。作为一个分布式的共享数据库或公共账本，区块链具有去中心化、不可篡改、全程留痕、可以追溯、集体维护、公开透明等特点。

截至目前，区块链技术的发展经历了三个阶段。第一个阶段（区块链1.0）以可编程的、加密数字货币的形式存在，区块链1.0的代表应用是化名为中本聪（Satoshi Nakamoto）的学者提出的比特币（bitcoin），这种加密货币的底层技术实现了在没有任何权威中心机构统筹的情况下在互不信任的用户之间用加密货币进行支付。第二阶段（区块链2.0）在数字加密货币的基础上加入了智能合约（smart contract）等系列的见证协议。智能合约是一种以信息方式传播、验证或执行合同的计算机协议。该协议是由事件本身触发的，例如达到某一个特定的价格或者时点，交易就会自动被执行。智能合约可以不通过第三方进行可信交易，且交易可追踪、不可逆转。它是在区块链上自我管理的契约。区块链2.0的典型应用是以太坊，也是智能合约的应用产物。以太坊是一个开源的有智能合约功能的公共区块链平台，通过其专用加密货币以太币，提供中心化的以太虚拟机来处理点对点合约。第三阶段（区块链3.0）增加了网关控制，强化对安全保密的需求支持和对数据的可靠性管理（数据审计）以及以 EOS、Hyperledger Fabric 为代表的共识协议。区块链3.0最终能够对于每一个互联网中代表价值的信息和字节进行产权确认、计量和存储，从而实现资产在区块链上可被追踪、控制和交易。区块链的应用范围由此拓展到金融领域之外，能够为各种行业提供去中心化解决方案。

值得一提的是，区块链根据应用范围可以分为公共区块链（public blockchain）、联盟区块链（consortium blockchain）和完全私有区块链（fully private blockchain）。公共区块链（公有链），是指全世界任何一个人都可以读取、任何一个人都可以发送交易且交易能够获得有效确认的共识区块链。联盟区块链（联盟链），是指有若干组织或机构共同参与管理的区块链，每个组织或机构控制一个或多个节点，共同记录交易数据，并且只有这些组织和机构能够对联盟链中的数据进行读写和发送交易。完全私有区块链（私有链）是指写入权限完全在一个组织手里的区块链，所有参与这个区块链中的节点都会被严格控制。

区块链将给各行各业带来革命性的变革，也是互联网行业新的经济增长点和风口，这种技术浪潮是不能逃避的。区块链去中心化的特点满足了网络的全球化和自由需求，但这种技术还存在着诸如容量和交易方便程度以及监管等方面的限制。区块链作为一个新生事物，具有强大的生命力，将在行业和应用的细分市场中找到自由和监管、匿名和开放、隐私和安全等一系列的平衡点，最终得到广泛的应用。

（八）虚拟与增强现实技术

1. 虚拟现实技术

虚拟现实技术，指利用高性能计算机系统通过虚拟现实产生器重构一个三维虚拟的数字化世界，借助近眼显示、感知交互、渲染处理、网络传输和内容制造等新一代信息与通信技术，通过多种传感和体感终端控制设备，如头戴式显示器、运动追踪器等与三维虚拟世界中的虚拟人和事物进行交互。虚拟现实技术立足身临其境的沉浸式体验，为用户提供了一种全新的人机交互方式。

目前，虚拟现实技术在农业中的应用主要有以下三个方面：

一是虚拟植物。利用计算机模拟技术可以对植物的生长过程进行三维的仿真模拟，让用户直接观察植物在生长过程中的结构形态。该技术通过设定技术参数可以让植物在短时间内完成整个生命周期的生长发育。

二是虚拟动物。结合动物科学研究现状，利用计算机技术整合动物机体不同层次的数据信息，重构动物三维立体结构模型，从而构建动物形态学信息研究数字化平台。这个平台能够准确描述动物的结构、功能、形态和内在联系，实现对动物从器官、组织、系统到整体的精确模拟。

三是虚拟农机设计与制造。虚拟现实技术利用三维技术可以形象直观地展示产品的外观造型以及难以用二维工程视图表达的复杂曲面和关键部件，从而使设计者更方便地对设计的产品进行检验，同时也使用户更容易了解产品的特征。

2. 增强现实技术

增强现实（augment reality，AR）技术是在虚拟现实技术的基础上发展而来的，是一种计算机生成的数字内容与现实世界实时融合的技术。其与虚拟现实技术有着明显的不同：将用户完全沉浸在合成环境中，使用户可以看到叠加在现实真实空间上增强了的三维虚拟对象世界。

增强现实技术在农业领域中的实际应用有以下几个方面：

一是使用混合定位相关技术进行现场勘查。混合定位相关技术能够有效解决复杂农业环境中稳定性和精密度的问题。增强现实技术的相关应用更加稳定，其位置变化跟踪结果的质量更好，能够让虚拟内容实现叠加。

二是手势、动觉管控的增强现实技术应用接口。增强现实技术相关应用对应的用户接口直观、易用，使用者可基于手势、头部动作等人类的自然动作对系统进行管控。

三是数据信息访问服务的广泛存在。增强现实相关技术的应用能够对云计算技术进行创新整合，让信息平台更加灵活。数字化农业云中具有海量的数据信息，用户能够在不同时间、地点进行查询访问。

四是增强现实技术应用的内容感知。在农业中，只要在正确时间、地点提供精准的农业信息，内容感知的增强现实技术应用就可以被实现。内容感知的增强现实技术应用环境特征，如位置、植物特征和光照等，确定提供给使用者正确合适的数据。

五是容易携带的增强现实技术移动设备。为了改善增强现实设备的可用性和易用性，增强现实设备必须便于携带，因此设备会越来越小、越来越复杂，甚至可以像衣服一样穿戴。

第二节　遥感技术与智慧农业

一、遥感技术概述

（一）遥感技术的概念

遥感即"遥远的感知"，是指从高空或外层空间接收来自地球表层各类地物的电磁波信息，并通过对这些信息的扫描、传输和处理，从而对地表各类地物和现象进行远距离控测与识别的现代综合技术。遥感采集的数据可以有多种形式，包括电磁波（光、热、无线电等）、力（重力、磁力等）、声波等。

所谓遥感技术，就是指不直接与探测目标接触，而使用仪器探测目标的特征信息，提取探测对象有用资料的现代高新技术。具体地说，它就是以电磁波与地球表面物质相互作用为基础，通过遥感平台，即车辆、飞机、卫星、航天飞机等运载工具以及各种移动或固定的遥感仪器，收集和记录遥感目标及其环境的辐射、反射、散射的电磁波和声波信息，得到数据和图像，通过数据处理和分析，定性、定量地得到和判别遥感目标及其环境的位置、状态等诸多信息特征的一种技术。把地球作为遥感的研究对象，可以说，遥感是探测、分析和研究地球表层的物理过程、化学过程、生物过程、地学过程，揭示地球表面各要素的空间分布特征与时空变化规律的一门科学技术。

（二）遥感技术的特点

1. 观测范围大，综合性强

遥感用航摄飞机的飞行高度从几百米到几百千米，陆地卫星的卫星轨道高度达910km左右（如美国陆地卫星1~3号），大视域、不受地物阻隔地观测地表，居高临下地获取航空图像或卫星图像，为研究地面各种自然社会现象及其分布规律提供了便利的条件，对地球资源和环境分析极为重要。

2. 观测手段多，技术先进，获取的信息量大

根据不同的任务，遥感技术可选用不同波段和遥感仪器来获取信息。它不仅能获得地物可见光波段的信息，而且可以获得紫外、红外、微波等波段的信息。利用不同波段对物体具有各异的穿透性，可获取植被、地表温度、沙漠等地物的内部信息，从而扩大了人类观测范围和感知领域，加深了对事物和现象的认知。

3. 获取信息快，更新周期短，可动态监测

遥感通常为瞬时成像，从而能及时更新、进行动态监测。相较于传统人工实地测量和航空摄影测量，遥感可以对不同时刻的地物动态变化进行对比、分析和研究，为地球环境监测以及研究分析地物发展演化规律提供基础。例如，美国陆地卫星 4 号、5 号、7 号均为每 16d 可覆盖地球一遍，美国国家海洋和大气管理局（NOAA）气象卫星地面重复观测周期为 0.5d，Meteosat 系列卫星每 15min 可获得一次同一区域的图像。

4. 获取信息受限制条件少，用途广，效益高

在自然条件恶劣、人类难以到达的区域，采用不受地面条件限制的遥感技术，特别是航天遥感可方便及时地获取各种宝贵信息。目前，遥感已广泛应用于农业、林业、地质、水文、气象、地理、测绘、海洋研究、军事侦察及环境监测等领域，且应用领域在不断扩展，遥感正以其强大的生命力展现出广阔的发展及应用前景。

（三）遥感技术的分类

按照不同的分类标准，遥感技术可以划分为不同类别。比较常见的几种分类方式如下：

1. 按遥感电磁辐射源分类

按照遥感过程中的电磁辐射源可以把遥感技术分为主动遥感和被动遥感两类。主动遥感是由遥感探测器主动向地物目标发射电磁辐射能量，并接收地物目标反射的电磁能量作为遥感传感器接收和记录的能量来源。被动遥感不会主动发出电磁辐射能量，而是接收地物目标自身热辐射和反射自然辐射源（主要是太阳）的电磁能量作为遥感传感器输入能量。

2. 按遥感平台分类

按照遥感平台的高度可以把遥感技术分为航天遥感、航空遥感、航宇遥感和地面遥感。航天遥感又称太空遥感，泛指利用各种太空飞行器作为平台的遥感技术，以人造地球卫星为主体，包括载人飞船、航天飞机和太空站，有时也把各种行星探测器划分在内。卫星遥感为航天遥感的组成部分，以人造地球卫星作为遥感平台，主要利用卫星对地球和低层大气进行光学和电子观测。航空遥感泛指从飞机、飞艇或气球等空中平台对地物观测的遥感技术。航宇遥感是将传感器设置于星际飞船上，对地月系统外的目标探测的遥感技术。地面遥感主要指以高塔、车、船为平台的遥感技术，地物波谱仪或传感器安装在这些地面平台上，进行各种地物波谱测量。

3. 按传感器的探测波段分类

按照传感器的探测波段可以把遥感技术分为紫外遥感、红外遥感、微波遥感和可见光遥感等。紫外遥感是指传感器探测波段为 $0.05\sim0.38\mu m$。可见光遥感是指传感器探测波段为 $0.38\sim0.76\mu m$，这种传感器有摄影机、扫描仪、摄像机等。红外遥感是指传感器探测波段为 $0.76\sim1\ 000\mu m$，这种传感器有摄影机、扫描仪等。微波遥感是指传感器探测波段为 $0.001\sim10m$，这种传感器有扫描仪、微波辐射计、雷达、高度计等。常见的多波段遥感就是指探测波段在可见光波段和红外波段范围内,再分成若干窄波段来同步探测,并同时得到目标物不同波段的多幅图像。目前所使用的多光谱遥感传感器有多光谱摄影机、多光谱扫描仪和反束光导管摄像机等。

4. 按遥感资料的获取方式分类

按照遥感资料的获取方式可以把遥感技术分为成像遥感和非成像遥感两类。成像遥感是将探测到的目标电磁辐射转换成可以显示为图像的遥感资料,如航空图像、卫星影像等。非成像遥感是将所接收的目标电磁辐射数据输出或记录在磁带上而不产生图像。

5. 按波段宽度及波谱的连续性分类

按照波段宽度及波谱的连续性可以把遥感技术分为高光谱遥感和常规遥感。高光谱遥感是利用诸多狭窄的电磁波波段(波段宽度通常小于10nm)产生光谱连续的图像数据。目前,成像高光谱仪都为9~10nm的波宽,有128个以上的波段对地表的反射能量进行探测。如AIS高光谱传感器有128个波段,波宽9.6nm;AVIRIS高光谱传感器有224个波段,波宽10nm。常规遥感又称宽波段遥感,波段宽度一般大于100nm,且波段在波谱上不连续。

6. 按遥感的应用领域分类

遥感技术从具体应用领域可分为资源遥感、环境遥感、农业遥感、林业遥感、渔业遥感、地质遥感、气象遥感、水文遥感、城市遥感、工程遥感、灾害遥感及军事遥感等,从大的研究领域可分为外层空间遥感、大气层遥感、陆地遥感、海洋遥感等。

二、遥感卫星技术的发展状况

1957年10月4日,世界上第一颗人造地球卫星斯普特尼克1号(Sputnik-1)发射入轨,标志着人类航天时代的开始。根据国际卫星对地观测委员会(CEOS)的全球卫星任务统计数据,从1960年美国气象卫星成功发射至2020年9月,地球轨道上已有558颗对地观测卫星,人类已有半个多世纪全球尺度的历史遥感数据积累。遥感卫星技术迅速发展,空间分辨率、时间分辨率、光谱分辨率等技术指标不断提高,在遥感数据的获取上也趋于多平台、多传感器、多角度。遥感卫星技术在导航、通信、气象、陆地等方面的广泛应用,深刻影响了人类文明的发展。

(一)遥感卫星技术的发展历程

从世界范围来看,遥感卫星经历了胶片成像时代、光电传感时代、高分辨时代和智能处理时代。空间技术水平越来越高,遥感卫星应用范围不断扩大,提供了诸多遥感影像产品和数据应用服务,极大促进了人类经济的发展和生活水平的提高。

以胶片成像为主要技术的第一代遥感卫星,其图像记录在胶片上,一般在太空拍摄图像，返回地面后再冲洗处理。1958 年，美国成功发射探险者 6 号（Explorer-6）卫星入轨，该卫星发回了世界上第一张从太空拍摄的地球图像，以全新技术手段和视角开启了人类卫星遥感探测的新一页。1975 年，我国成功发射入轨第一颗返回式遥感卫星，开启了我国航天遥感时代新篇章。第一代遥感卫星受携带胶片数量限制，卫星在轨驻留时间较短。

以电荷耦合元件（charge-coupled device，CCD）、互补金属氧化物半导体（complementary metal oxide semiconductor，CMOS）、红外阵列等光电传感为主要技术的第二代遥感卫星，探测信息数字化，并通过微波链路将成像数据及时传输到地面，彻底摆脱了胶片限制，延长留轨时间，能够长时间对地成像并感知地球变化。1972 年 7 月，美国发射了第一颗地球资源卫星——陆地卫星 1 号（ERTS-1，又称 Landsat-1），携带摄像机和多光谱扫描仪，地面分辨率达到 80m。随后，美国相继发射了一系列卫星，成像技术不断地优化升级。2013 年 2 月，美国发射的陆地卫星 8 号（Landsat-8）携带陆地成像仪，能够获得 15m 分辨率的全色数据。1986 年，我国启动了"资源"系列遥感卫星的研制，先后共发射了"资源一号""资源二号"和"资源三号"3 个系列，积累了大量航天遥感数据。

第三代遥感卫星以高分辨率为主要技术特征，在空间分辨率、时间分辨率和光谱分辨率上获得重大进步，对地成像空间分辨率达到亚米级，时间分辨率达到每天多次重访，光谱分辨率达到纳米级，获取的对地数据量呈爆炸式增长。美国 WorldView-3 卫星，可见光图像空间分辨率达 0.31m。2016 年 8 月，我国发射入轨的高分三号卫星，能够获取 1m 分辨率的 C 波段图像。2019 年 11 月，我国发射入轨的高分七号卫星，可以获取亚米级立体影像。

未来的第四代遥感卫星，将以精细观测、智能处理、协同互连、高时效应用为主要特征，具备更高的时效性、精确性和泛在性。随着计算机硬件、高速通信等技术的进步，在轨遥感卫星获得了更多发展可能性。将复杂的地面处理设施所承担的部分功能"搬移"到卫星上，在太空实现数据预处理、特征识别等的技术正在受到越来越多国家的关注，并已投入大量资源进行开发研究。美国、俄罗斯及欧洲等关于未来遥感卫星的研究方向，正在由单纯地追求分辨率、精确性等向追求在轨快速处理、智能处理等方向转变。

（二）遥感卫星系统的发展趋势

随着光电子器件、集成电路芯片、微机电系统（MEMS）等技术的迭代升级，以及遥感平台和传感器的不断改进，人类进入了一个前所未有的遥感大数据时代。近年来，国内外在遥感器技术研发上投入了很多资源，技术发展日新月异。

1. 探测要素和谱段全面提升，综合观测能力逐步提高

面向不同目标要素的探测需求，卫星探测谱段从可见光逐渐拓展至紫外到热红外波段，不断优化谱段设置，提升特殊时期特定要素（如雾霾、碳汇/碳源等）卫星载荷的观测能力。ICESat卫星在轨数据广泛用于全球森林制图研究，为森林吸收碳及树木积蓄碳研究提供地图数据。随着遥感卫星技术的发展，载荷体系不断完善，形成了高低轨道优化配置、不同谱段不同尺度分辨率相结合、高分辨率与大覆盖区域相兼容的格局，有效保证了多要素对地观测所需的类型多样性、时空连续的遥感数据，提升了对海洋、大气、陆地等多种观测目标进行综合探测与业务应用的能力。

2. 空间分辨率和光谱分辨率逐步优化，精细观测水平持续提升

空间分辨率和光谱分辨率的提高，使得精细观测不同目标要素的光谱特征成为可能。对地观测卫星 WorldView-3、WorldView-4 的全色波段分辨率同为 0.31m；我国发射入轨的高分二号卫星，能够获取全色分辨率 0.8m、多光谱分辨率 4m 的图像数据。现有的传感器空间分辨率已经可以达到亚米级，光谱分辨率可以达到纳米级，波段数已经可以增加到数百个，几乎覆盖了可透过大气窗口的所有电磁波段。

3. 多视角观测能力不断增强，卫星星座发展迅速

近几年，大规模遥感微纳卫星星座得到快速发展，拓展了成像遥感的新用途。轻小型光学载荷的研制与批量生产，可以一箭多星、机动发射、组网运行，应用前景广阔。云服务、专业 App 等方式可以提高实时响应和定制化服务水平。衍射成像望远镜技术、在轨组装望远镜技术、综合孔径干涉望远镜技术不断推广；计算成像技术、量子成像技术等新技术已经完成理论试验验证；3D打印、自由曲面光学加工等新技术正走向空间应用。星上数据实时处理、智能处理成为热点，光学图像在轨校正技术、智能云检测与图像质量判读技术等方向备受关注。未来随着星上软件重构，大规模运算能力、存储能力的提升，以及多星互连协同、微波和光学数据融合的不断进步，遥感卫星技术将实现更多突破。

三、遥感技术在农业中的应用

农业生产是在地球表面露天进行的有生命的社会生产活动，具有生产分散性、时空变异性、灾害突发性等特点，以及常规技术难以掌握与控制的基本特点。遥感技术具有获取信息量大、多平台和多分辨率、快速、覆盖面积大的优势，已经成为及时掌握农业资源、作物长势、农业灾害等信息的最佳手段。从 20 世纪 70 年代开始，美国和欧洲国家就采用卫星遥感技术建立大范围的农作物面积监测和估产系统，服务于农业实际生产指导的同时，为全球粮食贸易提供了重要的信息来源。由于作物种植种类分布的分散性和地域复杂性，传统的地面调查方法耗时费力，难以适应大区域调查研究。特别是关于粮食安全的全局性重大战略问题，遥感技术对及时、客观、准确地获取作物面积、长势、产量等信息显得尤为重要。遥感技术在农业中的应用可以归纳为四类：农作物种植面积监测、农作物长势监测与产量估算、农业灾害遥感监测以及农业定量遥感。

(一)农作物种植面积监测

作物种植面积是作物估产的基本要素,其空间分布图在农业生产管理与农业政策等方面具有重要的作用。世界上最早开展作物种植面积遥感监测与制图的国家是美国。美国从1974年冬小麦种植面积遥感监测开始,到2009年首次实现了全国20多种作物的遥感空间分布制图,现在已实现每年100余种作物的监测和空间制图。美国的作物空间分布制图不仅服务了该国的农业生产,产生的科学数据产品还可以在气候变化研究、生态学、土地管理、环境风险评价、生物能源、植物保护、水资源管理、高效施肥、农业保险等方面广泛应用。作物种植面积遥感监测主要是利用植被独特的光谱反射特性和空间特征,通过选取作物遥感监测的最佳时期,应用多时相、多分辨率、不同成像方式的遥感数据源提取不同作物的光谱信息,从而识别作物类型和种植结构。农作物空间分布遥感制图方法逐渐由目视解译法发展到基于统计学的分类方法,进一步发展为机器学习及深度学习(deep learning,DL)等制图方法。

(二)农作物长势监测与产量估算

农作物的长势关系到作物产量的形成,是农业生产管理的重要信息。作物的长势随着物候、气象、土壤、管理等条件的变化具有明显的变化与波动,具有空间异质性,是动态性较高的农情信息。农作物长势遥感监测方法主要包括统计监测方法、年际比较法和长势过程监测法。其中,统计监测方法主要基于遥感技术和统计模型获取与作物长势密切相关的农学指标,然后对区域作物参数进行分级,从而获得作物苗情、长势监测结果;年际比较法主要是利用年际遥感指标差值或比值进行作物长势分级和实时监测,为早期作物估产提供作物产量丰歉依据;长势过程监测法主要采用当年、去年和多年平均植被指数—时间序列曲线高低和变化速率对作物长势好坏进行比较和判断。近年来,随着作物生长机理模型的发展,利用机理模型进行作物长势指标(如作物叶面积指数、作物生物量等)定量模拟和长势监测的研究陆续被报道。作物单产估算技术方法有多种,大致可以分为统计方法、遥感方法和模型方法。随计算机技术、信息技术和空间技术等新技术的发展,基于遥感数据与作物生长模型同化的农作物产量模拟技术逐渐成为有发展潜力的前沿应用研究领域。

(三)农业灾害遥感监测

中国是一个自然灾害发生比较频繁的国家,农业生产受到多种灾害的影响。特别是旱灾、水灾、病虫害等发生频率较高,成灾范围较大,对我国农业生产具有较大影响。由于遥感技术具有宏观、高效、经济、准确等特点,灾害的遥感监测日益受到政府决策部门的高度重视。我国从20世纪90年代以来,利用多种遥感信息源和多种技术手段对国内主要农业灾害进行了监测与影响评价工作。利用Landsat、环境(HJ)、EOS、风云(FY)和

NOAA 系列卫星等中低分辨率遥感信息源，针对可见光、短波红外、热红外、微波谱段等，构建土壤水分指数，如温度植被旱情指数、作物水分亏缺指数、条件植被指数等，监测分析土壤含水量、作物冠层水分状况，进而监测评价农业干旱和旱情；应用 NOAA/AVHRR、EOS/MODIS、ENVISAT/ASAR 等多源遥感数据，监测河流、湖泊、水库等水体面积与分布，进而分析洪水对耕地淹没、作物生长和产量的影响；应用高光谱遥感分析条锈斑病侵染小麦后的光谱反映，利用 Landsat TM、EOS/MODIS 等遥感信息源监测农作物病虫害，应用遥感手段探测病虫害对植物生长的影响，监测病虫害产生地，跟踪其发展变化状况，分析评估灾情等。

（四）农业定量遥感

农业定量遥感是通过研究和改进经验模型与辐射传输模型，着重建立农作物与农田环境参数的遥感定量反演技术。它能利用遥感数据定量获取叶面积指数（leaf area index，LAI）、土壤含水量等农作物生长的关键生物理化参数，为作物生长模型、数据同化系统及作物估产等研究提供可靠的输入参数，并且能够为实际的田间农业管理提供有价值的参考信息。除了上述叶面积指数与土壤含水量，叶片含水量、光合有效辐射、氮和磷等营养元素以及生物量等重要植被生化组分遥感反演也得到了广泛的关注，取得了丰富的成果。

四、遥感技术在智慧农业中发挥的作用

随着现代信息技术在农业领域的广泛应用，农业的第三次革命——农业智能革命已经到来。从技术层面上讲，智慧农业是一门综合性的学科。利用航天遥感、航空遥感、地面物联网一体化的技术手段，构建"天空地"一体化的信息采集技术与装备，进行农作物种植数量、空间位置与地理环境的精准感知并快速获取农田信息，实现了对农业数据的感知和诊断，最终实现精准化种植和智能化管理。作为智慧农业的重要技术，遥感技术重新定义了"农耕技艺"的内涵。此外，光学和微波相结合、多光谱和高光谱相结合、几何信息与谱段信息相融合、高中低分辨率相衔接的农业遥感卫星星座，形成了全覆盖、高空间分辨率、高时间分辨率的新型农业遥感观测系统，可以满足智慧农业的谱段分辨率、时间分辨率和空间分辨率的特定需求。通过建立高效、低成本的"天空地"信息获取系统，积极发展农业专用卫星，协同用好高分系列卫星和国际其他卫星资源，可以解决农业大数据源问题。

（一）农作物生长全周期的监测

在农作物生长过程中，遥感影像可实时记录作物不同阶段的生长状况，获得同一地点时间序列的图像，监测不同生育阶段的作物长势。在绿色植物光谱反射特性理论的基础上，根据同一种作物由于光、温、水、土等条件的不同，其生长状况也不尽相同，在卫星

照片上表现为光谱数据的差异开展作物长势动态监测；农作物特定的光谱反射特性反映出农作物的生长信息，依此可以判断农作物的健康状况，及时通报苗情，为指导农业生产、预测作物单产和总产提供重要的依据与参考。

（二）农产品生产全要素的监测

利用遥感技术能快速、准确地对农作物生长中的水、土、气、种、肥、药、废弃物和生物多样性进行监测，构建精准、专业的农作物生产与管理模型，提升农业生产数控调配能力。例如，农作物在病虫害浸染条件下引起的色素、水分、形态、结构等变化，会在不同波段上表现出不同程度的吸收和反射特性的改变。通过分析病虫害对作物的浸染方式，萃取病虫害的光谱响应规律，经过形式化表达的病虫害光谱响应特征，监测预警作物病虫害发生的时间、部位、区域、范围和程度，助力农药精准施用。

（三）农产品生产全过程的监测

遥感技术在农业产前、产中和产后环节发挥着重要作用。在产前，借助介电频谱、太赫兹波等技术手段，优化品种选育，进行全系谱信息化管控，形成选种决策；在产中，利用遥感技术，快速大面积进行作物氮素信息精确诊断、提供准确的产量和品质信息预报及氮肥决策配方，提升农产品质量；在产后，结合生产资料和消费品的统计数据，利用遥感空间数据，构建关联网、图谱库链接到农业终端管理业务平台，实现农业绿色消费的信息调节、智能调度、智慧预警，提升市场对消费终端的敏感度。

第三节　物联网与智慧农业

一、物联网概述

物联网起源于信息传播领域，其核心是万物互连。简单来说，物联网就是把所有能够被独立寻址的物品通过信息传感设备与互联网连接起来，进行信息交换，以实现智能化识别和管理的信息承载体。物联网被称为信息技术产业的第三次革命性创新。

（一）国外物联网的发展历程

1982 年，美国卡内基梅隆大学的程序员将可口可乐自动售货机接入互联网，让他们在购买前可以检查机器是否有冷饮。人们普遍认为这是最早的物联网设备之一。

1990 年，美国计算机网络工程师 John Romkey 将烤面包机连接到互联网，并成功地将其打开和关闭，这一实验让人们更进一步接触物联网。

1995 年，美国政府运营的第一个版本的 GPS 卫星项目终于完成。这一项目的完成为如今大多数物联网设备提供了一个最重要且最基础的功能：GPS 定位。同年，比尔·盖茨在《未来之路》提及物联网的概念，但是当时无线网络及传感设备使用不普遍，这一概念的提出没有受到大众关注。

1998年，美国麻省理工学院（MIT）创造性地提出了当时被称作EPC（electronic product code，电子产品代码）开放网络系统的"物联网"的构想。

1999年，美国麻省理工学院自动识别中心提出了RFID系统，把需要识别的物品使用唯一的条码进行标识，同时使用RFID技术对该物品条码进行识别，对物流信息系统实现智能化的管理。

2000年，LG集团推出世界上第一台网络冰箱。这台冰箱会感测到里面所存放的物品，并且使用条形码和RFID扫描来追踪库存。尽管如此，这个冰箱仍然是个不成功的产品，因为消费者将它视为一个不必要的产品，而且高成本以及要解决的问题是模糊不清的。

2003—2004年，物联网一词在主流的出版物如《卫报》《科学人》和《波士顿环球报》中被提及，RFID技术在美国也被大规模运用在军事以及商业计划中。

2005年，国际电信联盟（ITU）发布题为 *ITU Internet Reports* 2005：*The Internet of Things* 的报告，首次对物联网做出明确定义并将物联网所应用的技术从单一RFID技术扩展到传感技术、纳米技术、智能终端技术等。

2008年，全球首个国际物联网会议在苏黎世举行，探讨了物联网的新理念和新技术，以及如何将物联网推进到下个发展阶段。

2009年，欧盟在 *Internet of Things*：*An Action plan for Europe* 中提出了12项行动，保障物联网加速发展，并且描述了物联网的发展前景，开创了全球物联网管理和发展系统化的先例。同年，韩国通信委员会通过了《物联网基础设施构建基本规划》，将物联网市场确定为新增长动力，提出了"通过构建世界最先进的物联网基础设施，打造未来广播通信融合领域超一流信息与通信技术强国"的目标，并确定了构建物联网基础设施、发展物联网服务、研发物联网技术、营造物联网扩散环境4大领域和12项详细课题。以欧盟和韩国为代表的上述物联网行动计划的推出，标志着物联网相关技术和产业的前瞻布局已在全球范围内展开。

2013年，谷歌智能眼镜的发布是物联网和可穿戴技术的革命性进步。

2014年，亚马逊发布Echo智能音箱，为进军智能家居中心市场铺平道路。也是在这一年，工业物联网标准联盟成立，也间接表明物联网具有改变任何制造和供应链流程运作方式的潜力。

（二）国内物联网的发展历程

物联网进入中国是在20世纪末，最初仅限于对其进行研究，未开发其应用潜力。1999年，中国科学院开始进行针对传感网的研究，并取得一定研究成果。

2009年，温家宝总理在无锡视察时提出"感知中国"理念，由此推动了国内对物联网的重视，物联网成为继计算机、互联网和移动通信之后引发新一轮信息产业浪潮的核心领域。同年8月，中国移动总裁王建宙在公开演讲中指出："通过装置在各类物体上的电子标签、传感器、二维码等经过接口与无线网络相连，从而给物体赋予智能，可以实现人与物体的沟通和对话，也可以实现物体与物体互相间的沟通和对话。这种将物体连接起来的网络称为'物联网'"。

2009年10月24日，在第四届中国民营科技企业博览会上，西安优势微电子公司宣布：中国的第一颗物联网核心芯片——"唐芯一号"研制成功，中国已经攻克了物联网的核心技术。同年，无锡国家传感网创新示范区（国家传感信息中心）的传感器产品在上海浦东国际机场和上海世界博览会被成功应用，这套设备由10万个微小的传感器组成，散布在墙头、墙角、墙面和周围道路上。传感器能根据声音、图像、震动频率等信息分析判断，爬上墙的究竟是人还是猫、狗等动物。多种传感手段组成一个协同系统后，可以防止攻击性入侵。由于此系统的效率高于美国和以色列的防入侵产品，中国民用航空局正式发文要求，全国民用机场都要采用国产传感网防入侵系统。

2010年，《政府工作报告》将"加快物联网的研发应用"明确纳入重点振兴产业，并对物联网做出如下释义：物联网是指通过信息传感设备，按照约定的协议，把任何物品与互联网连接起来，进行信息通信和交换，以实现智能化识别、定位、跟踪、监控和管理的一种网络。

2013年，《国务院关于推进物联网有序健康发展的指导意见》印发，提出了加快技术研发、推动应用示范、改善社会管理、突出区域特色、加强总体设计、壮大核心产业、创新商业模式、加强防护管理、强化资源整合9个方面的任务。

2017年6月，《工业和信息化部办公厅关于全面推进移动物联网（NB-IoT）建设发展的通知》印发，提出电信企业要加大NB-IoT的部署力度，要求2017年底实现40万个NB-IoT基站目标，2020年实现全国普遍覆盖和深度覆盖，基站规模要求达到50万个。我国物联网的主流标准已经明确，即NB-IoT。

今后，物联网的发展变得更便宜、更容易、更被广泛接受，必将引发整个行业的创新浪潮。自动驾驶汽车在不断完善，区块链和人工智能已经开始融入物联网平台，智能手机、宽带普及率的提升将继续让物联网成为未来有吸引力的价值主张。

物联网与各个领域深度融合，智能家居、智能医疗、智慧交通、智能仓储与物流、智慧城市、智慧农业等概念在物联网的助力下产生并不断发展。

（三）物联网关键技术

物联网的关键技术包括硬件和软件两方面：硬件技术包括射频识别技术、无线传感器网络技术、智能嵌入式技术（embedded intelligence）以及纳米技术（nanotechnology）；软件技术包括信息处理技术、通信技术、安全技术。

1. 射频识别技术

射频识别通常由电子标签和阅读器组成，利用射频方式进行非接触双向通信，以达到自动识别目标对象并获取相关数据的目的。该技术具有精度高、适应环境能力强、抗干扰强、操作快捷等许多优点。

2. 无线传感器网络技术

无线传感器网络是一种分布式传感器网络，它的末梢是可以感知和检查外部世界的传感器。无线传感器网络是通过无线通信技术把数以万计的传感器节点以自由式进行组织与结合进而形成的网络形式。

3. 智能嵌入式技术

智能嵌入式技术通过把物联网中每个独立节点植入嵌入式芯片，使之获得比普通节点更强大的智能处理能力和数据传输能力。每个节点可以通过智能嵌入技术对外部消息（刺激）进行处理并反应。同时，带有智能嵌入式技术的节点可以使整个网络的处理能力分配到网络的边缘，增加网络的弹性。

4. 纳米技术

纳米技术又称毫微技术，是研究结构尺寸在 1～100nm 范围内的材料的性质和应用的一种技术。纳米技术对物联网从宏观向微观的趋势发展具有重要的推动作用，为达到物联网感知万物以及"以物控物"的目的夯实了坚实的基础。

5. 信息处理技术

信息处理技术是指用计算机技术处理信息。计算机运行速度极高，能自动处理大量的信息，并具有很高的精确度。该技术包括信息系统技术、数据库技术和检索技术。

6. 通信技术

物联网的通信技术主要包括传感器网络通信技术和电信传输网络通信技术两个方面。其中，传感器网络又称作末梢网络，采用的通信技术主要是短距离通信技术，包括射频识别、近场通信（near field communication，NFC）、蓝牙（Bluetooth）、紫蜂（ZigBee）、超宽带（UWB）等。电信传输网络又称作核心承载网络，主要包括传感器网络与传输网络之间的互连通信技术（如 Wi-Fi、WiMAX 技术等）及电信传输网络自身的通信技术。电信传输网络通信技术包括同步数字体系（synchronous digital hierarchy，SDH）、全光网等有线通信技术，以及 2G、3G、4G 和正在发展的 5G 移动通信技术。

7. 安全技术

大量物联网终端处于无人值守的环境中，而且终端节点数量巨大、感知节点组群化、移动性低，这对物联网终端的安全性提出了更高的要求。物联网终端的安全性具体包括防盗用、物理安全、通信安全、存储安全、终端应用运行环境安全等。

二、农业物联网的发展

农业是物联网技术的重点应用领域之一，也是物联网技术应用需求最迫切、难度最大、集成性特征最明显的领域。2016 年，国家"十三五"规划纲要中提出，要推进农业物联网应用；农业部发布的《"十三五"全国农业农村信息化发展规划》和《"互联网＋"现代农业三年行动实施方案》提出，要大力推进物联网在农业生产中的应用，推进物联网工程深入实施。2019 年，中央 1 号文件提出，实施数字乡村战略，推动农业农村大数据平台和重要农产品全产业链大数据中心建设，扩大农业物联网示范应用。

（一）农业物联网的概念

农业物联网是计算机、互联网、移动通信等信息技术在农业领域的高度集成和具体应用，是农业信息化、智能化的必要条件。农业物联网是借助适用于农业应用的感知设备对农业环境、动植物生命、农产品追溯等信息进行感测、处理，节点自组织连接（也可能与互联网连接），进行信息交换与通信，以实现对农业相关对象感知与管理的一种物联网。

（二）农业物联网技术层级

依据信息学的基本研究内容，即信息的获取、处理、传递和利用，农业物联网关键技术可划分 4 个层次（图 2-2），即感知层、传输层、处理层、应用层，重点解决农业个体识别、情景感知、异构设备组网、多源异构数据处理、知识发现、决策支持等问题。

1. 感知层

感知层是物联网的核心，是信息采集的关键部分。感知层位于农业物联网 4 层结构中的最底层，通过二维码标签和识读器、RFID 标签和读写器、摄像头、GPS、传感器、M2M（machine-to-machine，机器对机器）终端、传感器网关等获取环境信息，达到识别物体、采集信息的目的。

2. 传输层

传输层主要负责数据流的传输控制，具有分用和复用的功能。传输层依靠现有的广域网技术，将感知层获取到的农业生产信息，在给定的链路上通过流量控制、分段和重组以及差错控制，将信息可靠地传送到下一层级，实现了更远距离、更大范围的数据通信。

3. 处理层

处理层的主要任务是将识别传输而来的信息，利用云计算、数据挖掘等技术进行分析和处理，从而对现实世界的实时情况形成数字化的认知，实现对农业生产信息的实时控制

第二章 智慧农业的支撑技术

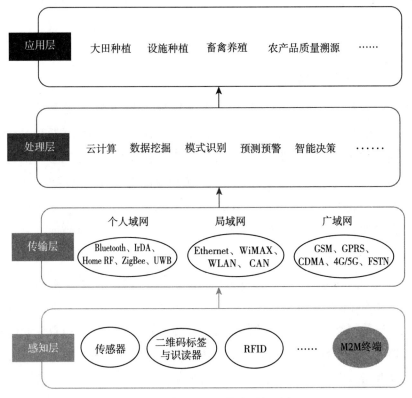

图 2-2 农业物联网技术层级示意

和精确管理。

4. 应用层

农业物联网的应用层是体系结构中的最高层，直接为终端用户应用进程提供服务，将处理分析过的农业生产数据运用到实际农业生产活动中。

三、物联网对智慧农业的支撑

物联网、智能分析等技术是智慧农业产前智能化决策和预测、产中科学管理和生产监督、产后质量控制和农产品质量溯源等环节的关键技术。根据大田、温室、畜牧场等典型应用场景的农作物和牲畜等不同对象的需要，搭建视频图像信息获取和生产环境信息获取系统，利用图像、视频、光谱以及温湿度、pH、光照度、风速、降水量、氮浓缩量、气压等各种传感器获取数据，通过互联网、移动通信网等网络将采集的数据实时上传至云端服务器，并通过数据融合机制，统一、规范地存储在数据库中，形成基础数据库。在此基础上，通过计算与分析平台实现智能监控分析决策功能，实现农业生产的精细化、远程化、自动化与智能化，改变传统农业粗放的生产方式。

遵循农业物联网的层次模型，分析各行业应用的共性问题。按照监测对象的不同，物联网在智慧农业中的应用可以分为农业生产环境监控、动植物生命信息监控、农机作业监控、农产品质量溯源等方面。

（一）农业生产环境监控

物联网能实现对生产环境的监控和生产设施的自动化控制。设施种植业、水产养殖业及畜禽养殖业中生产环境较为稳定，相对封闭的环境有利于运用传感器获取动植物生长环境数据，包括设施种植业中的光照、温湿度、二氧化碳浓度、土壤肥力、土壤含水量等参数，畜禽养殖舍内二氧化碳浓度、氨气浓度、硫化氢浓度、空气温湿度、光照度、气压、粉尘等，水产养殖业中的水温、pH、溶解氧、浊度、光照、盐度、水位等参数，以实现精准控制、远程控制、智能分析、及时预警以及科学决策。大田种植面临复杂多变的自然环境，想要获得准确的环境数据对物联网技术的要求较高。大田物联网可以综合 GPS 技术、互联网技术和无线传感器等，实现对作物生长环境的监控，获取温度、湿度、二氧化碳浓度、土壤 pH 等重要的环境数据，为大田农作物病虫害防治、灌溉决策以及作物苗情诊断等提供准确数据支持。物联网系统通过传感器及网络对生产环境数据进行采集、上传之后，服务器会对这些数据进行分析，并根据实际情况发布指令，通过物联网关及无线传感器网络将这些指令发布到各个农业设备的控制节点上。

（二）动植物生命信息监控

物联网技术最为基础的一个技术应用是通过在农场中布置各种传感器对动植物的生长情况进行实时反馈，从而对动植物的生命信息进行监控。这些传感器采集到的数据都会通过网络进行上传和分享，使得生产人员能根据最新的数据及时调整生产投入，以达到经济利益的最大化。植物生命信息指标主要分为两类：一类是表观信息，如苗情长势、是否有病虫害、果实形状大小、果实上色情况、生物量、叶面积等；另一类是作物内在指标，如叶绿素含量、光合作用速率、作物氮素含量、叶片温湿度等。在监测植物生命信息时用到的技术主要是光谱技术和图像分析技术，并结合应用在大田作物中的卫星遥感技术。动物生命信息指标主要包括动物的身长、体重、体温、运动量、进食量、是否患病、是否发情等，运用到的技术主要是动物本体监测传感器、视频分析等。例如，在牛身上安装运动颈圈、GPS 传感器、呼吸传感器等，观察和记录牛日常行为并分析生命数据，智能化确定喂食数量，并有效预警动物疾病的发生或及时阻止疾病传播。

（三）农机作业监控

目前，农业生产中大部分农机依然需要人工操作，对农业生产者的技能有较高要求，并且传统农机对信息的反应不敏捷，智能化程度不高，容易造成信息的流失，不利于农业生产过程的改进优化。基于此,具有自动驾驶、自动导航、自动调度、自动避障、智能监督功能的智能农机正在发展。自动导航能够通过对耕作路面的环境进行红外线探测感知,对耕种路径进行规划模拟,也可以建立车辆模型,通过传感器来进行定位,获取三维空间信息位置。智能农机在耕地、施肥、收割、除草、灌溉、插秧等环节中实现自动化、智能化;在农机作业中多利用无线传感器与GPS、GPRS(general packet radio service,通用分组无线业务)、GIS技术结合的方式,实现农业生产信息采集、实时测控、远程控制及有效调度,不仅显著减少对农业生产者的数量需求,而且能够保存并共享作业数据,为农业生产的研究提供数据支持和实践经验。

(四)农产品质量溯源

当今消费者越来越重视消费质量,尤其是农产品质量安全,不仅受到广大消费者关注,也受到有关部门的关注。农产品质量溯源作为农产品质量安全管理的重要手段正在走向成熟,已经从畜禽类产品发展到植物类产品。畜禽类产品的溯源手段主要是通过养殖时佩戴耳标等身份标识,结合移动智能读识设备和无线传感器等,记录畜禽从出生到屠宰的全过程。动物饲养、检疫等数据都存储在数据库中,实时记录,有据可查。畜禽屠宰入库后,通过电子数据交换技术、条形码技术和RFID电子标签技术等实现物品的自动识别和出入库,利用无线传感器网络对仓储车间及物流配送车辆进行实时监控,从而实现主要农产品来源可追溯、去向可追踪的目标。

植物类农产品的溯源主要集中在农产品包装标识及农产品物流配送等环节,广泛采用条形码技术、电子数据交换技术和RFID电子标签技术等。例如,在北京、上海、天津等地相继采用条形码技术、RFID技术、IC卡(integrated circuit card,集成电路卡)技术等建立了以农产品流通体系监管为主的质量安全溯源系统。北京农业信息技术研究中心建立了全国农业物联网应用示范基地,包括禾丰园韭菜基地、沾化冬枣基地等,将不同基地的视频和生产、加工及物流数据汇聚到数据平台形成中心数据库,进行视频监控、产品追溯和综合服务,为政府监管和消费者溯源提供了良好支撑。

第四节 大数据与智慧农业

一、大数据

(一)大数据的含义

"大数据"最早见于1997年美国国家航空航天局(NASA)的研究人员Michael Cox和David Ellsworth发表的论文,该文将占用内存容量大以至于现有磁盘无法容纳的数据描述为大数据。随着大数据相关技术的不断演进,这一概念的含义不断丰富和扩展。虽然大数据尚未形成一个统一的定义,但是这个概念具备一些被普遍认可的内涵。

在维基百科(Wikipedia)中,大数据指的是一个关于数据分析方法和系统性从数据库中提取信息方法的领域,该领域处理的数据由于体量过大或结构过于复杂而超越了传统方法的处理范围。大数据分析的挑战来自数据捕捉、存储、分析、检索、转化、可视化、更新、查询、保护和溯源等各个环节。

数据科学家一般至少从三个维度上定义大数据:体量(volume)、多样性(variety)和速度(velocity)。大数据具有体量巨大、多样性强和更新速度快的特征,这三个维度被合称为3V。有学者增加了真实性(veracity)和价值性(value)等维度,从3V发展为5V。也有学者在3V和价值性的基础上,增加了复杂性(complexity)这个维度,从而提出大数据具有4V1C特质。

(二)大数据的发展概况

1. 国外发展情况

1997年,"大数据"一词被首次提出。

2008年,著名学术期刊 *Nature* 发表了一个关于大数据的专辑 *Big data: Data wrangling*,该专辑引起学术界对大数据的重视。随后不久,大数据这一概念在政界和商界也受到极大关注。到2011年,世界主要国家政府和机构诸如达沃斯论坛、联合国、麦肯锡、帝国理工学院(Imperial College London)等陆续发布关于大数据的报告或行动计划,预测大数据具有良好的发展前景。

2012年3月29日,美国政府发布了《大数据研究和发展倡议》,旨在应用大数据来提高分析问题的能力,并对其前景进行预测。7月,日本重启了在信息、通信和技术领域的"新ICT战略研究",重点关注大数据应用,主要以防灾、电子医疗等为中心制定新ICT战略。同年,英国、澳大利亚、美国等国家推出"大数据周",旨在制定战略性的大数据措施。

2. 国内发展情况

大数据热潮席卷全球,我国也不例外。到2012年,我国不少行业、地区开始重视大数据。例如,广东省启动了《广东省实施大数据战略工作方案》,上海市成立大数据产业技术创新战略联盟,中国通信学会成立大数据专家委员会。典型的数据产业园区有上海智慧岛数据产业园、中国国际电子商务中心重庆数据产业园等。

2014年,国家自然科学基金委员会、科学技术部等机构将大数据列入了科研项目申报指南之中。同年的《政府工作报告》和《"十二五"国家战略性新兴产业发展规划》将大数据、海量数据列入了产业创新发展规划目标中。

2015年4月14日,全国首个大数据交易所——贵阳大数据交易所正式挂牌运营并完成首批大数据交易。

总体而言,目前我国的政府、企业和公众积极关注大数据相关话题,学术界针对这一问题的研究尚不丰富,实践层面上应用大数据解决具体问题的探索也比较有限。

(三) 大数据带来的思维转变

1. 利用全部数据而非抽样数据

传统采用随机抽样是因为无法大规模收集到所有的相关数据而不得已采取部分数据作为代表,该方法本身存在缺陷性,因为实际抽样中很难把握随机性。而如今,信息已从"随机样本"扩展到"全体样本",再加上配套的大数据技术,可以更准确地分析隐藏在内部的规律和特征。

2. 不追求数据的精确性,但重视数据的多样性、丰富性

传统的数据分析侧重于用全面的策略来减少或规避样本数据的错误,但是在数据缺乏的时代人们追求更精确的数据分析结果。大数据技术能够储存所有类型信息,数据全面,人们不必担心数据点对整个分析会产生不利影响,而是拥抱"混杂"因素,从中受益。

3. 对数据之间的相关性分析,胜于对因果关系的探索

针对收集的海量数据,大数据技术采用聚类、比较、搜索等手段进行统计分析。分析过程、分析结果和使用的分析工具之间都存在着相关关系,一定程度上符合了统计学的特点。依靠大数据技术进行挖掘分析,已经不再依赖传统的找到关联物进行逐个分析。这种大数据分析方法不再要求我们一定揭示内在的运行机制,相反这种相关分析又能最大限度地降低主观因素对分析结果的影响。

二、农业大数据

(一) 农业大数据的内涵

农业大数据(agricultural big data)指与农业有关的大数据及大数据理论、技术和方法在涉农领域的应用,具体指将大数据理论、技术和方法应用在农业或涉农领域而获取的数据集合。由于农业生产具有地域性、季节性、周期性等性质,农业大数据呈现出来源广且分散、涉及的环节多、时空异质性大、结构复杂、获取和价值的时效性强以及获取难度大等特点。

从产业领域上来讲,农业大数据一方面包含研发、生产、加工、储运、销售、品牌、体验、消费、服务等农业全产业链各个环节相关的数据,另一方面包含农业产业宏观经济背景和生态环境数据，具体包括生产流量数据、进出口数据、价格数据、气象数据、土壤数据等。从地域范围上来讲，一国的农业大数据除了包含全国层面的统计数据，还包含省、市、县等各个地方层面的数据，同时涉及具有参考意义的国外农业数据。从分析层次上来讲，农业大数据包含分子和基因层面的生物信息数据、地块层面的土壤和生物物质环境数据、农业经营者层面的生产经营行为数据、产业层面的农业产业链和农业行业数据、地区和国家甚至全球层面的宏观统计数据等。从专业学科上来讲，农业大数据的获取、分析和应用涉及测绘科学、生态学、生物学、计算机科学与技术、产业经济学、农业经济管理、机械工程以及农学的全部分支学科，属于文理交叉领域。

（二）农业大数据资源

1. 生物基因数据资源

生物基因信息数据库是促进生物基因数据共享的基础平台，也是保护重要基因数据资源的有效手段。现有的生物基因数据资源分为一手数据库和二手数据库。一手数据库是通过实验获得的原始数据的集合，数据通常不做处理或者只做简单的处理。典型生物基因一手数据库包括美国 Genbank 数据库、欧洲分子生物学实验室核苷酸数据库（EMBL）、日本 DNA 数据库（DDBJ）。这三个数据库建立了每天交换数据的合作关系，使得三个数据库保持同步。此外，基因组数据库（genome database，GDB）是为人类基因组计划（human genome project，HGP）保存和处理基因组图谱数据。GDB 的目标是构建关于人类基因组的百科全书，除了构建基因组图谱之外，还开发了描述序列水平的基因组内容的方法，包括序列变异及其他对功能和表型的描述。

二手数据库是通过整理一手数据形成的、为研究者提供特殊和专门用途的数据库。在大数据背景下，二手生物基因数据库发展迅速，常用的二手数据库有 UniGene 数据库、EPD（eukaryotic promoter database，真核启动子数据库）、PROSITE（protein domains and families database，蛋白质结构域和家族数据库）、PRINTS（protein motif fingerprint database，蛋白质模式数据库）、Pfam（Pfam protein domain database，蛋白质结构域数据库）等。

2. 气象数据资源

气象数据是气象科学从事研究的主要依据，同时为认识和分析农业生产环境提供信息。气象数据分为气候数据和天气数据。气候数据通常指的是用常规气象仪器观察、观测到的各种原始数据，这些数据经过整理、加工、整编形成数据产品。为了获取气象数据，世界各国都建立了各类气象观测站，我国已经建成了类型齐全、分布广泛的气象台站网络。国家气象台站包括以下几类：气候观测站、地面天气观测站、航空天气观测站、农业气象观测站、太阳辐射观测站、天气雷达观测站、卫星云图接收站、大气本底及污染观察测站、降水 pH 分析站等。国家气象中心还能每天接收来自国外主要台站的气象观测资料，这些资料随着时间推移而形成气候资料。与农业生产实践和学术研究相关的气象数据为农业气象数据，主要包括反映光照、温度、湿度、风、气压、降水、蒸发和云等气象因素的数据。

在作物的生长发育和人们田间管理过程中，还会形成与具体农田及农事活动相关的小范围气候数据。小气候数据有别于覆盖范围较广的气候数据，往往影响小范围的农业生产活动。小气候数据的获取依赖于田间小型气象站和入户调查。

3. 地理数据资源

地理数据对产业发展的支撑作用日益凸显，在农业产业和生产经营活动中，其对于产业布局、农地利用规划、精准生产、灾害预测、水土保持等方面有重要作用。地理数据是运用一定的测度方法，直接或间接描述地理对象的位置、空间分布状况等数据，具体包括人文地理数据和自然地理数据。对于不同的地理要素、地理实体、地理现象和地理事件等，需要采用不同的测度方式和标准，从而产生不同的地理数据。

地理数据包括野外观测数据、地图数据、遥感数据、地面传感器网络数据、统计资料、文字报告等。GIS 是获取和分析地理空间数据的重要技术，它是对地球表面空间信息进行采集、处理、存储、查询、分析和显示的计算机系统，是以计算机图形图像处理、数据库技术、测绘遥感技术及现代数学研究方法为基础，集空间数据和属性数据于一体的综合空间信息系统。GIS 与遥感技术相结合是获取和分析大尺度空间数据的有力工具，而地面传感器能够弥补遥感技术在微观尺度数据获取上的不足。近年来，卫星遥感、低空无人机遥感和地面传感器逐渐成为获取农业地理数据的核心手段，共同构建了全方位获取农业生态系统信息的"天空地"一体化感知系统。

4. 生产投入产出数据资源

关于农业生产经营投入和产出的数据是核算经济成本和效益的依据，为农业生产经营决策提供数据支撑。农业生产投入（即农业生产资料）是农业生产过程中所必需的物质条件，具体包括种子种苗、农药兽药、疫苗、肥料、农膜、农机装备、种养殖设施等。农业生产产出包括各类具有价值的农畜产品及其副产品。

农业生产投入产出数据主要有两个来源。一是国家农业农村部门和统计部门组织收集的统计资料，典型统计资料包括《中国农业统计年鉴》《全国农产品成本收益资料汇编》等。二是科研机构通过实地调查获取的数据，典型数据库包括农业农村部农村经济研究中心的"全国农村固定观察点数据库"、北京大学中国农村政策研究中心的"中国乡村发展数据库"、浙江大学中国农村发展研究院的"中国农村家庭调查数据库"、华中农业大学宏观农业研究院的"农业农村现代化数据库"等。

5. 供应链与市场数据资源

农产品供应链包含从农产品被生产出来到被消费完毕全过程的各个环节，具体包括收购、储存、包装、运输、配送、批发和零售等。对各个环节的成本、参与主体及市场供求数量、价格行情、运行方式等信息的采集能够反映农产品价值变化和转移的过程，为实现农产品价值和优化农业产业链的决策提供数据支撑。

由于农产品供应链和市场涉及的环节和参与主体多，有效获取真实数据的难度大，流通中的农产品的质量安全决策措施往往难以得到可靠的数据支持。随着信息技术、传感技术、射频识别技术等的发展，农产品供应链和市场数据的获取方法不断丰富和精准。传统的手工记录方法与通过条码识读、磁卡读写、产品电子代码（electronic product code，EPC）构建的电子记录方法共同组成了较为精确和完备的数据采集系统。

（三）农业大数据的基本应用

农业大数据在智慧农业发展和数字乡村建设中具有广泛的应用。通过生物基因数据可以探索动植物基因与表现特征或功能之间的关联，从而缩短育种所需的时间、增强育种的可预期性，促进动植物精准育种。气象和地理数据提供的土壤、水资源、大气、地形地貌、空间位置与分布等信息，能够实现对土地质量与适应性的准确评价、病虫害与自然灾害的监测与预警、水肥精准管理等。农业生产投入产出数据能够用于宏观和微观层面的生产布局与经营决策，而供应链与市场数据有利于保障市场的稳定供给和农产品质量安全。综合运用各类农业大数据，能够通过科学配置和利用资源在提高农业生产经营效率的同时降低对生态环境的影响，从而实现经济效益和生态效益的平衡。

三、农业大数据与智慧农业的关系

（一）农业大数据驱动智慧农业

从海量、庞杂的农业大数据中，人们可以基于过去的大量数据，预测未来，提升知识，产生智慧。这正是农业大数据的价值所在。拥有数据就意味着拥有价值，就可以产生智慧。

物联网、互联网、云计算的发展以及在农业领域的渗透，使人们被包围在农业大数据的海洋里，现代世界的整体结构具备"智慧"特征。但是人们无法通过人与传统技术精确识别有效数据，这就催生了使用新一代信息技术手段去进行"智慧"地挖掘、"智慧"地利用。

总之，农业大数据在被人们使用的过程中，要求分析、使用和利用方式"智慧"，带来的结果和好处是产生价值和新"智慧"。农业大数据通过用模型、参数和算法来组合和优化多维海量数据，助力农业全产业链智能化、精准化。智能分析的基础来源于大数据，因此农业大数据是智慧农业的重要支撑。

（二）农业大数据在智慧农业中的应用

农业大数据在智慧农业中的应用范围极广，综合可以概括为以下几个方面（图 2-3）：

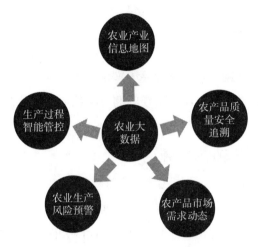

图 2-3 农业大数据在智慧农业中的应用

1. 构建农业产业信息地图

农业大数据是基于多个渠道来源的多样性数据进行加工而形成的功能板块齐全的数据集合。通过该集合可以了解农产品网络经营状况，实现农业信息的交互，并综合分析不同区域的农产品目录、农业产业信息、服务体系，构建农业产业信息地图，从而形成富有规律的农产品生产、销售、流通资源体系。

2. 实现生产过程智能管控

传统的种植生产过程，比较依赖人的主观经验判断，容易出现偏差。而农业大数据由于是个大集合，可以帮助人们精确有效地识别、评估信息，随时根据环境因素、生产要素等分析最佳比例方案，将设置好的数据输入对应的分析模块进行处理即可得出准确数据。例如，根据某天的天气以及作物的土壤情况，判断作物需要的灌溉量；在后台系统中输入参数，并对智能浇灌设备进行控制，达到一定的湿度就停止浇灌。这就是应用大数据为智慧农业提供科学的数据支持，实现智能管控。

3. 农业生产风险预警

根据农业大数据，可以对生产环节、流通环节进行综合分析，预测各类未知的风险，提前做好准备工作防范风险，将损失最小化。例如，传统农业靠天，而依据农业大数据，可以提前预知天气状况，做好各种防灾减损准备，这就是典型的大数据预警功能。

4. 准确把握农产品市场需求动态

利用农业大数据，结合农产品相关平台，可对农产品的市场供需状况进行评估，可了解消费者的偏好、消费动机和对农产品的评价，从而及时给农产品资源进行合理配置。同时，又促使农产品的供给者农户近距离甚至是零距离对接市场，农户可根据市场需求提前计划科学生产，从而提高农产品的市场竞争力。

5. 实施农产品质量安全追溯

食品安全问题和人们的健康息息相关，始终是社会关注的热点问题。农业大数据是智慧农业的发展基础，能够帮助人们追溯食品生产流通的任一环节。正是这种透明化体系，让食品流通的每一道环节都高度透明，出现问题及时处理，对消费者的伤害降到最低，同时经营企业的损失也降到最低。

（三）智慧农业充实农业大数据

智慧农业不仅包括智能生产，而且还包括智能流通、智能销售、智能存储等每一道环节。每道环节都可以生成大量数据，既有静态数据，又有动态变化数据，并且还有预测未来的相关数据。基于这些"智慧化"环节，可以形成巨大而丰富多样的资源信息数据库。

传感技术的使用，在智慧农业"智慧化"运行过程中，发挥着"桥梁"作用，将外界环境和目标物的关联信息以数据的形式进行传递。传递信息本身就是数据流，一方面作为基础信息判断分析农作物的生长情况，另一方面又可以基于智慧系统中的模型计算分析出农作物理想的生长参数来调控未来的生长发育情况，促进农作物等健康成长、产量最大化。这种"传感"接收的数据信息和进一步分析的理想参数信息模式不断加强，形成一套系统性强、结构化程度高的数据。

第五节　人工智能与智慧农业

一、人工智能概述

（一）人工智能的含义

作为一个科学领域，人工智能是一门通过计算机程序及其相关硬件设备来实现人类智能的新兴技术科学。它是计算机科学的一个分支，主要研究、开发用于模拟、延伸和扩展人类智能的理论、方法、技术及其应用。人工智能是由计算机科学、控制论、信息论、语言学、神经生理学、心理学、统计学、数学和哲学等多学科交叉融合进而发展起来的一门综合性学科。其发展对人类进步具有深远影响，与基因工程、纳米科学并列为21世纪的三大尖端技术。

作为一个具体的研究对象，人工智能指的是由人制造的机器所表现出来的智能，与人类或动物所具有的"自然智能"相对。一般认为，任何能够感知环境并采取行动以最大化其达到目标的可能性的系统都可以被称为人工智能。人工智能这一概念被广泛地用来描述模拟与人类思想相关的学习、思考、解决问题等认知功能的机器。

《人工智能安全标准化白皮书（2019版）》明确提出，人工智能系统是利用一种数字计算机或者其他由计算机控制的机器来模拟、延伸和扩展人的智能，感知周围环境、获取相关知识并且使用，以获得最佳结果的理论、方法、技术及应用的系统。

人工智能分为强人工智能和弱人工智能。强人工智能是指达到或超过人类水平的，能够自适应地应对外界环境挑战的，具有自我意识的人工智能；弱人工智能是指人工系统达到专用或特定技能的智能，如人脸识别系统、机器翻译系统等。迄今为止的人工智能系统都只是实现特定或专用技能的智能，属于弱人工智能。

人工智能的核心是机器学习。机器学习是一门多领域交叉学科，涉及概率论、统计学、逼近论、凸分析、算法复杂度理论等多门学科，专门研究计算机怎样模拟或实现人类的学习行为，以获取新的知识或技能，并能够重新组织已有的知识结构使之不断改善自身的性能。机器学习是使计算机具有智能的根本途径。

深度学习是机器学习领域中一个新的研究方向，它被引入机器学习使其更接近于最初的目标——人工智能。深度学习是学习样本数据的内在规律和表示层次，这些学习过程中获得的信息对诸如文字、图像和声音等数据的解释有很大的帮助。它的最终目标是让机器能够像人一样具有分析学习能力，能够识别文字、图像和声音等数据。深度学习是一个复杂的机器学习算法，在语音和图像识别方面取得的效果远远超过先前的相关技术。

（二）人工智能的发展历程

人工智能在20世纪中叶诞生，其探索的过程经历了多次的挫折与挣扎、繁荣与低谷。随着近年来云计算、大数据和互联网的快速发展，人工智能也迅速发展，不断诞生新的理论和技术。如何描述人工智能自1956年以来60余年的发展历程，学术界可谓仁者见仁、智者见智。谭铁牛（2019年）将人工智能的发展历程划分为以下6个阶段：

一是起步发展期：20世纪50年代中期至60年代初。人工智能的概念被提出后，相继取得了一批令人瞩目的研究成果，如机器定理证明、跳棋程序等，掀起了人工智能发展的第一个高潮。

二是反思发展期：20世纪60年代至70年代初。人工智能发展初期的突破性进展大大提升了人们对人工智能的期望，人们开始尝试更具挑战性的任务，并提出了一些不切实际的研发目标。然而，接二连三的失败和预期目标的落空（如无法用机器证明两个连续函数之和还是连续函数、机器翻译闹出笑话等），使人工智能的发展走入低谷。

三是应用发展期：20世纪70年代初至80年代中期。20世纪70年代出现的专家系统模拟人类专家的知识和经验解决特定领域的问题，实现了人工智能从理论研究走向实际应用、从一般推理策略探讨转向运用专门知识的重大突破。专家系统在医疗、化学、地质等领域取得成功，推动人工智能走入应用发展的新高潮。

四是低迷发展期：20世纪80年代中期至90年代中期。随着人工智能的应用规模不断扩大，专家系统存在的应用领域狭窄、缺乏常识性知识、知识获取困难、推理方法单一、缺乏分布式功能、难以与现有数据库兼容等问题逐渐暴露出来。

五是稳步发展期：20世纪90年代中至21世纪10年代。网络技术特别是互联网技术的发展，加速了人工智能的创新研究，促使人工智能技术进一步走向实用化。1997年IBM的深蓝超级计算机战胜了国际象棋世界冠军卡斯帕罗夫，2008年IBM提出"智慧地球"的概念。以上都是这一时期的标志性事件。

六是蓬勃发展期：21世纪10年代至今。随着大数据、云计算、互联网、物联网等信息技术的发展，泛在感知网络和图形处理器等计算平台推动以深度神经网络为代表的人工智能技术飞速发展，大幅跨越了科学与应用之间的"技术鸿沟"，诸如图像分类、语音识别、知识问答、人机对弈、无人驾驶等人工智能技术实现了从"不能用、不好用"到"可以用"的技术突破，人工智能迎来了爆发式增长的新高潮。

二、农业人工智能

(一) 农业人工智能概述

21世纪初，人工智能技术便开始了在农业相关领域的推广和探索，但由于当时技术水平有限，并未带来太多实质性的进展。近年来，人工智能技术在工业方面的突出表现促使农业领域迎来了新的变革机遇，人工智能技术较为成熟地应用于耕作、播种、栽培等方面的专家系统。随着物联网和图像识别技术的成熟与发展，近10年推出了采摘机器人、土壤检测、果实分拣、气候灾难预警、病虫害检测等智能识别系统。从实际应用的效果来看，将人工智能与农业机械技术相融合，可广泛应用于农业的耕整、种植、采摘等环节，极大提高劳动生产率、土地产出率和资源利用率。

国际上，农业专家系统的研究始于20世纪70年代末，以美国最为先进和成熟。1978年，美国伊利诺伊大学开发的大豆病虫害诊断专家系统（PLANT/ds）是世界上应用最早的专家系统；美国约翰迪尔公司（John Deere）是全球最大的农业机械制造商，也是精准农业的领导者，该公司的农业智能机器人可以智能除草、灌溉、施肥和喷药。

近年来，我国人工智能在农业领域的发展也取得了重大进步。我国的农业专家系统开发始于20世纪80年代，1983年开始研制并建成了第一个专家系统"砂姜黑土小麦施肥计算机专家咨询系统"。20世纪90年代以后，我国的农业专家系统得到了快速发展，国家自然科学基金委员会、科学技术部、农业部和许多省级部门都相继开展了相关的攻关课题。2017年7月，国务院印发了《新一代人工智能发展规划》，明确提出发展智能农业、建立典型农业大数据智能决策分析系统，开展智能农场、智能化植物工厂、智能牧场、智能渔场、智能果园、农产品加工智能车间、农产品绿色智能供应链等集成应用示范。

（二）农业人工智能的主要技术

农业人工智能是多种信息技术的集成及其在农业领域的交叉应用，其技术范畴涵盖了智能感知技术、物联网、智能装备系统、专家系统、农业认知计算等。

1. 智能感知技术

智能感知技术是农业人工智能的基础，其技术领域涵盖了传感器、数据分析与建模、图谱技术和遥感技术等。传感器是农业人工智能发展的一项关键技术。深度学习算法是农情图像分析与建模的利器。当前，基于深度学习的农业领域应用较广泛，如植物识别与检测、病虫害诊断与识别、遥感区域分类与监测、果实载体检测与农产品分级、动物识别与姿态检测领域等。可见光波段可获得农情的局部信息，而成像与光谱相结合的图谱技术，可获得紫外光、可见光、近红外光和红外光区域的图像信息。根据与感知对象的距离，感知方式有近地遥感、航空遥感和卫星遥感等。

2. 智能装备系统

智能装备系统是先进制造技术、信息技术和智能技术的集成和深度融合。针对农业应用需求，融入智能感知和决策算法，结合智能制造技术等，诞生出如农业无人机、农业无人车、智能收割机、智能播种机和采摘机器人等智能装备。

3. 专家系统

专家系统是一个智能计算机程序系统，其内部集成了某个领域专家水平的知识与经验，能够以专家角度来处理该领域问题。在农业领域，许多问题的解决需要相当的经验积累与研究基础。农业专家系统利用大数据技术将相关数据资料集成数据库，通过机器学习建立数学模型，从而进行启发式推理，能有效地解决农户所遇到的问题，科学指导种植。农业知识图谱、专家问答系统可将农业数据转换成农业知识，解决实际生产中出现的问题。农业知识图谱可以将多源异构信息连接在一起，构成复杂的关系网络，提供多维度分析问题的能力。专家问答系统是信息检索系统的一种高级形式，它能用准确、简洁的自然语言回答用户用自然语言提出的问题，是人工智能和自然语言处理领域中一个备受关注并具有广泛发展前景的研究方向。专家问答系统的出现，可以模拟专家一对一解答农户疑问，为农户提供快速、方便、准确的查询服务和知识决策。

4. 农业认知计算

认知计算模仿、学习人类的认知能力，从而实现自主学习、独立思考，为人们提供类似"智库"的系统，具有甚至超越人类的认知能力。该系统主要通过采集、处理和理解人类能力受限的大规模数据,辅助农业生产和贸易等活动,减少参与农业任务的人工,提高作业效率,基于认知分析提供农业领域的决策支持,推动智慧农业发展。

三、人工智能在智慧农业中的代表性应用

(一)产前决策

以种植业为例,农业人工智能能够进行科学种植决策。在美国建立的农民商业网络(farmers business network,FBN),汇总各农场关于种子品类、农艺实践、投入品价格及产量目标等信息,利用机器学习技术对这些汇总的农场数据进行分析,为农民提供最优的决策建议,帮助农民提升生产资料利用率和产量。智能播种机器人能够通过探测装置获取土壤信息,然后通过算法得出最优化的播种密度并且自动播种,可根据不同地块的差异性土壤信息在不同区域位置、不同土壤情况下实现"非均匀播种"。

(二)产中管理

比如,德国 PEAT 公司开发了一种名为 Plantix 的深度学习系统,该系统对用户通过智能手机拍摄的图像识别不同的农作物,还可识别超过 240 种病虫害;该系统还能将特定的植物叶片模式与某些土壤缺陷、植物病虫害相关联,然后向用户提供土壤修复等可能的解决方案。目前,国内也早已出现能够智能识别作物病虫害的手机 App,为农民提供及时科学的田间管理指导。另外,智能机器人可以利用计算机图像识别技术来获取农作物的生长状况,通过机器学习,分析和判断出哪些是需要清除的杂草,以及哪里需要灌溉、施肥、喷洒除草剂,能够实现精准施肥和喷洒农药,大大减少了除草剂的用量(减少 90%),除降低污染外,还降低了除草剂的抗性生成。利用机器学习的方法对天气进行预测,可以有效减少自然灾害对农作物的负面影响。

(三)产后预测

以美国孟山都公司为例,孟山都提出了新型"农业操作系统"(agriculture operation system,AOS),核心要素是根据市场来确定农产品的数量,以数据为基础来构建模型进行决策以应对风险;将人工智能技术,如数据挖掘和深度学习等应用于农事的各种操作过程,根据实际反馈进一步优化各投入管理流程,最终实现农业的利益最大化。孟山都收购的气候公司(Climate Corporation)通过采集大量的天气数据,综合气象模拟、土质分析、植物根部特征等因素,为农民提供产量预测和农作物自然灾害保险服务。

第 三 章
智能种植决策与执行

智慧农业与传统农业的区别体现在农产品种植、收获、生产、销售、物流、产品追踪等多个环节。农产品种植是农作物产量获得的基础。在智慧农业发展的大背景下,智能决策支持系统(intelligent decision-making support system,IDSS)逐渐在农作物智慧种植中得到应用。智慧农业区别于其他农业形态的一个核心特征是以数据为基础,借助人工智能算法来进行农业生产经营决策。作物产量在开放的农田系统中,受到气象、土壤、病虫害以及各种管理措施的影响。智能种植决策支持系统就是将田间水、土、气象条件及空间遥感观测数据等大数据,结合人工智能算法,构建不同情景下最优种植决策,指导实现农作物优化配置、节约生产、高效产出的生产目标的系统。

第一节 智能决策支持系统

决策支持系统(decision-making support system,DSS)是 20 世纪 70 年代的产物,由 Scott Morton 最先提出,被定义为"基于计算机的交互式系统,用以帮助决策者使用数据和模型去解决非结构化问题"。决策支持系统以管理科学、运筹学、控制论和行为科学为基础,以计算机技术、仿真技术和信息技术为手段,在复杂的决策过程中,为决策者提供所需数据、信息和背景材料,帮助明确决策目标和进行问题识别,并对各种方案进行分析、比较和判断,辅助中、高层决策者制定正确决策。决策支持系统可以支持决策者遵循决策过程的所有阶段。自从 20 世纪 70 年代决策支持系统概念被提出以来,决策支持系统已经得到很大的发展,目前在教育、环境、外交、公共决策等方面都有广泛应用。

智能决策支持系统是在决策支持系统的基础上发展起来的。20 世纪 80 年代,在传统决策支持系统中引入人工智能技术后产生智能决策支持系统,使得决策支持系统充分利用人类专家的知识并通过逻辑推理来辅助决策。这使得智能决策支持系统在决策支持系统定量分析的基础上,增加人类定性分析的部分智能行为。相关的人工智能技术包括专家系统、人工神经网络(artificial neural network,ANN)、遗传算法(genetic algorithm,

GA)、机器学习和自然语言处理等。

一、智能决策支持系统的内涵

(一) 基本概念

1. 决策过程

决策是一个发现问题、分析问题、解决问题的全过程,是为达到一个或若干目标而从众多行动方案中进行选择并付诸实施的过程。管理科学方法为管理者提供系统的过程来求解问题,进行决策。要研究决策就需要了解人类的决策过程,美国著名经济学家赫伯特·亚历山大·西蒙(Herbert Alexander Simon)认为,决策过程是一个从高度结构化到高度非结构化的连续的整体,其包括三个阶段:

(1) 情报阶段——寻求要求决策的条件 这是决策的起始阶段,需要对决策者所处的环境进行分析、考察,找出要求做出决策的情况,即对问题进行确认和定义。具体包括发现问题、问题分类、问题分解及问题归属。

(2) 设计阶段——创立、发展和分析可能的行动方案 该阶段涉及提供相应可行方案,包括理解问题、产生方案、测试方案的可行性等活动。在这个阶段,需要建立、测试和验证问题情况的模型,需要将问题进行概念化处理并将其抽象为数字或符号形式。

(3) 选择阶段——从可行方案中选择一个最佳行动方案 决策时,需要得到"最佳"方案还是"足够好"的方案?这涉及方案选择的两个基本原则,即规范性原则(优化)和描述性原则,这些原则分别对应选择阶段采用规范(优化)模型、次优化模型还是描述模型。

后来,又加上实现阶段(图3-1),即将一个推荐方案付诸实践。但是,在实践过程中总要不同程度地引入一些变革,因此实现过程是一个漫长的复杂过程。

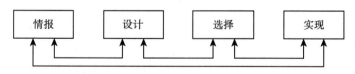

图3-1 Simon定义的决策过程

2. 智能决策支持系统组分的相关概念

智能决策支持系统在结构上包括数据库、模型库、方法库、知识库、推理机、问题处理系统以及自然语言处理模块等。其中,数据库一般由数据仓库(data warehouse,DW)充当,解决的是将用于决策的所有类型数据结构化,并为用户提供各种手段从数据中获取信息和知识。模型库是为决策提供分析能力的部件,模型能力的定义是转化非结构化问题的程度。知识库包括事实库和规则库两部分，知识库管理系统的功能主要有两个：一是回答对知识库知识增、删、改等知识维护的请求；二是回答决策过程中问题分析与判断所需知识的请求。推理机是一组针对用户需求去处理知识库的程序，由已知事实推理出新知识。

（二）智能决策支持系统的基本框架

智能决策支持系统除了包括数据库、模型库、方法库、知识库、推理机、问题处理系统以及自然语言处理功能外，还涉及联机分析处理技术、数据挖掘及交互接口。联机分析处理技术可以实现多维数据分析；数据挖掘用以挖掘数据库和数据仓库中的知识，这些都是数据仓库利用的分析方法。这些组分相互补充、相互依赖，发挥各自的辅助决策优势，实现更有效的辅助决策。集成系统结构如图 3-2 所示。

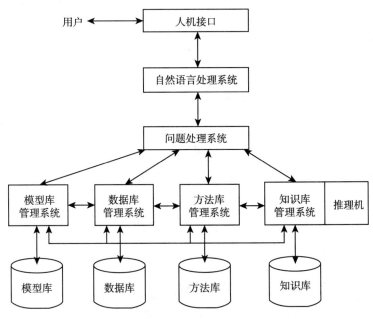

图 3-2 智能决策支持系统结构

集成后的系统对决策问题既可以进行定性分析，又可以进行定量分析；既可以处理来自不同系统、不同数据格式的大量数据，又可以进行复杂的数值计算，能够更好地完成辅助决策任务。它的出现将会使决策支持系统达到一个新的阶段。自决策支持系统演变为智能决策支持系统以来，人工智能技术、专家系统技术、数据库技术和互联网/内联网技术的发展为智能决策支持系统提供了强大的技术支持，由此产生出一些有代表性的决策支持技术工具，如上文提到的数据仓库、联机分析处理技术、数据挖掘等。它们对智能决策支持系统的演变、发展产生了极大的影响。

(三）智能决策支持系统的特点及类别

1. 系统特点

智能决策支持系统具备以下特点：

①基于成熟的技术，容易构造出实用系统。

②充分利用各层次的信息资源。

③基于规则的表达方式，使用户易于掌握使用。

④具有很强的模块化特性，并且模块重用性强，系统的开发成本低。

⑤系统的各部分组合灵活，可实现强大功能，并且易于维护。

⑥系统可迅速采用先进的支撑技术，如人工智能技术等。

2. 系统分类

进入 20 世纪 90 年代以来，互联网技术为决策支持系统的发展提供了新的方向。随着分布计算和网络计算的迅速发展，智能决策支持系统也开始由集中式演化产生一系列新的概念、观点和结构。按照智能决策方法，大致可以把智能决策支持系统分为以下三大类：

（1）基于人工智能的智能决策支持系统

①基于专家系统的智能决策支持系统。专家系统是目前智能决策支持系统中应用较成熟的一个领域，一般由知识库、推理机及数据库组成（图 3-3）。它使用非结构化的逻辑语句来表达知识，用自动推理的方式进行问题求解，而智能决策支持系统主要使用数量化方法将问题模型化后，利用数值模型的计算结果来进行决策支持。

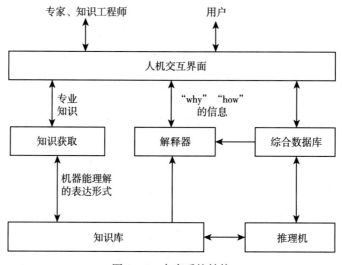

图 3-3 专家系统结构

②基于机器学习的智能决策支持系统。机器学习通过计算机模拟人类的学习来获得人

类解决问题的能力。机器学习的研究自 20 世纪 50 年代开始，到 80 年代中期专家系统在知识获取方面的需求刺激了机器学习形成自动知识获取的研究目标，在一定程度上能解决专家系统中知识获取的瓶颈问题。

传统机器学习的研究方向包括决策树、随机森林、人工神经网络、贝叶斯学习等方面，而随着大数据时代对数据分析需求的增加，机器学习更强调"学习本身是手段"，成为一种支持和服务技术。在大数据背景下，机器学习的研究方向主要包括大数据分治策略、大数据特征选择、大数据分类、大数据聚类、大数据关联分析以及大数据的并行研究等。利用大数据处理分析技术，集成作物自身生长发育情况以及作物生长环境中的气候、土壤、生物、栽培措施因子等数据，综合考虑经济、环境、可持续发展的目标，突破专家系统、模拟模型在多结构、高密度数据处理方面的不足，可为农业生产决策者提供精准、实时、高效、可靠的辅助决策。

③基于智能体的智能决策支持系统。智能体（agent）的概念由 Minsky 在其 1986 年出版的《思维的社会》一书中提出。Minsky 认为社会中的某些个体经过协商之后可求得问题的解，这些个体就是智能体。智能体具有自主性、协同性、响应性、预动性及智能性的特点。软件开发者可以在规范的通信接口下，设计开发不同的智能体完成不同的任务，不同任务之间既相互独立又协同工作。

随着信息技术的发展，将智能体/多智能体的理论与技术引入决策过程，构建多智能体协同工作、共同决策的系统框架，可以使决策更加具有科学性和智能性，可用于解决复杂系统的决策问题。智能体是目前人工智能领域的研究热点，主要有智能体及智能体理论、智能体系统结构、多智能体系统（multi-agent system，MAS）研究等方面。多智能体系统指的就是多个智能体组成的一个较松散的多智能体联合群体，这些智能体之间相互协同、相互服务，共同完成一个复杂任务。多智能体系统会将问题分成若干子问题，构造一些具有相应功能的单智能体，再由这些单智能体分工处理相应的子问题。多智能体系统常被用于群辅助决策，比如宏观决策。多主体系统与遥感技术结合，可以实现农林环境监测、分析及快速应对，还可以用于农业产业结构调整、农林生产规划等。

（2）基于数据仓库的智能决策支持系统　基于数据仓库的决策支持系统的体系结构包括三个主体：第一个主体是模型库系统和数据库系统的结合，它是决策支持的基础，为决策问题提供定量分析（模型计算）的辅助决策信息；第二个主体是数据仓库和联机分析处理技术的结合，联机分析处理技术从数据仓库中提取综合信息，这些信息反映了大量数据的内在本质；第三个主体是专家系统和数据挖掘的结合，从数据库和数据仓库中挖掘知识，并将其放入专家系统的知识库中，由进行知识推理的专家系统达到定性辅助决策。这三个主体既相互补充，又相互结合，集成在一起形成更高一级的决策支持系统。

（3）基于案例式推理的智能决策支持系统　案例式推理（case‐based reasoning）是一种类比推理方法，即通过修改解决旧问题的方法来尝试解决新问题。过去事件的集合构成一个案例库，即问题处理的模型。当前处理的问题成为目标案例，记忆的问题或情境成为源案例。案例式推理是从过去的经验中发现解决当前问题的方法。

用案例式推理法处理问题时，先在案例库中搜索与目标案例具有相同属性的源案例，再通过案例的匹配找出最类似的案例，过程中还会根据案例的解决方案再做调整，对调整出的结果进行验证，如果恰当则被验证的结果将会添加到案例库中。因此，案例式推理是一种较接近人类决策的过程，可以自动合并新知识到现存的案例库。基于案例式推理的方法简化了知识获取过程，对过去求解过程的复用，可有效提高问题求解效率，尤其对难以通过计算推导来求解的问题，可以发挥很好的作用。

在案例推理系统中，案例是知识"容器"，是系统进行推理的知识依据。基于案例推理的智能决策支持系统是基于知识的系统，系统依赖的重要知识储存在案例中，而案例的集合组成决策案例库。

二、智能决策支持系统的发展概况

（一）起源

智能决策支持系统起源于20世纪80年代初期，由美国学者Bonczek等率先提出。智能决策支持系统是管理决策科学、运筹学、计算机科学与人工智能相结合的产物。它是利用专家系统技术，预先把专家（决策者）的建模经验整理成计算机表示的知识，组织在知识库中，并用推理机模拟决策专家的思维推理形成的一个智能部件。智能决策支持系统是决策支持系统与人工智能相结合的产物。它将以定量分析辅助决策的决策支持系统与以定性分析辅助决策的专家系统结合起来，进一步提高了辅助决策能力。人类对大自然的探索从来没有停止过，决策理论在新的时代下有了长足的进步。

（二）发展

进入20世纪90年代以来，人工智能、数据库、计算机网络等技术的发展，给智能决策支持系统的发展提供了强大的技术支持。现代人类正处在一个变化复杂、不断发展的社会环境，大多数决策都需要采集、处理大量的信息，超出一般决策人员自身大脑的信息处理能力。因此，随着基于计算机的信息技术的发展，决策支持系统已经逐步为政府、企业管理人员和各类专业人员所熟知。但是，决策人员是一个工作在多个领域的动态群体，而使用操作专业化的决策支持系统是一个并非人人都必须具有的技能，所以智能化的决策支持系统正是决策人员需求的新型支持工具。

由于互联网的普及，网络环境的决策支持系统将以新的结构形式出现。决策支持系统的决策资源，如数据资源、模型资源、知识资源，将作为共享资源，以服务器的形式在网络上提供并发共享服务，为决策支持系统开辟一条新路。网络环境的决策支持系统是决策支持系统的发展方向。在网络环境下的综合决策支持系统将建立在网格计算的基础上，充分利用网格上的共享决策资源，达到随需应变的决策支持。

三、总结与展望

引入人工智能技术后，决策支持系统能够更充分地应用人类的知识，如关于决策问题的描述性知识、决策过程中的过程性知识、求解问题的推理性知识，并能通过逻辑推理来帮助解决复杂的决策问题。

智能决策支持系统是决策支持系统发展的新阶段，虽然近年智能决策支持系统在技术上的发展突飞猛进，但是其面向的是复杂的决策问题，因此仍然有很多问题亟待解决，比如系统只能利用本地资源造成的封闭性，模块之间的通信协调问题，推理机制和解释机制的被动性等。国务院印发的《新一代人工智能发展规划》（国发〔2017〕35号）提出，我国经济发展进入新常态，深化供给侧结构性改革任务非常艰巨，必须加快人工智能深度应用，培育壮大人工智能产业，为我国经济发展注入新动能。其中提到的重点发展方向之一为"建立典型农业大数据智能决策分析系统"。

第二节　智能种植决策的原理及模型

农业智能决策支持系统是智能决策支持系统在农业方面的应用。农业智能决策是智慧农业的核心，是数据产生价值的过程，覆盖农业生产从产前规划、产中管理及环境控制到产后存储、加工、运输和销售等各个环节。以种植业为例，产前规划包括需求分析、品种选择和种植播期、密度等方案推荐；产中种植管理包括环境调控（对于设施农业）、施肥、打药、灌溉等方面的智能决策支持；产后农产品的库存控制、运输车辆调配、流通加工与配送中心的选址等，均需要智能计算方法提供决策支持。

一、智能种植决策支持系统的内涵

（一）基本概念

1. 作物生长模型

作物生长模型是利用系统分析方法和计算机模拟技术，基于作物生理生态机理，考虑作物与大气、土壤、生物以及人文等环境因素相互作用，而进行定量描述和预测的工具。

其相关研究涉及作物学、农艺学、气象学、土壤学、生态学、系统学、计算机科学、数量统计学等多学科知识。作物生长模型具有较强的机理性、系统性和通用性,为作物生产决策系统的开发与应用奠定了很好的基础,为智慧农业的发展提供了科学的工具。

20世纪60年代起,随着对作物生理生态过程的深入了解以及计算机技术的迅猛发展,作物生长模型也快速发展。联合国教科文组织(UNESCO)的国际生物学计划(IBP,1964—1974年)也极大促进了作物模型的研究工作。荷兰的de Wit及美国的Duncan两位学者分别独立发表了冠层光能截获与群体光合作用的模型,这个模型是国际上最早的用完整程序编写,能在计算机上模拟作物群体生产过程的模型。随后,科学家完成了其他一些重要的作物生理过程的模型化。例如,英国利特尔汉普顿温室作物研究所的Thornley模拟了作物呼吸过程,Chanter对生长曲线进行了概括性研究;美国地球物理联合会的Ritchie进行了土壤蒸发模型的研究。20世纪80年代发布的CERES、GOSSYM、SOYGRO、SUCROS等作物生长模型都可以完整地描述和预测作物生长及产量形成的过程。

2. 智能种植决策支持系统

智能种植决策支持系统是智能决策支持系统在种植业方面的应用。例如,在作物生长模型的基础上,建立作物管理决策支持系统及智能化专家系统等,可以进行作物栽培方案的设计,并且在生长过程中进行管理措施的调控,帮助用户做出适宜的决策。将生长模型的动态预测功能与专家系统的推理功能相结合能提高决策系统的机理性和适用性。

(二)分类

智能种植决策支持系统根据结构和功能可以分为:①基于作物生长模型的种植决策支持系统;②基于知识规则的种植决策支持系统,即专家系统;③基于知识模型的种植决策支持系统;④基于作物生长模型和知识模型的种植决策支持系统;⑤其他综合性种植决策支持系统。

基于作物生长模型的种植决策支持系统是利用作物生长模型模拟预测和定量分析作物生长,辅助决策者进行决策,并通过提供影响因素分析帮助决策者寻求改进决策效能的途径。基于作物生长模型的种植决策系统有很多,其中具有代表性的有美国的DSSAT3系统,以及江苏省农业科学院的水稻栽培模拟优化决策系统(RCSODS)。DSSAT3系统包括数据模块、模型模块和分析模块,可以利用背景资料,使用各作物生长模型得到关于生育期、产量、产量构成、土壤水分、土壤养分等信息,在此基础上协助用户设计和进行品种选择、播期密度、施肥量、灌溉量等多因素多水平试验,筛选优化方案。而RCSODS在决策方面与DSSAT3有所不同,即能根据分析结果自动为用户提供一套优化栽培方案,但这一进步必须以作物生长模型的高度准确性为前提。

基于知识规则的种植决策支持系统是运用人工智能的方法，耦合专家的思想、技术和经验建立的计算机决策系统，简称专家系统。1965 年，美国斯坦福大学计算机系 Feigenbaum 等开发了第一个专家系统 DENDRAL，第一次展示了大规模的知识库。从此，人工智能中的专家系统迅速发展。

但是基于知识规则的种植决策支持系统具有适应性弱、知识库过于庞大、使用不便、无预测功能等缺陷，所以应用上受到很大限制。因此，南京农业大学农业信息技术研究所提出了在传统专家系统的基础上发展作物知识模型。作物知识模型是在充分理解和分析领域专家经验知识特点的基础上，根据作物与环境的定量关系，综合和提炼出有关作物生育与管理指标的动态模型。

(三) 实现步骤

智能种植决策的过程包括以下主要步骤：①智能种植决策支持系统设计和提出模拟试验的各种处理方案；②系统运行模拟模型，定量预测不同处理方案下作物的生长状况；③系统利用人工智能对模型模拟的各项输出结果进行综合分析和优化评估，提供适合的决策，供决策者参考。在这个过程中，模拟模型预测结果的可靠性和准确性是智能种植决策支持系统的基础。针对这个问题，国家 863-306 智能农业专家系统技术规范中明确指出，作物生长模型的预测为了兼顾系统的机理性与预测性、研究性与应用性，要控制生育期的误差小于 5%，且生物量的误差小于 10%。而专家系统作为人工智能的一个重要分支在系统中发挥智能决策的作用。

二、智能种植决策支持系统的发展概况

智能种植决策支持系统的研究主要集中在作物生长模拟及各类专家系统的开发方面。作物管理专家系统是专家系统在农业领域的具体应用，一般包含一个由权威农业专家的经验、资料、数据与成果构成的知识库，并能利用其知识模拟农业专家解决问题的思维方法进行判断、推理，以求得解决农业生产问题结论。现阶段研究还关注决策的可视化。

(一) 萌芽阶段

智能种植决策支持系统发展的雏形是专家系统，大约是 20 世纪 70 年代末至 80 年代初期。早期开发的农业专家系统主要用于农作物的病虫害诊断。例如，1978 年美国伊利诺伊大学开发了大豆病虫害诊断专家系统 PLANT/ds，随之开发了玉米螟虫虫害预测专家系统 PLANT/cd。1983 年日本开发了西红柿病虫害诊断专家系统，Wilkerson 等 1984

年开发了大豆病虫害管理决策的专家系统 SICM。我国是世界上开展农业专家决策系统研究较早的国家之一。1980 年，浙江大学与中国农业科学院蚕业研究所合作开发蚕育种专家系统。1983 年，中国科学院智能机械研究所和安徽农业科学院土壤肥料研究所合作开发了砂浆黑土小麦施肥专家系统。

（二）发展阶段

20 世纪 80 年代中期之后，农业专家系统迅速发展，辅助决策的范围已从单一的病虫害诊断转向生产管理、经济分析与决策、生态环境等。当时知名且广受认可的专家系统有美国的棉花生产管理专家系统 GOSSYM/COMAX，后来开发了用于桃园管理的 CALEX/PEACHES 以及用于水稻生产管理的 CALEX/RICE。对农业决策支持系统的发展发挥重要作用的是由美国国际开发署（United States Agency for International Development，USAID）资助的农业技术转移国际标准点协作网计划（the international benchmark sites network for agrotechnology transfer）。项目实施的 10 年中，科学家利用系统学方法及作物与土壤模型促进了技术转移，创建了基于 CERES 模型系列的农业技术转移决策支持系统（decision support system for agrotechnology transfer，DSSAT）。这是国际上较具代表性的农业决策支持系统，模型的第一个版本是 1986 年发布的 DSSAT V2.1，目前最新的 DSSAT V4.7 已经覆盖了 45 种作物。与此同时，在中国用于棉花的高效生产综合决策支持系统、用于油菜的管理决策支持系统、用于水稻的高产栽培专家决策系统、用于柑橘的肥水智能决策支持系统、用于小麦的管理智能决策系统、用于玉米的栽培管理决策支持系统等大量的用于作物水肥管理、病虫害管理的专家系统相继问世，几乎涵盖了农业生产的所有领域。

（三）奠基阶段

20 世纪 90 年代至 21 世纪前 10 年，农业决策支持系统的发展逐渐减缓，研究主要集中在扩展原有模型的使用范围上。南京农业大学提出构建知识模型来帮助决策，接着建立了基于知识的氮肥管理模型，可辅助决定不同生态条件和管理方式下的氮肥施用策略。江苏省农业科学院将 RCSODS 与信息技术耦合，实现决策技术的网络化。另外，也有很多研究将国外的决策模型进行本地化。例如，在 CERES - Maize 模型进行参数矫正和验证的基础上，对华北不同地区典型土壤展开模拟，研制了基于 COM 组件的管理决策支持系统；运用 CERES - Maize 模型和均匀设计建立了基于模拟模型的系统优化方法。此外，还有研究将 GIS 和 CROPGRO 以及 CERES 模型结合，构建玉米和大豆在区域尺度的管理决策支持系统。

（四）大数据决策阶段

2013 年，随着大数据时代的到来，数据获取相对便捷，智能手机普遍使用，智能决策支持系统面临着与物联网技术的结合，还需要和比较成熟的技术如面向对象技术、数据库技术、多媒体技术、虚拟现实技术等结合。各种专业学科将会有更多的相互渗透、相互融合，从生理模型到生长模型再到决策系统，需要把不同层面上的工作综合、集成，需要不同领域的专家通力合作，把不同方面的优势集合起来，才能有所突破。例如，Li 等在澳大利亚研制了基于安卓（Android）手机的可持续灌溉决策支持系统，利用了具备动态线性判别分析的无监督机器学习聚类技术的传感器云计算平台，实现了基于不同环境传感器的大数据集成和决策。同时，开发了基于 Android 的智能移动 App，帮助农民决策某一天是否需要购买额外的灌溉用水。智能种植决策支持系统与更多更先进的人工智能技术融合后，扩展了系统在数据和信息上的分析处理能力。智能种植决策支持系统在将来应该能更丰富地体现种植与人文、环境的可持续发展关系，甚至是跨越国界的决策。例如，在欧洲，农民、农业顾问、水资源管理者和政策制定者在不同国家的数据采集系统中相同的水、养分和农药管理等数据产生的结果差别很大，因此欧洲 FAIRWAY 项目提出一个旨在跨越不同立法环境、咨询框架，不同国家数据校准要求、区域气候及土壤差异，以及语言障碍的决策支持系统，更好地保护水资源的安全。

三、智能种植决策支持系统的关键技术

智能决策支持系统在园艺作物管理上应用较成熟，由于其使用成本问题，目前在农作物种植方面还没有广泛的应用。智能种植决策支持系统应当包含数据获取、数据管理、决策制定和智能控制等环节，包含 3S 技术、农业传感技术、数据处理系统、云技术、分布式数据管理平台、无线传输系统、智能控制终端等技术，最重要的是依靠决策系统整合以上技术实现智慧种植。决策系统主要基于作物生长模型、优化种植知识模型以及机器学习等智能算法进行作物种植优化指导。具体技术介绍如下：

数据获取环节包含的技术有 3S 技术和农业传感器等。3S 技术，是 RS、GIS 和 GPS 三种技术的统称。RS 具有范围广、多时相和多波谱的特点，可以用于农田土地数据的采集、分析以及作物制图等方面。GIS 可以建立农田土地管理、自然条件、作物产量的空间分布等空间数据库。GPS 可以对采集的农田信息进行空间定位。需要说明的是，GPS 在此指的是广义的全球定位系统。随着 2020 年 6 月 23 日中国北斗卫星导航系统北斗三号最后一颗全球组网卫星发射成功，北斗卫星导航系统全球卫星导航系统星座部署提前完成，该系统具有动态分米级、静态厘米级的精密定位服务能力。这也意味着北斗卫星导航系统将在智能种植决策支持系统的大数据决策发展阶段发挥重要作用。农业传感器指的是温度、湿度、光照、二氧化碳等作物生长环境指标的传感器。另外，还需要在土壤中安装传感器实时检测是否需要添加肥料、农药、生长调节剂、食品添加剂等状态。

数据管理环节包含数据处理系统、云技术、分布式数据管理平台、Zigbee 无线传输技术等。数据处理系统（data processing system），是为实现待定的数据处理目标所需要的各种资源的总和，也叫信息处理系统，简称信息系统。其最核心的技术是数据库技术，如微软公司的 Microsoft Access 和 Microsoft SQL Server、Sybase 公司的 Sybase、甲骨文公司的 Oracle 以及 IBM 公司的 DB2 等。

云技术是指在广域网或局域网内将硬件、软件、网络等系列资源统一起来，实现数据的计算、储存、处理和共享的一种托管技术。该技术可用于对目标农作物的生长过程数据和目标农作物种植区的环境数据进行实时采集，并进行存储和处理。

分布式数据管理平台是用于管理分布式数据的平台，管理在不同的局部数据库中存储并且由不同的分布式数据管理系统管理，在不同的机器上运行，由不同的操作系统支持，被不同的通信网络连接起来的数据。例如，某一本地数据服务器对某一种作物的管理应用需求，可采用分布式的管理维护所有作物公用的模型数据、基础数据、管理数据等，也可实现多个网络数据站点共享，解决单个站点资源不足的问题。

ZigBee 无线传输技术是一种基于 IEEE 802.15.4 标准的低功耗无线局域网协议，又称紫蜂协议，其形象名称来源于蜜蜂的八字舞。ZigBee 无线传感器网络节点的合理部署可以更加有效地采集数据、降低能源消耗、减少信息冗余、延长网络系统的使用周期。

智能控制终端指的是可以与远程控制系统进行通信，并对多种传输设备进行逻辑控制，对作物种植实现在线监控和管理的终端。例如，可基于区域调度机制的数据通信中继器，将分散在环境中的多个数据采集设备采集到的数据传输到数千千米以外的服务器终端中。

四、智能种植决策支持系统的功能模块及其应用

目前的智能种植决策支持系统主要是基于作物生长模型和知识模型的种植决策支持系统。系统中作物生长模型以系统特征及变量的机理性理解和解释为基础，描述作物生长发育过程及其与农业环境和技术措施之间的交互作用。作物生长模型利用了作物生长系统的深层知识，具有良好的动态预测功能。智能种植决策支持系统将作物生长模型和知识模型的推理决策功能结合，也就是把系统动力学方法与人工智能有机结合，通过系统预测器和推理机的集成，可以处理专家知识以外的情况，适应不同农业环境和生产系统的模拟预测与管理决策，进而实现作物的智能种植决策，其功能原理如图 3-4 所示。具体为：系统根据决策地点的气象、土壤生态条件和历史资料，结合用户的产量及品质目标，匹配作物生长模型和知识模型制定一套适宜的播前种植方案，包括品种、播期、种植密度、水肥方案、理想的产量结构、理想的主要生育指标及效益分析等。

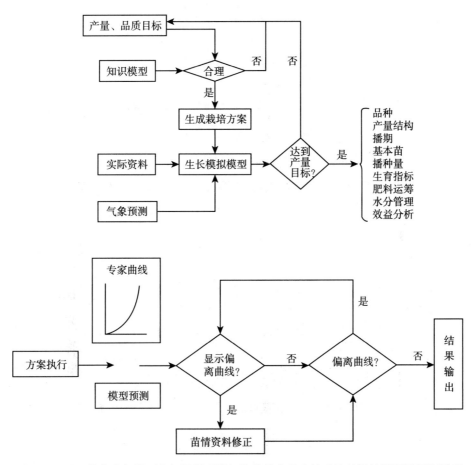

图3-4 基于作物生长模型和知识模型的智能种植决策支持系统的设计原理及调控原理

(一)品种选择决策

合理确定各地种植的适宜品种是栽培管理的关键技术之一。品种选择的问题包括两个层面。第一,在不同区域的生态资源条件下,如何选择适合种植的作物品种;第二,在特定生态资源条件下,如何选择最适宜的作物品种。传统的品种选择,一般通过品种区试或者生产示范的表现来确定,或者通过专家的知识经验推荐当地适宜品种。这两种方法依靠大量的试验或者专家的知识库及其经验性知识规则。利用智能种植决策支持系统模拟不同方案结果,可以为品种选择的决策问题提供省力且更全面的支持。

1. 构建原理

品种选择需要考虑经济收益、产量、品质、适应性等。中国最早的智能种植决策支持系统是水稻智能种植决策系统。其中,较经典的是江苏省农业科学院的高亮之、金之庆、黄耀、陈华、李秉柏等1989年研制推出的水稻栽培模拟优化决策系统(RCSODS)。RC-

SODS 的开发原理是将水稻生长模拟技术与水稻栽培的优化原理相结合,建立各种栽培措施的决策模型。RCSODS 与以专家系统为基础的决策系统相比,其优势在于应用栽培优化原理使得决策不受某一地区专家经验的限制。2004 年,Zhu 等研制了可用于品种选择的动态知识模型。2012 年,印度的 Islam 等研制了小麦品种选择的系统,系统是使用 Active Server Pages 开发的,以知识规则为基础,然后根据 IF - THEN 规则提出各种选择。2017 年,Felipe 等使用排序决策的方法开发了丹麦的冬小麦品种自主选择系统,详细排序决策过程见图 3-5。

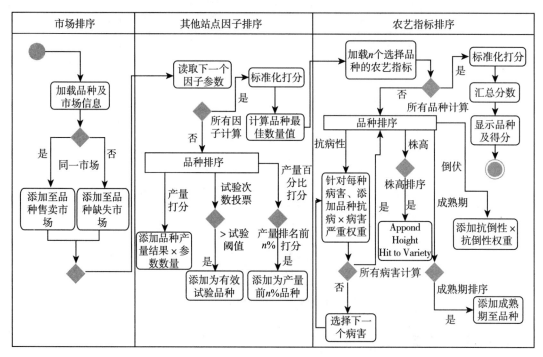

图 3-5 排序决策中排序的不同阶段

2. 实现过程及应用

2002 年,南京农业大学研究团队在综合考虑种植点光温生产潜力、历史平均产量水平、土壤肥力、肥水管理水平和生产技术水平等诸多因子的基础上,建立了小麦适宜品种选择的动态知识模型,利用 5 个不同生态点常年气象资料及 15 种不同品种资料,进行了实例分析。2003 年,朱艳等建立棉花品种选择的动态知识模型,并根据用户输入要求,为安阳和南京生态点选择了适宜种植棉花品种,置信度均达 90% 以上。2008 年,江苏省农业科学院将 RCSODS 与信息技术耦合,实现决策技术的网络化,使水稻主产区的农业技术人员通过互联网因地、因种、因时指定相应种植决策。ROSODS 主要包括品种数据库管理、地点数据库管理、品种参数调整及水稻栽培决策。各模块调用符合

TCP/IP 协议，可在服务器上安装运行，通过互联网技术能在浏览器上调用。还有研究者利用 RCSODS 模型模拟东南沿海稻区（福建）不同区域不同代表品种的双季稻发育期及产量，结合田间实际观测对照检验，结果表明模型模拟的双季稻生育期的误差为 0~5d，早、晚稻产量模拟的平均误差在 5%以内，准确率较高。此外，研究者利用 WOFOST 模型结合吉林省多个气象站点 30 年的气象数据，分析了该省在未来气候变化背景下中熟、晚熟玉米品种的光温和气候生产潜力，为未来不同成熟期品种合理布局提供了理论依据。

在构建智能决策支持系统的过程中，决策顺序是研究者根据决策需求及实际情况制定的。例如，排序决策可以由系统考虑和评估品种的经济效益目标、生态区和农艺性状，根据站点特征与用户选择的农艺指标重要性进行品种投票打分，输出特定条件下最佳作物品种选择清单，决策过程使用的是随机规划设计，排序流程见图 3-5。其中，产量百分比指的是与对照品种产量对比后的百分比。排序程序结束后，再使用公式计算特定站点条件下候选品种的得分，供用户选择。

（二）种植播期决策

作物的种植播期影响生长期间的光温生态条件，进而影响作物产量、产量构成以及物质生产和转化能力。以油菜为例，提前播种能够使油菜苗期积累的光热资源更多。而随着播期的推迟，油菜的分枝产量减少、物质生产与转化能力降低。适时播种，出苗快且齐，会相对延长分枝和花芽分化的时间，为高产奠定基础。智能决策支持系统可以根据气象条件及土壤状况，结合品种特性为用户推荐适宜的播期。

1. 构建原理

2006 年，南京农业大学研究者开发了基于作物生长模型的油菜智能决策支持系统。系统着眼于油菜植株生长发育和产量形成的特征，构建预测性好、适应性强的综合性油菜生长模型，并将构建的油菜生长模型以 COM 组件形式进行封装，建立气象、土壤、品种及管理数据库，可以实现油菜生长发育和产量形成的模拟预测以及不同栽培管理方案的优化评估等。模型包括 6 个子模块，即阶段发育和物候期、形态发生与器官建成、光合作用与同化物积累、物质分配与产量形成、土壤水分平衡以及养分平衡模块。

油菜栽培模拟优化决策系统（Rape-CSODS）于 2011 年发表。系统是借鉴 RCSODS 的构建思路，通过建立油菜生长发育模拟模型、油菜生长期土壤水分与氮素动态模型及油菜栽培优化模型，并将这些模型与油菜病虫害专家知识结合，从而构建了油菜栽培模拟优化决策系统。

2. 实现过程及应用

油菜栽培模拟优化决策系统的结构包括原理层、模型层、数据库层、系统层及功能层，具体如图 3-6 所示。

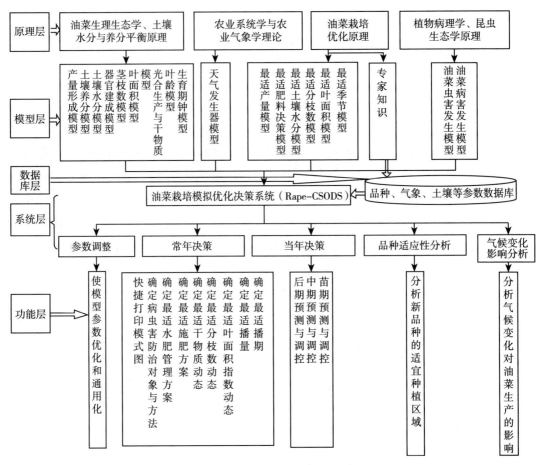

图 3-6 油菜栽培模拟优化决策系统的结构与功能

南京农业大学团队建立了棉花的播期确定知识模型，并为 4 个生态点设计了一熟直播春棉的播种日期。此外，该团队基于浙江杭州、江苏仪征和徐州 3 个生态点，利用 Rice-Grow 模型结合长期历史气候资料（1981—2010 年），研究不同水稻品种（两优培九、武香粳 14 和汕优 63）在杭州、仪征和徐州地区的播期范围，并初步确定了不同品种在各生态点的适宜播种期。2018 年，研究者利用昆山地区控制灌溉水稻田间实测数据对 ORYZA V3 模型进行校正和检验，进而模拟昆山地区 1971—2010 年（40 年）不同气候条件下控灌水稻的生长情况，根据模型输出的发育阶段 DVS（development stage）值，分析不同可播期水稻生育期长度、产量等相关因素，最终确定该地区控灌水稻的适宜播种期。模型校正和检验的归一化均方根误差（nRMSE 值）在 9%～26%，决定系数 R^2 在 0.85～0.99，模型具有良好的适用性。2018 年，研究者针对新疆春播中晚熟玉米区生产中广泛选用的品种 KWS 9384，以 2015—2017 年高产试验和播期试验数据为基础，利用农业生产系统模拟器（agricultural production systems simulator，APSIM）作物模型，分析不同气象条件下不同播期产量及其产量稳定性，并进行验证。根据农业生产系统模拟器做模型模拟和播期试验结果，确定了新疆春播中晚熟玉米区 KWS 9384 的最适播期范围。

（三）播种密度决策

1. 构建原理

在 RCSODS 模型之后，高亮之等又推出了小麦栽培模拟优化决策系统 WCSODS，成功地在我国小麦产区得到示范应用。2000 年后，WCSODS 模型又扩展了气象、土壤、品种、栽培与病虫害等子模型，将模拟栽培、优化与专家知识结合，要求当地专家对某个（些）品种与栽培参数进行调试，使 WCSODS 具有更好的地区适应性与品种兼容性。

小麦生产过程中，播种量影响播种密度，适当密植可以合理应用光能与地力，是获得高产稳产的关键技术之一。与播种密度有关的是系统中的小麦适宜茎蘖动态模型。在其他条件都适宜的情况下，对于特定品种来说，各生育时期的单株叶面积是稳定的。因此，各生育时期单株叶面积在 WCSODS 中是作为品种参数来设定的。小麦各生育时期的适宜茎蘖数等于适宜叶面积除以单株叶面积，小麦一生的最高苗数等于拔节期适宜叶面积除以同一时期单株叶面积。采用凌启鸿的小麦基本苗公式可以计算其适宜的基本苗，从而确定小麦的种植密度。

2. 系统实现过程

WCSODS 采用的技术路线是将小麦模拟技术与小麦栽培优化原理相结合。系统包含数以百计的模拟模型或子模型，开发的主要步骤是：①查阅文献，理解小麦生产全过程，提出总体构思；②开展小麦田间试验，广泛收集气象、作物、土壤及病虫害测报资料；③建立小麦生长发育与产量形成的模拟模型和栽培措施的优化模型；④校正小麦品种参数对模型进行可靠性检验；⑤根据小麦生产需要，建立小麦栽培的常年与当年模拟优化决策系统。

3. 系统应用

2001 年，研究者应用 WCSODS 系统提出了小麦 955159 在山东青州种植时的常年决策模式，即利用当地气象、土壤、品种和专家知识等进行模拟，确定播期范围、适宜播量、适宜茎蘖数、适宜叶面积指数、适宜干物重等。2001—2002 年，即使出现了旱灾、冻害等严重自然灾害，实施后的田块仍较未实施该模式的田块增产 18%，每公顷节省成本 168 元，成本降低 9.95%。2002 年，南京农业大学团队利用基本苗和播种量设计模型，在山东泰安地区常年适宜播期、适宜土壤含水量和土壤类型下，对不同品种和土壤肥力状况下的基本苗和播种量进行播前设计。模型设计结果与决策点的小麦高产栽培模式之间有较好的符合度。2007年，研究者构建了基于作物—环境关系，可适用于不同时空环境、不同地力水平和产量目标的玉米适宜密度和播种量确定知识模型，并利用北京、济南和沈阳不同生态点常年气象资料、不同品种资料和土壤资料对模型进行了模拟分析，结合试验对其进行了验证，结果表明该模型具有较好的决策性和实用性。2008年，研究者在对CERES-Maize模型进行参数矫正和验证的基础上，对华北不同地区典型土壤展开模拟，确定各地区的玉米适宜播期，并对北京地区不同播期春玉米的优化灌溉策略进行了系统分析。2020年，有研究以1980—2010年气象数据驱动WOFOST模型，对春小麦产量进行动态模拟，分析最佳播期，并计算出了最佳播期的适宜播种量。

(四) 水肥方案决策

1. 构建原理

世界上许多国家都在面临着灌溉的压力，受到供水限制或者水质问题影响。同时，肥料不恰当的利用会导致土壤、地下水和大气污染。因此，种植管理中最优的水肥方案要求水肥的精准施用以及水肥协同。水肥智能决策系统是目前发展最快的，其中较为经典的是美国科学家研制的棉花生产管理专家系统GOSSYM/COMAX，这是一个以棉花生长模型为基础、耦合棉花生产专家知识的棉花管理决策系统，目前已经成功应用在棉花生产管理的决策指导，获得国内外农业科学家的较高评价。该系统是基于知识规则的棉花生产管理计算机软件，由知识库、推理机、GOSSYM模型、气象站和数据文件集组成。知识库包括一系列接近事实的规则。推理机检验规则与事实，决定做什么，并根据特定天气和设定的水肥使用量准备一系列输入文件，然后调用GOSSYM模型，由它读取推理机准备好的数据文件并模拟指定条件下棉花的生长状态，然后将模拟结果作为知识存入知识库。20世纪末，国内专家将作物模拟、栽培优化与人工智能的原理与方法相结合，并综合专家和棉农的高产栽培知识，开发了棉花栽培计算机模拟决策系统COTSYS。联合国粮农组织在1982年就编制了手册支持管理灌溉计划。2003年，灌溉管理决策支持系统SIMIS是基于简单的水平衡模型和容量约束。CropIrri是针对旱地作物开发的灌溉决策支持系统，基于作物生育期模型、根系生长模型以及作物水分生产函数和灌溉决策模型，在灌溉决策模型中提供了非限制性灌溉、节水灌溉、经验型灌溉和用户自定义4种灌溉情景。之后的研究开始耦合一些智能技术，例如实时灌溉决策支持系统DSSIS耦合了根区水质模型RZWQM2以提高水分生产率，该系统利用RZWQM2预测降水量以及作物水分胁迫和土壤含水量，分别用于触发灌溉和计算灌溉量。之后提出一种自动智能灌溉决策支持系统，该系统耦合了两种机器学习技术，偏最小二乘回归（partial least squares regression）和自适应神经模糊推理系统（adaptive neuro-fuzzy inference system），以这两种技术作为智能灌溉决策支持系统的推理引擎。研究者还提出了一种适用于不同灌区的弹性灌溉调度决策支持系统FIS-DSS，减少重复软件的开发，其核心是一种多目标多约束模糊区间规划模型。虽然相关的研究已经非常深入且引入智能技术，但是要实现系统的广泛应用，最重要的还是提高操作的便利性以服务用户。例如，在Android手机操作的实时灌溉平衡决策系统已经出现。

2. 实现过程及应用

DSSIS包含7个步骤，用户可以通过这些步骤向软件输入基本信息。步骤1~6包括输入RZWQM2模型参数的先前校准和验证的信息。种植密度、耕作等参数不需要每年更新，用户只需更新种植日期。步骤7包括三个子程序，但用户只控制其中两个。智能灌溉决策支持系统是由自适应神经模糊推理系统和偏最小二乘回归预测模型组成的。偏最小二乘回归是一种寻找预测变量和响应变量之间基本关系的统计方法。预测变量X为可测量并输入决策系统的可观测变量。响应变量Y是从输入中扣除的输出或估计值。通过将预测变量和观测变量投影到一个新的空间中，估计潜在变量来建立预测空间和观测空间之间的协方差结构，得到了变量集和线性多元回归模型之间的关系。自适应神经模糊推理系统是由给定输入/输出数据集系统地生成模糊规则的模糊推理系统，结合了模糊逻辑和人工神经网络的优点。该系统中自适应神经模糊推理系统的结构由一个五层前馈神经网络组成（图3-7），它的参数在两遍学习算法中使用梯度下降和最小二乘估计的组合来更新。

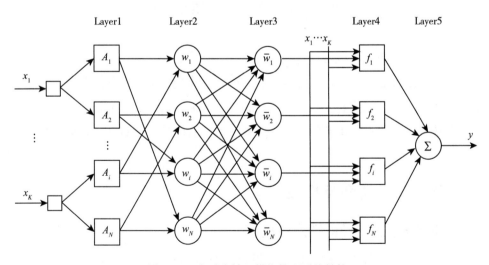

图3-7 自适应神经模糊推理系统结构

研究者提出了一种基于CSIRO传感器云以及知识集成和机器学习分析的用水量推荐系统，并开发了基于Android手机的推荐框架，用于显示澳大利亚任何农业地区的动态用水可用性。此外，还有专门针对施肥的专家系统提供决策支持。例如，陈桂芬等的玉米精准施肥专家系统，可以解决玉米产量预测与精准施肥问题。该系统是以养分平衡法数学模型为核心，与3S技术、传统施肥技术以及专家经验相结合，利用微软公司提供的动态网络服务技术（ASP.NET）和数据库平台（Microsoft SQL Server 2005）而开发的施肥决策系统。但是该系统的不足是没有考虑玉米生长过程中环境的变化及栽培方式、耕作方式等对施肥和产量的影响。

五、总结与展望

本节介绍了智能种植决策支持系统的内涵和发展概况，主要介绍了其农业上的应用，也就是智能种植决策支持系统的内涵及应用，具体包括智能种植决策支持系统在品种选择、种植播期、播种密度及水肥管理方面的应用。各地区的土壤、气象等生态环境不同，不同农作物的管理目标不同，因此目前还没有通用的生长模型或者智能决策支持系统。

智能种植决策支持系统在大数据的背景下，也面临许多挑战。例如，随着物联网的广泛使用，采集的数据类别和数据量将带来系统整理和分析数据能力的挑战。目前的智能种植决策支持系统还处于发展初期，大部分的设计还停留在理论和概念的阶段，缺乏应用。当然，一部分也归因于系统建设的成本过高。

第三节　智能农机装备

智能农机是集复杂农业机械、智能感知/智能决策/智能控制、大数据/云平台/物联网等技术为一体的现代农业装备，能够自主、高效、安全地完成农业作业任务。农业装备实现智能化的关键在于智能控制。与传统农机相比，智能农机具有功能强大、通用性强、安全高效、节能环保等优点。本节内容将围绕农业生产各环节中的智能农机以及相关技术体系展开。

一、智能农机类型及相关技术

（一）应用于整地环节的智能农机

整地指在育苗播种前进行的一系列土壤耕作措施的总称，包括浅耕灭茬、翻耕、深松、耙地、耢地、镇压、平地、耖田、起垄、作畦等。其目的在于创造良好的土壤耕层构造和表面状态，进而改善土壤条件、提升土壤肥力。

传统整地方式会使犁地土层变厚、熟土层变薄，进而导致农田储水能力衰弱，影响作物生长。深松整地是通过拖拉机牵引深松机，疏松土壤，打破犁层，改善耕层结构及增强土壤蓄水、保墒和抗旱排涝能力的一项保护性耕作技术。实时监管核查是深松整地工作的重点和难点。采用人工核查的方法有劳动强度大、工作效率低、监管成本高等缺点，使用智能检测装备能够有效解决这些问题。智能检测装备包括数据终端、超声波传感器、深度检测传感器、高清摄像头、作业信息显示器、数据存储器等精密装备。

1. 激光平地机

激光平地机利用激光控制平地技术进行土地平整作业，该技术以激光束平面作为控制基准，通过控制液压调节系统实现平地铲自动升降，进而达到土地精细平整的目的。应用激光控制平地技术能够大幅度提升土地平整精度，对于减少水肥流失、节水增产有显著效果。但激光控制平地系统也有缺陷：使用易受环境因素影响；受激光接收器的范围限制，不适合对地势高差大的土地进行平整。

2. 卫星平地机

卫星平地机利用卫星控制平地系统进行土地平整作业，由显示屏、接收机、GNSS卫星天线、电台、手持开关、地面基站等组成。其原理是利用地面基站提供定位参考信息，通过无线电台传输给控制器使其计算得到更高精度的铲体位置信息。控制系统通过采点计算参考基准面，比较铲体位置和参考基准面，通过一定算法得到限位油缸伸缩量，进而实现土地精细平整。相较激光控制平地系统，卫星控制平地系统有以下优点：不会受到恶劣天气的影响；通过无线电传输，平地作业不受地势高差限制。

（二）应用于播种环节的智能农机

随着科技发展，播种机对高新技术的应用使得播种机更加智能化。智能化播种机械的广泛应用有助于降低生产成本、增加粮食产量。它能根据播种期土壤墒情、生产能力等条件变化，精确调控播种机械的播种量、开沟深度等作业参数。例如，通过光电传感器与计算机控制播种数量，有效调整不同地块的播种量；通过卫星遥感技术对播种环境、气候等精准预报，保证种植时间合理；通过GPS自动导航系统实现按照预设路径精准作业，极大地降低了播种作业的重复与遗漏等。

除此之外，国内外针对不同播种特点的作物，发展了相应的播种技术：日本提出适合水稻育秧播种的静电播种技术；英国提出适合牧草播种的超音速播种技术；针对种子较小的蔬菜作物，研制出防静电种轮播种机；针对微粒种子，采取液体播种技术进行播种。

未来，播种机有以下几个发展趋势：向高效化、精准化、智能化发展；向多功能发展，集深松、播种、施肥、灌溉于一体；适应保护性耕作的播种机不断增加。

（三）应用于灌溉环节的智能农机

人均水资源量是衡量国家可利用水资源的指标之一。人多水少、水资源分布不均是中国的基本国情。而各行业中，农业用水量占极大比重，因此如何节约农业灌溉用水、有效利用土壤水成为发展节水农业的重要课题。智慧灌溉系统是能够对灌溉作业提出合理建议的专家系统。目前，国内的智慧灌溉系统种类繁多，区域性及作物针对性强。

1. "互联网+"智慧灌溉平台

陈一飞等针对我国水资源利用问题以及农业现代化发展要求，搭建了基于网络的"互联网+"智慧灌溉平台。该平台应用移动通信技术、云计算技术、机器智能技术、气象数据监测技术及网络技术，将互联网思维与灌溉管理相融合。

智慧灌溉系统通过水位传感器、土壤水分传感器等获取数据，灌溉平台通过GPRS网络对信号与数据信息进行传输，同时结合天气预报信息，形成相应灌溉策略，通过发送设定的控制指令以完成控制过程。农户可以通过计算机客户端或手机App查询、下载数据，设定灌溉策略与控制指令，管理灌溉系统。

2. 太阳能灌溉系统

太阳能灌溉系统是以太阳能启动地下水进行灌溉的系统。其工作原理是：太阳能作为电泵提供抽取附近地下水的动力，所抽取的地下水将暂时储存在储水缸中，之后根据系统设定将储水输送至洒水器中进行灌溉作业；当雨天探测器监测到雨天时，灌溉系统将自动关闭。推广太阳能灌溉系统能够充分利用地下水和太阳能资源，有效节水节能，大幅度提升资源利用率。

（四）应用于施肥环节的智能农机

采取传统施肥方式施肥有以下缺点：肥料利用率低；氮、磷、钾及其他微量元素比例失调；易过量施肥，造成肥料浪费、环境污染。变量施肥技术是指使用具有变量施肥功能的农业机械，按照施肥处方图或专家决策系统制定的施肥方案进行精准施肥作业。

自动变量施肥机由信息采集系统、决策系统和控制系统组成：利用传感器对施肥机速度、作物营养状态等信息进行采集；利用决策系统形成施肥方案；利用控制系统对施肥机速度、排肥器开度等进行控制。使用自动变量施肥机能够使施肥更加合理，大大提高了肥料利用率，节省劳动力，节约农业生产成本，具有较高的经济效益。

目前，变量施肥机多采用测土配方施肥技术。该技术是依照配方施肥技术原理，通过土壤测试和田间试验探测土壤供肥能力、作物需肥规律、不同土壤类型的施肥模型。该技术包括测土、配方、配肥、供应、施肥指导等核心环节。研究表明，测土配方施肥技术具有降低化肥使用量和提高作物产量的双重作用。

（五）应用于病虫害防治环节的智能农机

病虫害是影响粮食产出能力的主要原因之一，防治病虫害成为田间管理的一项重要任务。传统的作物预防病虫害方法是通过对作物观察，发现害虫或作物茎叶颜色改变后对作物喷洒农药，具有资源浪费、成本过高、易造成农药残留、易引发操作人员中毒等缺点。

1. 病虫害实时监测预警系统

及时发现作物病虫害是作物生产过程中减少损失的关键。准确、及时、全面收集病虫害信息对农户做出科学的防治决策有重要作用。病虫害实时监测预警系统是利用移动数据终端采集农作物发病部位的图像资料，之后利用构建好的农作物病虫害数据库判断作物发病类型与发病程度，据此给出相应的防治措施。

司丽丽等采用地理信息系统、决策支持系统等技术，建立了基于互联网的作物病虫害实时监测预警系统。该系统由实时分布预警、预测决策、病虫害诊断、病虫害知识查询、气象服务、数据库管理等模块组成。在预警模块中，测报员可将作物的病虫害实时疫情上传并存储至系统数据库中，农户可以调用、查看病虫害感染程度以及分布范围；在预测决策模块中，系统可以根据专家经验、气象数据等对病虫害发生情况进行预测，据此做出短期防治决策，大大提升了农户对病虫害防治管理的科学水平。

2. 近红外智能识别喷药装置

光谱分析技术是根据物质光谱确定其物理结构、化学组成及含量的方法。汪应等将光谱检测技术应用到车载自动化喷药设备上，设计了近红外智能识别喷药装置，对受病虫害感染程度不同的作物喷洒不同量农药，有效降低农药使用量，大幅提升了喷药效率。

3. 植保无人机

植保无人机是用于农林植物保护作业的无人驾驶飞机，利用北斗卫星导航系统与农业机具相结合，通过地面遥控实现喷洒药剂作业。与传统植保相比，植保无人机具有精准、高效、环保、安全、智能等特点。近年来，植保无人机在病虫害防控中的地位愈加突出。植保无人机的缺点在于载重小、价格高；随着技术进步，高载重、高效率、低价格、多功能将会成为市场发展的趋势。

（六）应用于收割环节的智能农机

联合收割机是具有收割、脱粒、分离、清选等多功能的谷物收割机。相较于人工收割，使用联合收割机能有效减少损失、节约劳力。随着计算机、物联网等技术的发展，现代联合收割机广泛应用自动监测和控制技术实现精准收割。

配置有智能测产系统的现代联合收割机能够利用传感器对谷物流量、速度、含水量以及升运器转速等信号进行采集；利用差分全球定位系统（DGPS）获取收割机的位置；根据收割机的速度、割幅、作物流量计算出农田产量，并据此绘制收割轨迹以及产量分布图。

二、总结与展望

目前，英国、美国、德国、日本等发达国家的农业机械已具备技术成熟、设备完善等特点。英国许多家庭农场的生产经营都应用了精准农业技术体系。美国是农业信息化程度最高的国家之一，其农业智能装备技术日趋成熟，决策支持系统在农业中得到了广泛应用；据测算，目前美国20%耕地、80%大农场实现了大田生产全程数字化，平均每个农场约拥有50台连接物联网的设备。德国的农业生产效率极高，这得益于其高度发达的农业科技。日本将互联网与农业紧密结合，未来将大力发展以农业机器人为核心的无人农场。据国际咨询机构预测，到2025年，全球智慧农业市值将达到683.89亿美元，发展最快的是亚太地区（中国），年复合增长率（CAGR）达到14.12%，主要内容包括大田精准农业、智慧畜牧业、智慧渔业、智能温室，主要技术包括遥感与传感器系统、农业大数据与云服务技术、智能化农业装备（无人机、机器人）。

随着农业机械化、农业自动化的快速发展，我国正大步迈进农业智慧化时代，加快推进农业新兴产业发展。自"十五"以来，国家科技计划部署实施了一批重点项目，并将农业装备科技创新作为重点方向，推进了农业装备技术进步和产业发展；"十三五"期间，国家重点研发计划立项启动"智能农机装备"重点专项，着力推动关键核心技术创新，提升产业核心竞争力，支撑和引领现代农业高质量发展，具有重要战略意义。"十四五"是我国全面建成小康社会后奋力实现"农业农村现代化基本实现"战略目标的第一个五年，推进农业高质量发展是现阶段的主要任务之一，其重中之重就是健全现代农业制度体系、推进农业科技发展、推进现代种植业发展、加强农田建设、培养高素质农民队伍。

当前，我国发展智能农机最大的拦路虎是缺乏技术储备。由于缺乏基础性和原创性研究，我国智能农机技术整体上与发达国家存在较大差距，特别是在农业传感器、农业人工智能、农业机器人等方面差距更大。未来，我国智能农机发展必须坚持全程全面机械化、自动化、智能化并行发展道路，聚焦以下重点任务：

①基础技术研究。目的是突破土壤植物机器系统应用基础以及农机作业传感器、智能决策与控制、智能服务等技术，提升原始创新能力。

②关键共性技术与重大装备开发。目的是突破智能设计、作业管理关键技术，开发大型与专用拖拉机、田间作业及收获设施、精细生产设施等，主导产品智能技术与制造质量提升，创立自主的农业智能化装备技术体系。

③典型示范。目的是创制适合我国种植农艺和地域特色的装备，如丘陵山区、农产品产地处理等薄弱环节装备，支撑全程全面机械化发展。

第四节 智能农机装备的应用

截至2018年底，由我国自主研发的北斗智能化农机监控终端设备在21个省、自治区、直辖市，378个县（市），1 200多个农场推广应用，累计装机量超过30 000台，覆盖6 000万亩耕地。其中，新疆已经推广安装了北斗自动驾驶终端超过10 000台，精准农业作业面积超过1 200万亩。

一、无人驾驶农机

（一）无人驾驶插秧机

目前，生产插秧机的国家主要有中国、日本、韩国。日本是世界上水稻插秧机械化水平最高的国家，在21世纪初就开始了无人驾驶插秧机的研究，插秧机械研究和制造水平高，插秧机技术和产品均处于领先地位。国内自引进相关技术以来，企业和农机研究机构等加快了自主产品研发步伐，建立了比较完备的插秧机制造工业体系。随着我国智能化技术的快速发展，插秧机的自动化水平也得到了提升。传感检测、自动控制、互联网等新技术在农机装备领域得到了应用开发，农机装备应用正在向智能化转型升级。

采用北斗导航系统的无人驾驶插秧机，目前已经在我国东北和江苏、安徽等农业机械化水平较高的地区尝试使用。无人驾驶插秧机可实现基于路径规划的导航和作业功能，运用自动控制系统实现机器田间自动驾驶作业，通过各类传感器感知插秧机位置、姿态、障碍物和周围环境，运用信息处理识别与决策系统实现机器的行走控制、作业控制、路径规划、作业规划。内置农机作业信息化系统，可以通过计算机、手机等实时远程查看作业位置、速度、作业面积等信息。无人驾驶插秧机具有智能化程度高、操作简单、工作模式多样灵活、行驶路径直、轨迹偏差小等特点；作业误差在2.5cm内，提高了插秧直线度，有利于水稻生长后期通风，减少发病率，增产增效；插秧行距均匀，提高水稻抗倒伏性，也有利于后期施肥、除草等田间管理，插秧均匀还可提高土地利用率3%～5%。同时，自动驾驶插秧可在插秧时减少1～2个工作人员的劳动力，单人即可完成插秧机操作。由于司乘人员减少，插秧机上可搭载更多的秧盘，减少了停车加秧苗的次数，提高了作业效率。

地方政府正在广泛推行无人驾驶插秧机，并出台了不同的农机购置补贴政策。2019年，《焦点访谈》报道了黑龙江省建三江农场农户插秧机的使用情况，农户陈玉柱表示配备无人驾驶功能的插秧机售价是16万元，未配备无人驾驶功能的是13万元，标价虽高，不过国家有农机购置补贴，无人驾驶插秧机国家的补贴是5.8万余元，农场每台补贴2万元，厂家、经销商每台让利1万元，到种植户的手中每台7.3万余元，种植户能够接受，国家通过补贴也推动了新技术的推广和应用，由于无人驾驶插秧机的补贴力度比普通插秧机补贴大，因此到手的价格并不比常规机器高。农户陈玉柱把智能导航无人驾驶插秧机开回了家，他说："我这300多亩地，每年插秧都需要11d，雇驾驶员的费用节省下来了，同时这台机器提高了效率，缩短工期了，其他工种的人工费也省了下来，300多亩地总共节约人工费1.35万元左右。"

（二）无人驾驶收割机

近年来，无人驾驶收割机陆续在全国各地展开示范操作。玉米、小麦、水稻等主要粮食作物都已经实现了无人驾驶收割机的研发落地。无人驾驶收割机借助北斗卫星导航，加入传感器和控制器，使用起来比大家想象的要简单很多，只要在作业前在系统内设置好收割区域，收割机就能自动规划最优路径和最佳作业方式。用户站在田埂上，通过操作端按下启动开关，就能实现自动作业。用户通过遥控器的实时图传技术，了解收割机作业情况，实时查看收割机回传的油位、转速、仓满情况等数据，实现远程操控。"无人驾驶收割机一边收割，一边会将定位数据、收割效率、工作轨迹等信息反馈到我们的智能农业管理系统当中。"大安市中科佰澳格霖农业发展有限公司工作人员葛艳俊介绍，这将有利于用户实行稻田的精细化管理。

无人驾驶收割可有效降低人的劳动强度，一个人可以同时操纵两三台收割机；可消除安全隐患，保障机驾人员安全，同时有效规避噪音、振动、暴晒、粉尘对人体的危害。无人驾驶收割机极大降低了作物收割环节的人力成本，增加生产利润。据了解，使用无人驾驶收割机以后，每公顷作业的人力成本将会减少60％左右。

二、植保无人机

植保无人机低空施药是一项适应我国现代农业发展的新型施药技术，采用无人机施药不仅能明显提高作业效率，降低劳动力成本，而且在实际作业过程中可依据作业对象精准变量施药，降低农药用药量，减少农药残留。相比于传统的地面机械作业，植保无人机不受地理因素的制约，具有空中作业的优势。

在我国棉花主产区新疆，植保无人机保有量增长势头迅猛，对着力解决新疆种植业、林果业在植保、森林、草原病虫害机械化防治的"短板"问题作用明显。据新疆农机局提供的数据显示，2019年底新疆植保无人机突破5 000架，累计作业面积达4 000万亩次。新疆棉花生产已经大面积实现机械化，其中棉花脱叶是棉花全程机械化管理的重要组成部分，脱叶效果最终会影响棉花采收的质量和效率。具体的施药剂量应该根据每个地块棉花的密度、长势、成熟度选择合适的推荐剂量，掌握好施药日期。植保无人机在棉花脱叶作业过程中可依据作业对象精准变量施药,提高作业效率。新疆农机局总工程师裴新民认为,近几年新疆植保无人机产业发展迅猛,利用科技将农业数字化,引领农业生产模式发生了深刻改变,让农业变得更智能。

目前,我国无人机生产厂家研发的无人机操作也更加便捷智能。在实际应用中,植保无人机操作技术并不复杂,通过建图规划后可开启全自动模式,没电了会自动报警返航。深圳市大疆创新科技有限公司新疆分公司经理付建华介绍,该公司最新一代产品 T16 植保无人飞机,可以装载 16L 药液,喷幅达 6.5m,1h 能完成 150 亩地喷洒作业。T16 还可根据地块自动探测前方 15m 范围内障碍物的方向和距离,并规划避障航线。

三、智能水肥一体化技术

传统水肥一体化技术融合了施肥与灌溉过程,实现水分与养分同时供应,提高水肥的利用效率。智能水肥一体化技术(或称数字水肥一体化技术)由传统水肥一体化技术与基于数据的精准控制技术集合而成,能够实现智能精准地控制作物灌溉和养分管理。传统水肥一体化技术主要包括水肥一体化设备、过滤器等配套设备以及灌溉管道等硬件部分。在此基础上,智能水肥一体化技术通过田间传感器等设备,获取天气及土壤信息,通过算法进行智能决策,根据作物的生长需求,及时按需地为作物根系供水、供肥。

在 20 世纪 70 年代,廉价塑料管的大量生产极大地促进了水肥一体化技术的发展,并推动了微灌系统和其他技术的进步。在过去的四十多年里,随着水肥一体化技术的不断发展,其优势逐渐凸显,并在世界范围内得到了广泛应用,特别是在以色列、美国、荷兰和澳大利亚等国家。以色列对水肥一体化技术的研究起步较早。在 20 世纪中叶,随着工业塑料产业的发展,以色列开始研发水肥滴灌技术,当前在该技术上处于世界领先地位。以色列在果园、温室和大田等农业中,尤其是沙漠农业中,广泛采用了智能水肥一体化设备。美国从 1913 年第一个滴灌项目落地发展至今,已经成为微灌面积最大的国家。水肥一体化技术被广泛用于马铃薯、玉米、水果和其他农作物的生产过程中,用于水肥一体化的专用肥料的使用量占肥料总使用量的 1/3 以上,在加利福尼亚州等地建立了完善的水肥一体化服务体系和设施。荷兰早在 1950 年左右就开始发展设施农业,并开发了大量适用于水肥一体化的肥料和设备。荷兰正在采用大型智能滴灌水肥一体化系统来培育花卉和苗木,并且主要基于大规模连栋温室,在温室无土栽培方面已完全实现自动化。经过多年的技术积累,荷兰已经形成了针对不同农作物的自动化生产管理系统,创造了良好的经济和社会效益。澳大利亚在一项国家水安全计划中投资了 100 亿欧元来推动该技术的发展,并整合土壤墒情监测系统以指导施肥。

国内水肥一体化技术研究发展至今，从小规模试验到大范围的推广，目前已完成试验示范阶段，发展到规模应用阶段。蔬菜、水果、玉米、小麦、棉花等作物，尤其是温室大棚内各类作物的水肥一体化技术已经进入了规模化应用阶段，而我国西北地区实施的膜下滴灌与施肥技术已经处于世界领先水平。

在应用效果方面，已有研究表明，智能水肥一体化技术应用在蔬菜温室大棚之后，肥料利用率提高了40%～50%，智能水肥一体化系统可以调控作物生长环境的温度和湿度，从而减少病虫害的发生。福建省农田建设与土壤肥料技术总站以黄瓜作为试验对象，对比了采用智能水肥一体化膜下滴灌和传统水肥一体化膜下滴灌的生产结果，结果表明采用智能水肥一体化膜下滴灌技术之后，黄瓜产量增加了20%且一级品率提高了10%，此外还有节水、节省劳力的效果。

我国农业用水的效率低于水肥一体化技术先进国家的使用效率，每年农业灌溉用水存在巨大缺口，很多地区农业用水方式不合理，存在大量浪费的现象，这与我国农业仍然以传统灌溉方式为主密不可分。传统的灌溉方式不仅浪费了大量的水资源，而且无法满足我国的发展需要，不利于农业可持续发展。同时，我国的化肥消耗量巨大，尤其是水果和蔬菜等经济作物生产过程中的化肥施用量大，施肥过程中还存在技术落后、施肥不均匀等问题，这导致能源损失且不利于作物的生长。在这种背景下，智能水肥一体化技术在我国拥有广阔的应用前景。

第五节　智能种植决策应用案例

本节以首批国家数字乡村试点地区之一内蒙古自治区鄂尔多斯市鄂托克前旗的玉米种植为案例，展示智能种植决策及其执行的具体实践。近年来，当地的玉米种植在全面实施滴灌水肥一体化的基础上，开始升级为智能水肥一体化，即通过以玉米种植模型为核心算法的智能种植决策支持系统，提供针对地块的优化水肥管理方案，进而通过水肥一体化硬件设备来执行该方案。智能种植决策支持系统提供水肥管理方案以玉米产量最大化为目标，由于根据玉米生长发育规律优化了水肥施用的时间和强度，因此能够降低玉米种植过程中的水肥施用量，实现节水、节肥和增产的效果，这些效果在田间示范和农户实际使用中得到了验证。

一、玉米生长环境数据采集

作物生长环境数据是进行智能种植决策和构建作物生长模型的基础。为支持玉米智能水肥一体化种植决策，综合运用卫星遥感、无人机遥感和智能物联网设备获取玉米作物的各项数据。具体而言,通过运用我国高分系列卫星和欧洲 Sentinel-2(哨兵2号)卫星提供的鄂托克前旗实地植被、土壤区域的历史周期多光谱波段的图像数据,计算归一化植被指数(NDVI);运用无人机对抽样区域进行定期影像采集,获得高精度的作物表型数据;通过部署于田间的土壤墒情监测仪(图3-8)获取玉米地块的土壤温湿度等数据,同时抽样测量地下0~100cm的有机质含量和氮、磷、钾含量等土壤肥沃性指标;通过小型气象站(图3-9)获取温度、风力、降水量等实时天气数据。这些多维度、高精度的数据以及用户的农事操作信息一同成为玉米作物生长模型的输入数据。

图3-8 土壤墒情监测仪

图3-9 小型气象站

二、玉米种植智能分析与决策

玉米种植智能分析与决策通过智能种植决策支持系统来实现,其核心是玉米生长模型。该模型基于玉米生理过程机制,将气候、土壤、作物品种和管理措施等对玉米生长有影响的因素作为一个整体的数值模拟系统。它能够以特定时间为步长对玉米生长、发育、籽粒形成等过程(图3-10)以及玉米产量、生物量进行动态模拟,定量分析研究环境因子和田间管理措施对玉米生长发育的影响,从而为特定目标(如产量最大化)下玉米种植过程中的水肥施用量和施用时间方案提供依据。

运用于鄂托克前旗的玉米生长模型利用当地的实际数据进行了多年、多点的校准和验证,模拟的各个生育时期与相应的实际生育时期之间的差距控制在2d之内,玉米产量和生物量的差距控制在5%以内。在产量最大化的目标下,运行经过校准和验证的玉米生长模型能够生成地块层面的水肥需求量数据，结合水土环境的实际数据和当地农事操作的特征，可以针对地块提供优化的玉米种植方案。在使用中，通过一个手机App（图3-11）来获取用户种植行为的数据，显示基于生长模型运算结果生成的种植方案和农事操作建议。

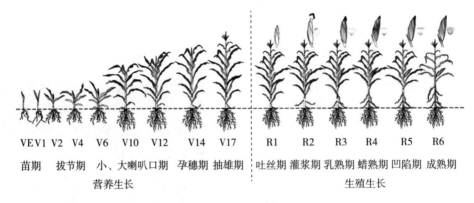

图3-10　玉米生长发育阶段

图3-11　手机App为用户推荐的玉米种植方案和农事操作指南

具体而言，该手机 App 具有以下相关功能：

①以当地历史气象数据为基础，结合当地的土地特征和拟播种品种的特征，计算地块的潜在玉米产量，判断以产量最大化为目标的最合适的玉米品种和最优的种植密度。

②对地块的土壤进行 2 500 像素深度剖面分析，并结合土壤取样分析结果，计算地块的土壤供肥能力。

③根据历史播种日期和对当地未来 10d 气象的预测，推测达到播种后 8d 内出苗整齐的播种日期。

④根据玉米器官发生与长成、光合作用和物质同化、物质分配和产量形成、养分运移动态和水分运移动态等规律，推断玉米生长发育和根系生长进程，推荐最佳的追肥时间，同时根据玉米各个生长发育阶段的需水情况和田间持水量，智能化地推荐水肥灌溉的时间和水肥配比。

⑤根据实时观测的作物长势、玉米生长过程模拟结果和天气预报，推测最佳的玉米收获时间。

三、智能水肥灌溉设备精准控制

玉米智能种植决策支持系统形成的水肥施用方案通过配套的硬件设备来执行。该系统与一系列室内和室外水肥一体化设备相连（图 3-12 与图 3-13），通过电磁信号远程控制灌溉设备启动和关闭，从而实现玉米种植过程中水肥的精准管理。用户可通过手机 App 实时查看地块的水肥管理详情。当根据智能水肥施用方案需要灌溉和施肥时，通过手机 App 发出水肥灌溉指令，电磁阀等控制设备接收到指令后打开水管阀门控制器（图 3-13），开启灌溉过程。首先，启动水泵开始抽水，水流通过水质过滤设备进入主管。水流随即流经水肥一体化设备，并根据水肥管理方案加入精确配比的肥料。然后，水肥溶液依次进入支管和布置于玉米地块中的毛管，实现灌溉单元水肥的精准施用。在水肥施用过程中，田间的土壤传感器实时检测水分和营养元素，当达到智能水肥

图 3-12　电磁阀（前）与水管阀门控制器（后）

施用方案建议的水平时,电磁阀发出信号关闭水泵,结束水肥施用过程。

图3-13 水肥控制房设备(从左往右依次为智能灌溉控制系统、离心过滤器、反冲洗叠片过滤器、智能施肥机、施肥桶)

第四章
农作物生长智能监测

智能种植决策的实现要以对农作物生长环境及状态的感知和准确判断为基础。随着智能感知与诊断技术的发展,农作物生长监测的智能化程度不断提高,采集作物生产环境及状态数据的效率也不断提高。本章重点介绍农作物类型识别、农作物长势监测、农作物病虫害智能诊断与监测、农业气象灾害监测与预警。

第一节 农作物类型识别

一、农作物类型识别概述

(一) 基本概念

农作物类型识别主要通过对农作物图像的分析来实现。它是一个运用计算机技术对农作物图像进行处理和分类,从而快速、精确地判断作物类型的过程。根据图像的内容,农作物类型识别可以分为粗粒度图像分类和细粒度图像分类两种。前者的对象属性差异较大,例如针对小麦、玉米、水稻等的分类(图4-1);而后者的对象通常属于同一个大类,例如针对葡萄的不同品种进行分类,具体区分赤霞珠葡萄、茉莉香葡萄、无核白鸡心葡萄和长相思葡萄等(图4-2)。显然,细粒度图像的分类技术难度较大,因为作物的各个细分类别之间的差别很小,这些细微差别容易被光照、颜色、背景、形状和位置等因素掩盖。

(a) 葡萄

(b) 水稻

(c) 小麦

(d) 玉米

图4-1 农作物粗粒度图像分类

(a) 赤霞珠　　　　(b) 茉莉香　　　　(c) 无核白鸡心　　　　(d) 长相思

图 4-2　农作物细粒度图像分类

(二) 国内外发展现状

近年来，对农作物类型的识别也从人工分类向自动化分类快速发展。人工分类方法有许多较明显的缺点。首先，大量的图像需要人工进行分类，费时费力。其次，由于人工分类主要凭个人经验进行分类，分类结果存在主观性，不可避免地存在差错。最后，对细粒度的图像分类任务，人员认知有限，不能快速准确地分辨。为了解决人工分类存在的问题，国内外学者探索利用图像处理技术来代替人工分类，在大量研究的基础上取得了一定的研究成果。当前，农作物类型识别方法大致可分为基于机器学习的农作物图像识别方法和基于深度学习算法的农作物图像识别方法。基于机器学习的农作物图像识别方法主要包括两个方面，即特征提取和分类器设计。特征提取的方法主要使用数字图像处理和模式识别技术，图像特征包括全局和局部两类。分类器设计通常选择人工神经网络、支持向量机 (support vector machine，SVM) 等算法，其特征选择主要依靠个人主观意愿，不具有可迁移性。基于深度学习的识别方法不断应用于智慧农业领域，是最新智慧农业领域的成果。该方法通过建立端到端的深度学习模型，自动提取图像特征。该方法无需人工干预，克服了传统植物叶片识别依靠人工提取特征的缺陷。

(三) 农作物类型识别的意义

农作物类型的准确识别有助于降低作物生产中的人力成本与误判风险，同时为农作物病虫害识别技术的发展奠定了基础。从智慧农业发展的角度来说，农作物类型识别技术是一项重要且基础的技术，通过将农作物识别技术和其他先进农业装备进行结合，能提升农业生产效率，大大提高农业的经济效益。例如，将图像识别技术和智能机器人结合，可以智能识别农作物生长状况，并实现精准用药。因其能够更精准地施肥和打药，所以可以大大减少农药和化肥的使用。

二、农作物类型识别方法

基于个人的经验和肉眼观察的农作物类型识别，速度慢、主观性强、误判率高、实时性差。随着精准农业的兴起,运用信息技术辅助农业生产为农作物类型的识别提供了新思路,图像识别技术就是其中之一。农作物类型识别的技术框架如图4-3所示。

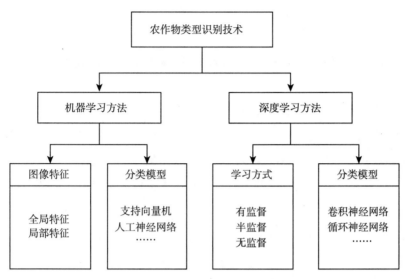

图4-3 农作物类型识别的技术框架

(一)基于机器学习的农作物类型识别方法

在基于机器学习的农作物类型识别方法研究中,如何提取作物图像特征、提取什么样的特征、提取一种还是多种特征均由人工设定。提取方法主要使用数字图像处理和模式识别技术,图像特征包括全局和局部两类。基于人工设计好的特征,采用机器学习算法设计分类器模型,主要包括支持向量机模型、人工神经网络模型等。

1. 基于全局特征的农作物图像识别

农作物类型图像的全局特征包括形状特征、颜色特征、纹理特征等。传统图像识别方法使用以上特征设计图像分类模型,以实现对农作物类型的识别。形状特征反映农作物的整体结构信息,常用的形状特征提取方法有傅立叶描述子、几何不变距等。它的可适用分类任务范围狭小,对农作物的粗粒度分类(如对小麦、玉米、水稻和葡萄等分类)效果好,而对农作物的细粒度分类(如对葡萄的不同品种分类)效果差。颜色特征是一种基于像素点描述整个图像色彩信息的视觉特征,其应用极为广泛。农作物图像识别领域常用的颜色特征提取方法有颜色直方图、颜色距等。由于颜色特征是统计的方式,无法描述对象的颜色分布情况,且对尺度变化敏感,所以该方法一般应用于固定尺度以及色彩跨度大的农作物图像识别任务。纹理特征是一种反映图像表面特性的特征,通过像素和空间邻域的灰度分布情况来描述图像纹理,具有旋转不变性和良好的抗噪性能。农作物图像识别领域常用的纹理特征提取方法有灰度共生矩阵、局部方向模式和局部二值模式等。

只提取单一类型全局图像特征进行分类的方法存在太多限制，难以保证准确率。表现在两个方面：一方面要求农作物类别间的区分点突出，如形状、颜色或纹理差异性大；另一方面，对农作物图像实验数据有较高要求，如分辨率统一、光照充足等。为了适应复杂环境下的分类任务，同时扩大分类任务适用范围，分类方法需要融合多种全局特征以提高分类精度。

2. 基于局部特征的农作物图像识别

全局特征主要描述的是农作物的整体，所以对农作物整体信息较敏感而对局部信息不敏感，然而在某些情景下从图像中获取的信息有限，虽然不一定完整，但易提取的农作物局部信息较多，不易受到形变、光照等因素影响，仅提取一定量的局部特征就可以完成分类。稳定的局部特征对农作物图像的光照、形变、拍摄角度、镜头缩放等干扰有较强的鲁棒性，因此得到了广泛应用。常用的局部特征包括尺度不变特征变换（SIFT）、加速鲁棒特征（SURF）和方向梯度直方图（HOG）等。

SIFT 具有尺度不变性，且对旋转、拍摄角度均具有良好鲁棒性，因而成为了使用最广泛的局部特征之一。但这种特征计算复杂，不依靠硬件加速难以达到实时性，在实时性要求高的分类任务上不适用。针对这个问题，借鉴 SIFT 的设计思路，SURF 继而被提出。SURF 运用积分图和海森矩阵行列式的特征点检测方法提高计算速度。HOG 是常见的局部特征，与前两种局部特征不同，它对光线变化具有较强鲁棒性，但不具备旋转、尺度不变性。HOG 通过计算图像中成块像素梯度方向直方图提取特征，可以较好地描述物体外形，找出农作物在图像中的位置，基于该特征的分类方法更偏向于形状方向的农作物分类任务，对于那种有层次感、存在遮挡、噪声多的场景表现可能不理想。

3. 分类器模型

基于人工设计好的特征，采用机器学习算法的分类器模型进行图像分类，主要包括支持向量机、人工神经网络模型等。支持向量机是一种基于统计学习理论的有监督机器学习方法，它的基本思想是：在样本空间构建最优分类面，以使分类间隔最大化为原则进行统计分类。支持向量机算法具有优秀的泛化性能，被广泛应用于农作物类型识别领域。人工神经网络是一种模仿动物神经网络行为特征，进行分布式并行信息处理的算法数学模型。前馈神经网络是最常用的神经网络模型之一，是由大量神经元按一定的体系架构连接成的网状结构，包括输入层、隐含层和输出层。其中，第一层为输入层，最后一层为输出层，中间为隐含层。其模型结构如图 4-4 所示。

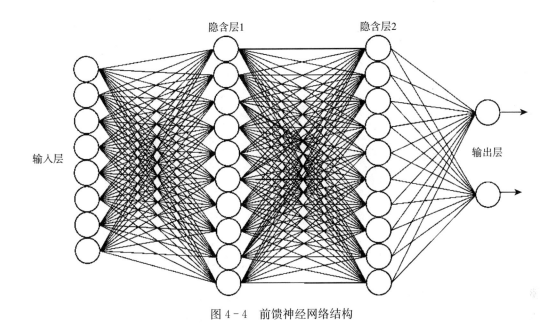

图 4-4 前馈神经网络结构

（二）基于深度学习的农作物类型识别方法

基于深度学习算法的类型识别是近年来机器视觉领域的最新研究成果，并已成为处理图像数据的主流方法，也是实现人工智能的一种新方法。深度学习模型可以将从训练模型的原始输入中提取出的低级特征整合成高级特征，与之前的浅层人工神经网络相比，可以获得更高的识别准确率，能更好地解决图像分类问题。深度学习的建模方法相较于传统的图像处理手段省去了大量的预处理手段，只需要将图像裁剪成合适尺寸即可以进行识别，大量缩短了识别时间且大幅度提高了识别准确率。相较于机器学习的方法，深度学习的学习能力更强，识别准确率更高。利用深度学习强大的图像分类能力可以实现端到端的分类，而且该方法对外界环境条件要求不高，可以应用到实际的生产生活中。

在深度学习领域中，卷积神经网络（convolutional neural network，CNN）模型常常用于对农作物类型的识别。卷积神经网络的总体架构如图 4-5 所示，主要由输入层、卷积层、池化层、全连接层和输出层组成。卷积层和池化层充当输入图像的特征提取器，而全连接层充当分类器。卷积层的基本目的是自动地从每个输入图像中提取特征，池化层则用于降低这些特征的维数。在模型的最后，带有 softmax 激活函数的全连接层利用所学习的高级特征将输入图像分类到预定义的类中。

深度学习方法也存在有一定的缺点。深度学习模型具有强大的假设空间，极易陷入局部最优，导致模型泛化能力很差，如果模型出现了过拟合，则不能很好地预测未知的数据。深度学习模型参数量巨大，训练速度慢，存储也非常不方便，易出现梯度消失等问题。

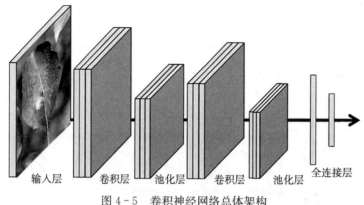

图 4-5 卷积神经网络总体架构

三、图像分类技术在农作物类型识别领域的应用步骤

目前,深度学习算法由于其优越的性能,已成为农作物类型识别领域中处理图像数据的主流方法。卷积神经网络是深度学习领域最具有代表性的模型。相较于传统机器学习算法,卷积神经网络算法不依赖于复杂的图像预处理,能够快速准确识别农作物的类型。

本节以卷积神经网络算法为例,介绍图像分类技术识别农作物类型的全过程。

(一)数据集的收集与准备

数据是深度学习系统的输入,对深度学习的发展起着至关重要的作用,所以在项目开展之初,需要在田间收集足够的图像。深度学习与机器学习一个很重要的区别在于数据量的大小。就目前大量的实验和工作证明,数据集的质量和大小直接影响深度学习模型的性能。

(二)数据集预处理

在通过实地拍摄等方法获取图像后,如果样本数量较少无法满足卷积神经网络训练的需求以及特征泛化性的要求,极易造成过拟合问题。为提高模型泛化能力,同时缓解过拟合问题,需要运用诸如旋转、翻转、高斯模糊、对比度或亮度调整等图像增广技术对数据集进行扩充,如图 4-6 所示。通过数据增广技术扩充更多的图像,模型便可以在训练阶段学习尽可能多的相关高级语义特征,以缓解过拟合现象。同时,图像增广技术还可以模拟采集样本时的天气状况、摄像设备与目标之间的相对位置以及拍摄设备自身对采集图像造成的影响。通过调整图片对比度、亮度、饱和度以及高斯模糊来模拟天气因素对拍摄的影响。摄像机和患病叶片的相对位置将通过旋转变换、水平和垂直对称来模拟。

在数据增强技术实现数据集的扩充后,再对数据集中的图片尺寸进行调整,以满足卷积神经网络模型对输入数据的要求。接着采用随机抽取的方式,将扩充后的数据集以一定

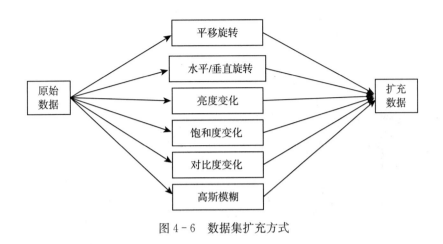

图 4-6 数据集扩充方式

的比例划分为测试集与训练集,完成数据集的建立。

(三) 卷积神经网络模型

卷积神经网络是深度学习的典型算法之一。它的实施步骤为:首先,通过卷积层提取输入图像的颜色、纹理与轮廓等特征;然后,运用池化层和全连接层过滤掉背景中噪声等信息,逐渐地泛化出输入训练样本的公共特征;最后,通过反向传播(BP)算法实现误差信息的反向传播,利用误差值不断调整卷积神经网络模型中的参数值,促使输出值与预期值逼近。卷积神经网络算法具备表征学习能力,能够从输入图像中提取高级语义特征。具体而言,其卷积计算和池化计算可以响应图像的平移不变性,能够识别位于空间不同位置的相近特征。这一特性是卷积神经网络在图像分类问题中取得良好识别性能的主要原因。

基于准备完毕的数据集,可以设计并训练一个全新的卷积网络模型,实现对田间图像的分类。此外,更常用和方便的方法是采用迁移学习的策略训练经典的卷积神经网络模型。迁移学习是把已训练好的模型参数迁移到新的模型中来帮助新模型训练。大部分数据或任务都是存在相关性的,所以通过迁移学习可以将已经学到的模型参数通过某种方式来分享给新模型,从而加快并优化模型的学习效率。以下对迁移学习中常用的深度学习模型进行介绍。

1. AlexNet 卷积神经网络模型

2012 年,AlexNet 在 ImageNet 竞赛图像分类任务中取得第一名,使得卷积神经网络从众多图像分类算法中脱颖而出。在此之后,更多的卷积神经网络模型相继被提出。AlexNet 模型含有 8 个权重层,即 5 个卷积层和 3 个全连接层。ReLU 激活函数被应用到每个权重层上。池化层(max-pooling)分别被应用到第一个、第二个与第五个卷积层的输出中。除此之外,为了应对训练过程中的过拟合现象,AlexNet 模型应用了 Dropout 策略（图4-7）。该策略使得参与迭代训练的神经网络具有不同的结构，避免了网络中神经元对某些特定神经元产生依赖，进而提高模型的泛化性与鲁棒性。

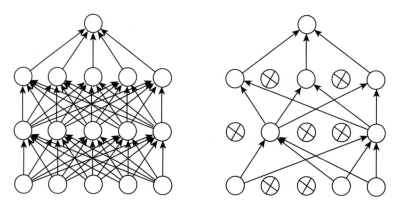

图4-7　Dropout示意

2. GoogLeNet卷积神经网络模型

GoogLeNet是首个由Inception结构组成的大规模卷积神经网络。卷积神经网络模型通过增大网络深度，提高其识别性能，但是随着神经网络层数的增加会带有诸如过拟合、梯度爆炸等副作用。针对这些问题，GoogLeNet首次采用了Inception结构，从多个维度同时进行卷积操作，从而提取不同尺度的特征。更加丰富的特征图为较好的分类效果提供了保障，进而提高了图像的分类准确率。此外，该结构能够以较高的效率使用计算资源，如图4-8所示。

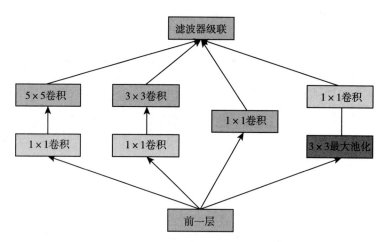

图4-8　Inception结构示意

（四）模型的评价指标与可视化

精度（precision）、召回率（recall）是图像分类模型中最常用的模型性能评价指标。

这些评价指标均由真正例（true positives，TP）、假正例（false positives，FP）、真反例（true negatives，TN）和假反例（false negatives，FN）计算而成。

随着卷积神经网络的快速发展，业界将其广泛运用于计算机视觉领域。由于卷积神经网络算法缺乏可解释性，开发人员无法判断该算法提取何种特征作为图像分类的依据。运用反卷积神经网络算法实现卷积神经网络的可视化，为发现卷积神经网络的工作机制提供了可能性。

反卷积神经网络，即卷积神经网络的逆过程。通过对卷积神经网络的卷积层的输出特征图进行反卷积、反激活、反池化等与该网络相对的计算，便可得到一张具有与输入图像相同尺寸的图像。研究人员通过观察该图像，在一定程度上能够了解与其对应的卷积层提取的特征。实现反卷积神经网络包含反卷积、反激励和反池化三个重要步骤。

第二节　农作物长势监测

一、农作物长势监测概述

（一）基本概念

农作物长势作为科学管理与开展农业生产活动、评估粮食产量的重要参考因素之一，长期以来都受到社会各界密切关注。作物长势即为田间作物的生长健康状态与变化趋势，传统的小农业种植方式主要依靠大量人力排查农作物水肥情况及病害情况并根据经验予以诊断。近年来随着农业技术的发展，基于遥感的卫星影像、无人机实时监测及物联网传感器的应用进入人们的视野，实时有效的农作物长势监测能为田间管理和产量预测提供准确的宏观信息。

按照数据采集方式不同，农作物长势监测可以分为遥感实时监测和地面巡逻检查。地面巡逻检查具有直观、样本采集准确度高的特点，而遥感实时监测的特点则是监测范围广且节省人力资源，两者共同构成了作物长势监测体系。作物长势监测又可以分为重点技术研究和长势变化分析两方面，常用的长势监测技术可归纳为同期对比监测法、生长模型诊断法和生长过程监测法。同期对比监测法主要采用年际遥感数据（如归一化植被指数、叶面积指数等）进行对比分析，根据当年农情参数与往年参数的差异判断当年作物长势；生长模型诊断法主要依靠获取大量农学参数来建立数学模型，但是该方法的推广存在区域局限性；生长过程监测法以天为单位采集作物生长过程中的特征值，这种方法弥补了同期对比监测法的时间局限性，使得农作物的动态实时监测成为可能。

（二）国内外发展概况

农作物生长状况的实时监测和产量的及时预估对于国家粮食政策的制定和农村经济的

发展有着重要意义，准确掌握农作物生产动态有利于国家在世界粮食进出口贸易中处于优势地位。因此，发达国家一直都格外重视建立自己的农作物长势监测体系。从20世纪70年代开始，美国农业部（USDA）、国家海洋和大气管理局（NOAA）、国家航空和航天局（NASA）和商业部合作主持开展了"大面积农作物调查实验"（LACIE），实现了基于遥感影像数据的美国、加拿大及世界其他小麦生产区面积和总产的预估试验，精度达到了90%以上。1986年起，法国国家空间研究中心（CNES）发射了地球观测系列卫星SPOT 1~7号，为农业、林业、土地利用等多个领域提供了丰富可靠的动态地理信息。法国在肯尼亚、哈萨克斯坦等地进行了基于SPOT卫星影像数据的遥感估产研究。澳大利亚学者Harisson等通过对美国NASA发射的陆地系列卫星携带的传感器Landsat MSS进行比值运算，开展了冬小麦和水稻的遥感估产研究，估算精度达到了94%。除了遥感监测技术之外，基于物联网的无线传感器网络也是近年来的研究热点。美国、德国、日本等工业发达的国家在传感技术与制造工艺方面均处于领先地位。美国还有多项研究考察纳米传感器在农业领域的应用，农民可利用该技术探查病虫害及污染物对农作物的威胁，帮助满足人口增长对粮食产量的需求。

我国的农作物长势监测与农业遥感技术的发展密切相关。我国对农业遥感技术的研究源于20世纪70年代末，经过40年的探索，卫星遥感技术日渐成熟，使得能够初步形成较为完备的农作物长势监测体系。从1999年我国发射第一颗陆地资源卫星中巴地球资源01星（CBERS-01）以来，我国已成功发射了四颗资源一号卫星，为农作物估产、棉花遥感监测、作物种植结构调查等提供了丰富的科学数据。另外，高分系列卫星被称为"中国人自己的全球观测系统"。2019年，高分十二号微波遥感卫星发射成功，地面像元分辨率最高可达亚米级，将为农作物估产和防灾减灾等领域提供信息保障。例如，2019年全过程作物遥感监测图像，为作物的科学管理提供了重要科技支撑。目前，我国的陆地资源卫星及高分卫星等系列卫星已经初步满足了农业遥感监测、作物估产及农业灾害预警等方面的需求。2020年1月，农业农村部、中央网络安全和信息化委员会办公室联合印发《数字农业农村发展规划（2019—2025年）》，对数字农业农村建设做出了具体部署，指出了农业遥感技术将作为推进数字农业发展的重要力量。

（三）农作物长势监测的应用

环境是影响农作物产量和品质的关键因素，农作物长势是否良好取决于环境条件的适宜性。因此，加强农对作物生长环境的监测和系统研究是分析农作物长势的重要途径。为了达到这个目标，就要捕获完整的田间数据以便确定科学的决策结果，而仅凭人力是无法很好完成的，于是将现代科学技术与农作物长势监测相结合，利用无线传感器网络、遥感等技术采集农作物生长环境参数，使农民能实时掌握农作物生长动态。

无线传感器使农作物生长环境监测和智能数据采集更容易、更方便。学者们提出了一种基于 TRA 算法（TREE 路由算法）的无线传感器网络监控系统。基于 TRA 算法和多传感器信息融合，通过对农作物生长环境的监测，可以有效地提高农作物管理的信息和智能水平。无线传感器网络可以快速、及时地采集、上传、存储和显示各种农作物生长环境因子，然后通过数据趋势分析得到规律性，并进行趋势预测，使农作物种植更加精细，促进优质高产。

利用遥感监测数据对于分析农作物的实时苗情和环境动态有着无可比拟的优势。例如，人们使用从无人机获取的远程图像进行果园数据采集和分析，结合深度学习卷积神经网络自动检测和分割个体并测量苹果树的树冠宽度、周长和树冠投影面积。使用遥感技术进行苹果树检测和计数的准确率分别为 91.1% 和 94.1%，这种方法不仅通过避免现场测量来节省劳动力，而且还允许种植者动态监测果园树木的生长。

二、农作物长势监测方法

（一）基于遥感技术的监测方法

遥感监测是指用仪器对一段距离以外的目标物或现象进行观测，是一种不直接接触目标物或现象而能收集信息，对其进行识别、分析、判断的自动化监测手段。例如，太空卫星可以帮助探测气候是否会出现干旱；高空无人机可以观察大规模种植区域的病害情况。遥感技术具有快速、宏观及客观的优点。它可以实时准确地提供地表信息，如土壤覆盖的空间信息、作物长势、地面生物量、作物营养状况，并且可以连续对地面进行观测，构成时间和空间的一体化多维信息集合。作物长势受到光照、温度、土壤肥力、水分、病害、灾害性天气等多方面因素的影响，是综合性结果。遥感技术大面积、实时准确的多维时空信息对作物生产发展有着不可替代的作用。

然而，遥感并不能直接感知作物产量。对作物进行遥感监测的原理是以作物光谱特征为基础的，即任何物体都具有吸收和反射不同波长电磁波的特性，不同作物在遥感图像中会呈现不同的颜色纹理特征。作物在可见光的红光波段有较强的吸收峰，近红外波段有很强的反射特性，形成突峰，通过这些敏感波段组合计算可得到不同的植被指数。遥感技术利用搭载在卫星或无人机上的传感器接收电磁波，根据地面作物的反射光谱反演作物的生长信息以识别作物的类别和状态。常用的作物生长特性信息有以下几种：

1. 叶面积指数

叶面积指数是单位土地面积上植物叶片总面积占土地面积的倍数，它是一个表征作物长势的综合指标。叶面积指数可以通过测量作物的光谱反射率来感知，但不同作物的叶面积指数可能与其经济产量没有直接关系。因此，遥感技术必须与高光谱技术、计算机视觉技术等其他工具相结合，才能更好地估产。

2. 归一化植被指数

归一化植被指数（normalized difference vegetation index，NDVI），用于反映作物长势，对合理使用氮肥有重要意义，并且该参数与叶面积指数有很好的相关性。

3. 比值植被指数

比值植被指数（ratio vegetation index，RVI），用于反映绿色植物覆盖度，可以用来检测及估算植物生物量。健康的绿色植物的比值植被指数远大于1。

作物的长势监测主要采用生长过程监测法，即通过时序监测数据绘制 NDVI 图像进行年际对比，根据年际的作物生长过程来反映当年的作物生长过程。再通过卫星数据随时间的变化动态监测作物的长势，建立生长信息与产量的关系模型，为用户构建一个智能化处理农情数据的平台。

（二）基于物联网传感器的监测方法

农业中的物联网设备，如田间的摄像头、传感器可以记录作物生长的各种环境数据（光照、温度、土壤肥力等），监测气候条件，帮助改善植物的生长环境。马来西亚科技园 Taman Teknologi Malaysia 的研究员提出了一种基于物联网技术的远程监测系统，通过发光二极管（light-emitting diode，LED）参数控制室内气候条件。为了捕捉实时数据，监测作物的实验环境参数，设计了一种智能嵌入式系统，在工厂化或室内养殖领域具有很好的参考价值。

随着物联网技术的不断发展，基于物联网的传感器感知技术实现了农产品种植的科学决策，为农产品安全保驾护航。上述的智能监测嵌入式系统就离不开各种传感器的作用：形状传感器、重量传感器、颜色传感器能监测到目标物体的体型、大小、颜色，以辨别作物的成熟程度，规划合理的采摘时间；还可以利用超声波传感器、音量和音频传感器等进行农作物的虫害防治；二氧化碳传感器可以对农作物生长的人工环境进行监控，促进作物光合作用；还可以利用流量传感器及计算机系统自动控制农田水利灌溉。

无线传感器网络是物联网的重要组成部分，是由大量的静止或移动的传感器以自组织和多跳的方式构成的无线网络，它能感知、采集、处理和传输网络覆盖地理区域内被感知对象的信息，并最终把这些信息发送给网络的所有者。无线传感器网络技术是一项研究作物生长环境监测领域的热点。无线传感器为作物成长环境监控和智能数据收集创造了更加轻松便捷的方式，改变了传统的作物数据收集和监测手段。2002 年，世界上第一个无线葡萄园在美国俄勒冈州建立。该葡萄园的每一个角落都分布有传感器节点，每隔 1min 监测一次土壤的温湿度以确保葡萄的生长环境适宜。此外，还有基于无线传感器网络的自动灌溉系统，由传感器感应土壤水分含量控制灌溉系统的阀门，从而达到自动灌溉的目的。专家们通过使用无线传感器和无人飞行器开发了一种作物长势监测系统，设计出动态聚类的方法使得无人机在恶劣环境中依然可以继续收集田间数据。

(三) 基于人工智能的监测方法

由于大面积的农作物长势遥感监测精度较低，为了实现农作物生长实时自动监测，计算机视觉开始被应用到农作物的长势监测和病虫害诊断领域中。其高效、精确和快速性为农作物的自动化监测提供了一种崭新的方法。农作物长势数字化监测的原理是利用计算机视觉技术，结合现代传感技术或遥感数据，使用计算机处理机对图像进行采集，得到特征数据后建立决策模型，从而构建农作物长势监测和预测的图像视频库、模型库和知识库等数据库。然后，开发相应的系统软件，将复杂农业生产和管理变得简单化和智能化、覆盖范围广且适合大面积作业。利用计算机视觉技术对于推动现代农作物近地面遥感监测技术的发展、实现农作物长势的监测具有深远的意义。

人工智能在农业领域可实现土壤探测、病虫害防治及产量预测等功能。在病虫害防治领域，生物学家 Davey Hughes 和作物流行病学家 Marcel Salathé 将关于作物叶子的 5 万多张照片导入计算机，并运行相应的深度学习算法，开发了一款手机 App——Plant Village（美国），农户将在合乎标准光线条件及背景下拍摄出来的作物照片上传，App 能智能识别作物所患虫害。将人工智能识别技术与物联网技术相结合，可广泛应用于农业中播种、采摘等环节，提升农业生产效率，降低农药消耗。美国 DorhoutRD 公司首席执行官 David Dorhout 研发了一款智能播种机器人 Prospero，可以通过传感器装置获取土壤信息，然后通过算法得出最优化的播种密度并且自动播种。在作物产量预测领域，美国 Descartes Labs 公司通过人工智能和遥感技术，利用大量与农业相关的卫星图像数据，分析其与作物生长之间的关系，从而对作物的产量做出精准预测。据测算，这家公司预测的玉米产量比传统预测方法准确率高出 99%。

第三节 农作物病虫害智能诊断与监测

一、农作物病虫害概述

农作物病虫害是我国的主要农业灾害之一，具有种类多、影响大并时常暴发成灾的特点。农田是一个小型的人工生态系统，虽然群落结构单一，但内部生物组成多样，以此来形成农田生态系统的平衡。在一定的条件下，环境的变化会导致病虫害的入侵，从而打破系统的生态平衡，其发生范围和严重程度对我国国民经济，特别是农业生产造成重大损失。

常见的农作物病虫害如玉米叶部的锈病、大斑病、小斑病、棉铃虫、蚜虫等，小麦的白粉病、条锈病、黏虫、麦蚜等。图 4-9 展示了具体的病虫害图片。

图 4-9 主要农作物病虫害

农作物病虫害预测有很长的时间跨度,一般来说,要经历经验预测、试验预测、统计预测 3 个阶段。传统的病虫害预测不仅在信息采集上依赖主观观察,在进行病虫害的预测时往往也是通过经验,导致病虫害预测精度低下,严重阻碍了对病虫害的准确预测,限制了我国农业的发展。

我国作为 21 世纪的农业大国,对世界农业有着举足轻重的影响。病虫害的治理与预防是我国提高粮食产量的重要途径,因此病虫害的早期诊断和监测、采取及时有效的防治措施、降低农业损失成为目前关注的重要问题。从信息的采集到信息的传递再到信息的处理和预测,现代技术在农作物智能诊断与监测中正起着至关重要的作用。

二、农作物病虫害智能诊断

传统的农作物病虫害诊断主要依靠人工目测的方式,这种方式存在一些问题:一方面,农民凭借经验判断,存在较高的误诊率;另一方面,由于技术人员或专家不能及时到现场诊断,可能造成病情厌恶。因此,使用信息技术对农作物病虫害进行智能诊断对于减轻农民负担、推进农业发展、实现农业现代化有重要意义。本节选取了基于光谱信息、基于专家系统、基于机器学习三种诊断方法，来介绍农作物病虫害智能诊断的研究进程。

（一）基于光谱信息的诊断方法

光谱成像技术继承了传统成像技术和光谱学方法的优势，能够同时获取目标的空间信息和光谱信息。对光谱图像信息的处理主要是将光谱图像转化成数据矩阵，用计算机进行分析，并代替人脑完成处理和解释。光谱成像技术作为一种无损、直观、快速的检测方法，在大幅降低农作物病害防治成本的同时提高了诊断效率。

1. 高光谱成像技术的诊断研究

高光谱成像技术是光谱成像技术的一个分支，该技术能同时提取图像信息和光谱信息。图像信息可以直接反映植物的外部表面缺陷，光谱信息则能反映农作物内部物理结构和化学成分，因此高光谱图像的信息量非常丰富。近年来，该技术在农作物的品质无损检测、病理诊断与分级、产量预报等方面得到广泛应用。图4-10是高光谱成像系统结构示意。

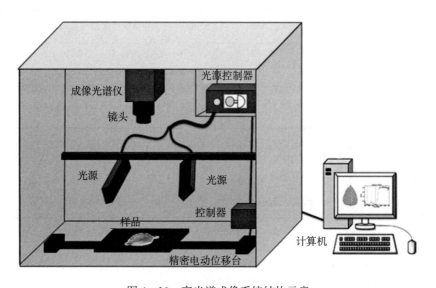

图4-10 高光谱成像系统结构示意

国内外研究者们通常利用高光谱成像技术或高光谱成像仪来获取农作物的染病信息，再通过数学分析方法（如偏最小二乘法、移动平均法、主成分分析法、阈值分割法、支持向量机等）对农作物进行化学计量学分析，建立农作物病虫害检测模型。

目前，我国对水稻和小麦这两大粮食作物的病害研究已经逐渐成熟。表4-1总结了水稻和小麦的主要病害及对应光谱响应波段。

表4-1　水稻、小麦主要病害及对应光谱响应波段

植物	病害名称	光谱响应波段/nm
水稻	稻瘟病	526、550、672、697、738、747、498、515、700、717
	叶瘟病	550、680、552~558、672~682、719~726、756~768、990~998
	白叶枯病	700~800
	干尖线虫病	450~520、520~590、630~690、770~890、1 550~1 570、2 080~2 350
小麦	条锈病	560、670、890、980
	叶锈病	680、700、725、760 和 550、560、572、585、400~800
	赤霉病	627~698
	白粉病	490~532、665~684、718~726、737~1 000、1 368~1 376 和 1 891~2 014、600~630、690~718、718~756、780~900
	全蚀病	750~900

在经济作物中，棉花和烟草的研究较为常见，表4-2对上述两种作物的光谱特征波段做了总结。

表4-2　棉花、烟草主要病害及对应光谱响应波段

植物	病害名称	光谱响应波段/nm
棉花	叶蝉病	376、496、691、761、1 124、2 500
	黄萎病	702、758、1 582
烟草	黑胫病	730、790
	花叶病	500~700

在蔬菜作物中，高光谱成像技术在黄瓜、番茄和甜菜的应用较为突出，表4-3总结了上述农作物病害的光谱特征波段。

表4-3　黄瓜、番茄和甜菜主要病害及对应光谱响应波段

植物	病害名称	光谱响应波段/nm
黄瓜	霜霉病、白粉病	645 和 849
	角斑病、褐斑病	460、475、490、500、540、550、595、620、695、700、705、720
番茄	灰霉病	432、544、666、683、740、975、1 028
	霉病	400~720、720~1 000
	黄化曲叶病	560、575、720
甜菜	白粉病、锈病	400~1 000
	褐斑病	780~1 000

在果类作物中，苹果、脐橙和红枣及对应病害的光谱响应波段如表4-4所示。

表 4-4 苹果、脐橙和红枣主要病害及对应光谱响应波段

植物	病害名称	光谱响应波段/nm
苹果	炭疽病、苦痘病、黑腐病	700、765、904
	褐斑病	422~724、710~724
	黄叶病	585~709
	花叶病	410~724
脐橙	溃疡	630、685、720、810、875
红枣	枣锈病、枣疯病、黑斑病、缩果病	480、495、510、520、560、570、635、660、735、745、760

2. 近红外光谱的诊断研究

近红外光谱技术是一种非破坏性的先进技术，其精确度和自动化程度高，采集数据比较省时省力。农作物感染病害还未发现显著的外部形态和生理变化时，虽然使用可见光不易识别，但是受害农作物和健康农作物的光谱特征曲线在红光和近红外区域有更显著的变化。因此，结合近红外光谱的各种特征变化诊断农作物病害是智慧农业的热点之一。

农作物的病害绝大部分可引起全身症状，但是由于其致病的病原物不同，使其对作物的主要危害部位也不尽相同。可见近红外光谱图像主要集中在作物器官尺度上，特别是叶片上。

使用近红外光谱分析技术对农作物病害进行智能诊断有四个步骤。第一，对近红外光谱数据进行预处理。常用的方法有 n 阶求导、平滑处理、基线校正、小波变换（WT）、光散射校正和正交信号校正（OSC）等。第二，对光谱数据进行微分。大量研究表明，利用光谱数据一阶和二阶微分能够较准确地检测农作物病害的危害程度。第三，对光谱位置变量进行分析。常用的方法有红边位置和吸收特征峰分析技术。第四，建立光谱模式识别模型。主要方法有偏最小二乘法、主成分回归法、BP 神经网络和模糊分类等。

3. 局限性

作为一种智能诊断技术，光谱成像技术在农作物病害领域的应用依然存在局限性。首先，在自然环境下采集的光谱图像在空间信息中包含较多的干扰物质，增加了光谱图像信息分析的难度。其次，采集时间的不同、天气状况的差异会对光谱图像结果造成影响。最后，拍照取样角度的倾斜可能会导致病斑特征信息变化。

（二）基于专家系统的诊断方法

农作物病虫害诊断专家系统是一个具有大量农作物病虫害专门知识与经验的计算机系统。它应用人工智能的专家系统技术，在整理一个或多个农业专家提供的领域知识和技术经验基础上模拟专家的智能，通过推理和判断，为病虫害诊断这一问题提供决策。专家系统结构如图 4-11 所示。

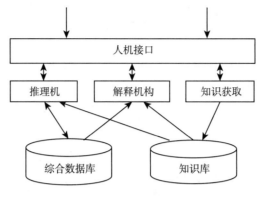

图 4-11 专家系统结构

在农作物病虫害诊断专家系统中，知识获取是从有关领域的农业专家、有经验的农民以及书本资料上获取大量有关农作物病虫害的知识，通过整理归纳表示成符号形式的重要环节。有规律的知识表示使专家系统能够利用大量的已知知识进行推理、做出诊断，利用产生式规则将知识逐条放入知识库。推理机是专家系统的核心部分，它常用的方法有正向推理法和反向推理法。综合数据库主要存放专家系统推理相关的数据，包括用户输入、推理过程中产生的新信息以及推理所得的结果等。解释机构由一组程序组成，跟踪并记录推理过程。人机接口是专家系统与用户的接口。

在使用专家系统时，用户先选择自己需要查询的农作物，此时专家系统提供用户选择病虫害的具体部位，如小麦病虫害的具体部位分为叶、茎、根、穗等，用户通过与系统进行交互，一步步推理，最终可以诊断农作物病虫害类型。

尽管专家系统在农作物诊断上应用较为广泛，但依然存在一定的局限性：

①知识获取困难、存储方式落后。我国虽然农业信息资源极其丰富，但是农业信息网络和数据库建设滞后，缺乏有序管理，使得专家系统的知识来源比较单一。

②没有通用的知识表示方法。在专家系统中，每一种知识表示方法只适用于某种或某些类型的知识表示，至今还没有通用的知识表示方法。农作物知识的复杂性要求多样性的知识表示方法。

③推理策略比较单一。目前常用的推理方式基本上是针对规则型知识的，而实际生产中许多事实和概念并不能精准描述，无法精确使用规则。

④开发工具不完善。目前，国内开发的农业专家系统生成工具大都在处理文字描述的定性知识方面功能较强，而在处理用数学模型描述的定量知识方面很少涉及。

(三) 基于机器学习的诊断方法

机器学习运用计算机实时地模拟人类学习方式，并将学习内容进行知识结构划分来有效提高学习效率。本节主要介绍决策树算法、支持向量机算法和深度学习算法等常见机器学习方法在农作物病虫害智能诊断上的应用。

1. 决策树算法在病虫害诊断上的应用

决策树算法是一种预测性的分析分类方法，具有适合数据量较大的样本集、计算量小、不需要受训外的数据、分类准确率高的优点。农作物病虫害诊断的过程可以看作是对病虫害进行分类的过程，即病虫害发病特征为输入属性，病虫害类别为分类属性。图4-12展示了经典决策树算法——C4.5算法在农作物病虫害诊断中的原理流程。

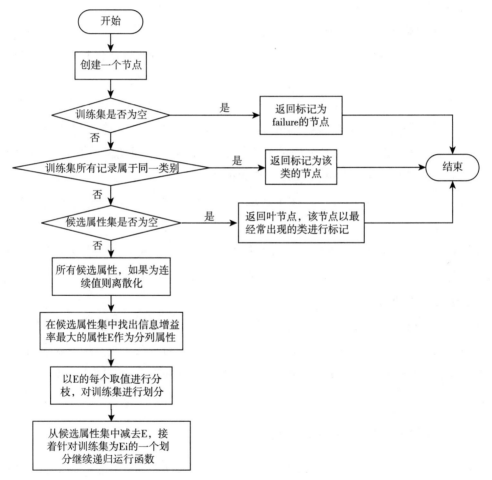

图4-12 农作物病虫害诊断中的C4.5流程

决策树算法对于数据的完整性要求较高，缺失字段数据会直接影响到算法的性能，可以用其他方法对缺失数据进行填充处理。

2. 支持向量机算法在病虫害诊断上的应用

支持向量机是一种基于统计学习理论的机器学习方法。它的基本思想是在样本空间构建最优分类面,以使分类间隔最大化为原则进行统计分类。它在农作物病虫害诊断领域有着广泛的应用。国内外研究学者使用支持向量机分类法对番茄、黄瓜、小麦、棉花等农作物病虫害进行诊断,取得了较好的诊断效果。

支持向量机算法在农作物病虫害诊断的应用步骤如下:首先,对经过图像特征提取的病虫害图像进行优选,选出最具有代表性的特征值;其次,划分训练集和数据集;最后,可借助 LIBSVM 软件包在 MATLAB 中运行得到结果。

支持向量机算法在农作物病虫害诊断研究中有良好的优势,但是该方法的性能过于依赖核函数和对样本的训练速度。

3. 深度学习算法在病虫害诊断上的应用

相比于传统的机器学习,深度学习能更好地提取农作物病虫害图像和结构化数据的各种特征,并与农业机械有效结合,更好地支持农业智能机械装备的开发。

卷积神经网络是一种应用非常广泛的深度学习模型,它包含卷积计算并且具有深度结构。卷积神经网络模型结构包括输入层、卷积层、池化层、全连接层和输出层,其作用主要是进行特征提取。针对不同的病虫害,可以应用不同的网络模块,例如 ResNet 和 Inception 模块对面积较小的病斑有更强的特征提取效果。卷积神经网络模型中的损失函数一般由多个部分组成,在病虫害诊断分类时,常见的是使用交叉熵作为损失函数。

使用卷积神经网络进行农作物病虫害诊断的步骤如下:首先,进行数据预处理,将病虫害图片统一到相同的像素大小;其次,将数据集划分为训练集和测试集;最后,将数据传入模型进行训练和测试。

深度学习方法很容易通过反向传播来更新数据,并且不同的问题有不同的框架来适应,隐藏层也降低了算法对特征工程的依赖,但是深度学习算法对机器配置要求高,需要大量的数据,并且针对复杂背景的病虫害图像诊断还存在问题,这是在今后应用发展中需要进行优化和解决的。

三、农作物病虫害智能监测

农作物重大病虫害的实时监测和早期预测是及时、有效地控制其暴发成灾的先决条件之一,及时的病虫害监测预警可以显著降低农业生产损失,并提高农作物的产量与质量。传统的病虫害预测采用肉眼观察或田间顶点捕捉的方法,有时间滞后性、主观性和极大的不准确性等一系列缺点,而利用信息技术对农作物病虫害进行智能检测,对病虫害的治理和预防有至关重要的作用。本节主要介绍了遥感监测法、GIS 监测法和物联网监测法三种农作物病虫害智能监测方法。

(一) 遥感监测法

利用遥感对农作物病虫害进行"非接触式"的监测逐渐被应用于农业生产过程中。利用遥感技术监测农作物病虫害的技术框架如图4-13所示。可以通过卫星遥感、无人机或便携式仪器一起获取影像并建立模型，最后结合实地采集的参数对结果做分析。

农作物病虫害遥感监测主要在单叶和冠层两个层面上展开。对单叶，因病虫害导致细胞结构、色素、水分、氮含量以及外部形状等发生变化，从而引起光谱的变化；对冠层，因病虫害引起叶面积指数、生物量、覆盖度等的变化，可见光波谱和热红外反射光谱与正常作物有明显差异。因此，可通过地面获得的遥感数据结合高空成像仪获得的遥感影像来实现农作物病虫害的智能化监测。

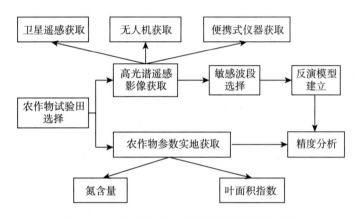

图4-13 农作物病虫害的遥感监测技术框架

使用遥感技术对农作物病虫害监测也存在一些问题：

①在农作物病虫害的监测过程中存在"异物同谱"和"同谱异物"的现象。
②高光谱数据的高分辨率带来了极大的数据量，对设备的数据存储性能有很高要求。
③遥感获取的数据通常较为适用于某种特定环境下，在大范围的应用中适应性较差。
④遥感技术所需的精密仪器费用昂贵。

(二) GIS监测法

GIS是一种重要的空间信息系统，是在计算机硬件、软件系统的支持下，对地球表面有关的地理信息进行采集、存储、管理、运算等操作，并提供空间问题决策和空间数据处理的一个技术系统。GIS可以对环境因子、气象数据、害虫种类和农作物生长情况信息进行采集，并对病虫害蔓延的趋势做出预测，还拥有一套非常便捷的图形展示。

一般来说，GIS根据病虫害和收集信息的种类会结合一些算法实现病虫害的监测。目前，GIS技术在农作物病虫害监测预警系统中的应用方法主要分为两种：

①GIS基本空间分析法。本方法包括叠加、插值等，把病虫害的发生位置以图层的方式显示，通过叠加气候要素图、土壤类型图等专题图确定病虫害的适应性分布。

②将GIS与基于统计学方法的模型耦合。一般是依据数理统计的原理，从病虫害发生的系统资料中概括出环境因子与病虫害发生之间的内在关系，通过建立统计模型预测病虫害种群未来的发展趋势。

目前，我国在病虫害智能检测领域的GIS研究还存在不足。首先，数据库数据信息内容繁多，体系构成不统一；其次，系统功能模块多样，模块构成不一。但目前在基于GIS的监测预警系统的研究中，仅仅与专家系统、人工智能技术、遥感技术和虚拟仿真技术的结合，存在一定的局限性。并且随着农业信息化的发展，必将促进具有统一规范标准和网络通信功能的多级、分布式GIS平台的发展，为农业生产提供更加准确、直观、及时的信息和决策依据。

（三）物联网监测法

基于物联网的农作物病虫害监测系统通过传感器对植物的生长环境，如温度、湿度、光照度等不间断地进行检测，利用GPRS/GPS及互联网等多种网络，实现多平台的农田信息的自动采集、精准定位、无线传输、网络发布、实时监控和远程设备参数设置等功能（图4-14）。同时，物联网技术使信息采集不仅从数量上而且在维度上实现了质的飞跃，对后期预测的精确度有巨大的作用。

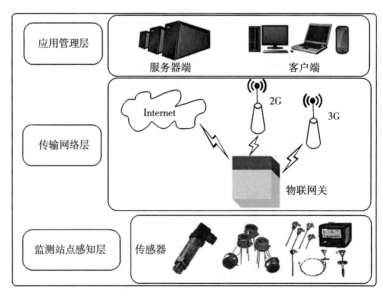

图4-14 物联网体系结构

以物联网为基础的农作物病虫害自动监测系统中，应用较为普遍的网络为ZigBee。

ZigBee系统的应用使之实现对数据信息的有效收集、分析与传递。ZigBee系统在硬件设计方面，通过终端机的设计实现系统的自动化控制，通过无线传输电路设计实现对农田的有效监控；在软件设计方面，一般通过按键操作、信号发送实现对系统的控制。

近年来，物联网在农作物病虫害监测预警上的应用取得了一些进展，但也存在问题：

①病虫害物联网检测技术成熟度与推广应用预期还存在差距。

②病虫害物联网监测标准尚未建立。

③病虫害物联网检测的统一平台系统尚未建立。

④病虫害物联网监测费用高，推广应用难度较大。

虽然现在信息技术在农作物病虫害的诊断与监测上应用广泛，但依旧存在一些问题：

①遥感传感器的种类单一，对于种类繁多、气候条件不同的农作物病虫害信息提取不到位。

②整个病虫害监测诊断网络的自动化程度还不够高，人为参与较多，容易产生误差。

③如何综合利用在农业信息化过程中产生的大量图片和数据面临着较大挑战。

但随着信息技术的不断发展，病虫害诊断与监测各个环节衔接技术必定更加紧密，智能化、自动化方式成为病虫害诊断与预测的主要力量。

第四节 农业气象灾害监测与预警

一、农业气象灾害概述

(一) 农业气象灾害

农作物的生长受其生长环境中各种因子的影响。一种是非生物因子，包括气候因子及土壤因子，如温度、水、光照是不可缺少的条件，另外还需要如营养供给、风向风力等。另一种是生物因子，包括植物因子、动物因子及微生物因子。这些因子中某个变化，都会导致作物生长受到影响，造成产量减少。其中，农业气象灾害是影响作物产量最为重要的因素。2018年，农业气象灾害及其他自然灾害共造成我国1.3亿人次受灾，农作物受灾面积2 081.43万hm^2，其中绝收258.5万hm^2。

随着监测技术的不断提升，各地区农业气象灾害监测和预警能够极大地促进农业增收，减少灾害损失。农业气象灾害主要是由于气象条件的极端变化，导致作物生长过程中的一个或多个条件的变化，从而给作物带来严重的影响。虽然农业气象灾害监测与预警技术取得了一定成就，但还是存在一些不足，比如灾害的预研性工作较少，自动化监测和智能化预警技术还有待提升。需要进一步加强农业气象灾害监测与预警技术的研究，实现全方位、多角度的农业气象灾害趋势追踪，评估气象灾害的等级，分析农业气象灾害对农作物的影响，以促进我国农业健康发展。

（二）农业气象灾害类型及产生原因

常见的农业气象灾害有很多种类。一类是由温度引起的，如热害、冻害、霜冻、热带植物寒害和低温冷害。另一类是由水分引起的，如旱灾、洪涝灾害、雪灾和雹灾等。再有一类是由风引起的风害。另外，还有各种气象因子综合变化而共同作用的灾害，如干热风、冷雨和冻涝害等。

常见的几种农业气象灾害有冷害、霜冻、干旱、洪涝、干热风、冰雹等。冷害是指在作物生长季节内，当温度低于作物当时生长阶段的下限温度（不一定为0℃）时，作物的生长受到妨碍，严重时可使作物某些组织受到严重伤害从而导致严重减产。霜冻是指在温暖时期，短时间内大气温度迅速降低到足以引起作物遭受损伤或者死亡的低温冻害（通常在0℃或0℃以下）。0℃以下的低温使作物细胞间隙的水形成冰晶，导致细胞脱水，同时形成的冰晶增大破坏作物细胞，对作物造成损伤。干旱是指在农业水平不高的地区，由于长期无雨或少雨导致土壤缺水、空气干燥，致使作物缺水，影响正常生长发育而减产的农业气象灾害。干旱使作物体内水分缺失呈现萎蔫（暂时萎蔫或永久萎蔫）并遭受一系列伤害。洪涝是指降水时间过长、过于集中对作物造成的伤害。干热风是指引起作物蒸腾增大的综合天气现象（温度高、湿度低、风速大的旱风），在农业水平不高的地区短时间内会带来很大损失。冰雹是指由强对流天气系统引起的一种剧烈的气象灾害。春季处于苗期的农作物恢复能力强，遭灾后能恢复生长；夏、秋两季农作物遭雹灾后，叶碎秆折，花穗被毁，籽粒脱落，严重的颗粒无收（图4-15）。

图4-15 常见农业气象灾害

（三）农业气象灾害风险评估

气象灾害风险评估可以对农业在生产过程中可能出现多大的损失，以及这些损失对于整个农业的影响到底有多大等情况进行分析。农业气象灾害风险评估的理论基础是风险分析。风险评估研究的有效落实能够确保综合评估气象灾害风险，并对其进行有效控制，进而保障农业生产质量，使农业生产产品具有更高的质量和产量。

我国有关农业气象灾害风险评估的研究，大致可以2001年为界分为两个阶段。第一阶段，以灾害风险分析技术方法探索研究为主的起步阶段。该阶段以风险分析技术为核心，探讨了农业气象灾害风险评估的理论、概念、方法和模型。但是，随着资料序列的延长，灾害的致灾强度及出现频率将会随时间变化，无法真正反映灾害的真实风险状况。另外，农业气象灾害风险评价标准还缺乏统一认识和实践检验，实用性和可操作性强的风险评价模型甚少。第二阶段，以灾害影响评估的风险化、数量化技术方法为主的研究阶段，构建灾害风险分析、跟踪评估、灾后评估、应变对策的技术体系。针对农业生产中大范围农业气象灾害影响的定量评估需求，将风险原理有效地引入农业气象灾害影响评估，基于地面、遥感两种信息源，建立了主要农业气象灾害影响评估的技术体系。

目前，风险评估在我国农业气象灾害的应用中，致灾因子危险性评估是最重要的方式。致灾因子是在灾害形成过程中产生的一些异动因子，致灾因子的强度越强，产生的气象灾害越严重。同时，气象灾害对农业的影响，不仅仅受到致灾因子的影响，还要受到受灾体的影响，所以还需要对受灾体进行脆弱性评估。在一般的情况下，受灾体的脆弱性越小，防灾能力越强，造成的影响越小，损失越小；受灾体的脆弱性越大，就相反。除此之外，在对气象灾害进行评估时，推测未来发生灾害的概率以及灾害产生的影响，即灾情期望损失评估。最后，若只对受灾体或致灾因子进行评估，做出的评估会存在一些差错。因此，进行灾情风险综合性评估是一项不可缺少的工作。灾情风险综合性评估得到的结果更加准确，对我国农业生产的发展起到了重要的作用。

（四）农业气象灾害监测与预警的研究现状

完善农业气象灾害监测业务和预报服务，构建农业气象灾害风险评估、防御体系是农业气象灾害研究的重点。及时、准确的农业气象灾害预警预报有助于农业生产部门及时采取有效措施，减轻灾害损失，保证农业生产持续稳定发展。近年来，农业气象灾害在方法改进、新技术应用和系统建设等方面取得了长足的进步。天津海洋中心气象台等机构开发了基于互联网数据挖掘和专家知识决策技术的农业气象灾害监测预警及智能决策推送服务系统，构建基于互联网气象数据、设施农业小气候环境数据及作物生育期等多重因素的设施农业气象灾害预警和生产管理专家知识规则，实现对寒潮、大风、低温、暴雪等北方主要设施农业气象灾害进行预警。该系统 2017 年冬季在天津津南区部分农业园区推广使用，并且对 5 次强冷空气提前 3~5d 自动研判并实时推送预警信息，避免重大灾害损失。中国农业气象业务系统（CAgMSS）是基于 C/S 架构研发的国家级和省级农业气象服务的业务工作平台，主要包括农业气象监测评价、作物产量预报、灾害监测评估、农用天气预报等子系统，是农业气象业务的基础性软件。该系统于 2012 年投入业务应用，基于该系统制作的农业气象预报、作物产量预报、农业气象灾害影响评估、关键农时农事气象保障等服务产品，在指导全国农业生产和防灾减灾中发挥了重要作用，明显提高了农业气象业务能力和业务工作效率。

探索应用互联网、云技术、大数据挖掘等信息手段开展气象灾害早期预警，为研究如何满足设施农业互动式、个性化、智能化、专业化气象信息服务和推动农业现代化提供借鉴。

二、农业气象灾害的监测与预警

近年来，我国的国家级农业气象业务技术已逐步迈向精细化，涵盖了农业气象灾害监测评估与影响预报、农林病虫害发生发展气象等级预报等诸多领域。

（一）农业气象灾害的常用监测方法

1. 地面站网灾害监测

地面站网监测是农业气象灾害监测的基础，是其他高新技术不断发展的保障。地面站网监测主要是利用地面气象观测站的实时地面要素资料及土壤湿度等进行气象监测，并且通过气候模式及天气模式建立监测模型。例如，依据郑州市的 1983—1990 年旬平均气温、旬降水量和土壤初始含水量等数据建立的农业地面观测站监测模型（图 4-16），基本上满足了农

图 4-16 地面站网气象监测

业气象业务服务的要求。江苏省增建了7个地面监测点，并结合3S技术与计算机技术来实时监测灾害的发生，获得大量水土保持相关数据，为形成灾害立体监测提供保障。

2. 灾害遥感技术

遥感作为一种远距离的、非接触的目标探测技术和方法，可以通过对目标进行监测，获得目标的基本信息，再通过计算和进一步的加工处理，获得目标的定位、定量和定性的描述。卫星遥感技术作为一种反馈速度快且监控范围较广的测控手段，被各国广泛应用于气象信息的监测中。灾害遥感技术在我国的农业气象灾害监测的应用中比较成熟，包括动态的植被监测、旱涝检测、积雪检测等。目前常用的检测干旱的方法有热惯量法和作物缺水指数法。"八五""九五"期间，我国开始应用遥感和GIS对洪涝灾害进行监测研究，结合资源卫星和气象卫星资料，建立了七大江河地区洪涝灾害易发区警戒水域遥感数据库。同时，中国科学院与中国气象局初步建立了洪灾信息实时系统，中国水利水电科学研究院与中国科学院建立了水、旱灾害监测与评估业务运行系统。在1998年长江流域特大洪涝灾害监测中，星载合成孔径雷达（SAR）和航空雷达遥感系统得到了全面应用。近年来，水利部门利用卫星遥感的红外通道资料监测低温的发生、强度以及低温冷害的分布等，能够迅速估计灾害的发生与范围，较好地研究低温冷害发生发展的一般规律。除此之外，基于GIS技术和气候学模型，融合土地利用、海拔高度、坡度、坡向等地理信息，对平均气温、最低气温资料进行较高空间分辨率的地理订正，结合冬季经济林果的生长发育状况和受害指标，实现对寒害发生发展及其强度、范围的实时动态监测。

3. 监测系统

将计算机智能系统与3S技术相结合应用于农业气象灾害领域，建立农业气象灾害监测系统。例如，干旱监测系统主要是依据前期的降水量、气温、蒸发量等情况，结合地面站网监测、卫星遥感灾害监测等方式对中国不同区域的干旱情况进行监测与客观准确的预警，并将干旱发生、发展、持续及影响程度等决策服务信息及时传递给政府有关部门。国家气象信息中心建立干旱监测系统，可在全国范围内进行情况监测。利用卫星资料和全国土壤湿度分布数据及全国农业气象预报分布数据，生成全国卫星遥感干旱监测图像、区域卫星遥感干旱监测图像及卫星遥感干旱分析产品。GIS技术的发展为农业气象灾害时空分布的监测提供了先进的工具和方法。基于GIS平台的应急固定指挥系统和移动指挥系统，极大地提高了政府的应急处置能力，最大限度地降低了灾害造成的损失。GIS的应用真正实现了政府主导、部门联动、社会参与、快速灵活的救灾新格局。例如，浙江省农业气象灾害监测系统集实时数据接收、数据转译和数据库形成、旬气象资料查询、实时灾害监测、历史灾害查询、监测报告发送和报表打印等功能于一体，操作简便，自动化程度高。

（二）农业气象灾害的常用预警方法

增强农业气象灾害预警技术是推动我国农业发展的重要措施之一。我国农业气象灾害预警技术主要应用在小麦干旱预警、玉米低温冷害预警和小麦渍害预警等几个方面。目前，国内的预警方法主要为数理统计模型法，其与农业气象模式相结合的方法取得了较大的进展。农业气象灾害预警技术是利用观测的土壤湿度、温度、降水、大风、日照时数等气象实况要素以及天气气候客观预警产品，结合作物发育资料，应用时间序列分析、多元回归分析、韵律、相似等数理统计方法，建立预警模型，并通过灾害指标与模型计算生成格点或站点监测评估与预警产品。在陕西省，运用农业气候学原理、作物生理生态学原理和数理统计方法详细分析了陕西省主要作物关键生育期农业气象适应性条件，对陕西省的主要大田作物（小麦、玉米、水稻、油菜）、主要经济作物（苹果、棉花、猕猴桃、梨、葡萄、红枣、花椒、辣椒、马铃薯）的农业气象受灾指标和预警指标进行确定，建立了分布式的农业气象灾害数据库，设计完善了市县两级农业气象灾害监测预警系统流程。

除此之外，还有农业气象模式与气候模式结合的预警技术，包括气候模式与农业气象模式集成的土壤水分预警和灌溉预警，基于冬小麦发育模式的干旱识别和预测模型，基于作物生长模型及区域气候模式的农业气象灾害预警模型等方法。近年来，国内也开展了将作物生产模型应用于气象灾害预警的研究。

GIS和网络等高新技术也应用在农业气象灾害预警中。上海农业气象灾害监测警示系统实时监测气象数据并结合未来天气预报，根据农业气象灾害指标进行评判分析，通过Web/GIS平台展示农业气象灾害预测的分布。

第五节 农作物生长智能监测应用案例

农作物生长智能监测系统将物联网技术、图像处理技术与智能决策等新一代信息技术与传统植物保护技术融合，以农作物大数据智能服务为目标，开展物联网数据采集关键技术研究、专用农业数据中心与大数据平台研制、长势与病虫害预测预报模型开发、农技智库平台构建，并与企业联合开展项目技术成果的应用示范，更好地服务于农作物产业的全体从业者（图4-17）。

基于物联网监控并获取农作物生态环境信息，采集的数据主要有理化指标数据（土壤墒情，农作物叶片叶绿素、水分、氮含量等）、农田小气候环境数据、大环境数据和图像数据等。通过对以上信息的实时监测，可对农作物长势进行综合评价，通过农作物病虫害特征识别和提取及远程诊断系统，实现对农作物病虫害的智能诊断和预测预报，从而达到

第四章 农作物生长智能监测

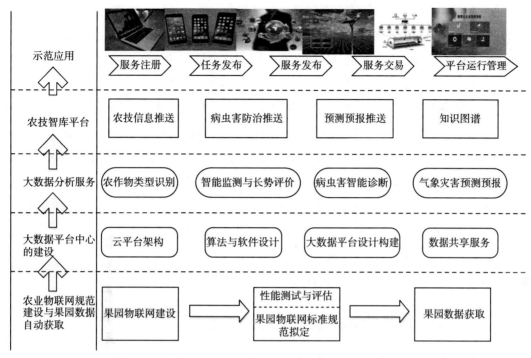

图 4-17 农作物生长智能监测技术架构

对农作物病虫害的精确指导和有效防治。

一、农作物类型识别应用

农作物类型识别方法流程如图 4-18 所示。首先,构建初始的农作物类型图像数据集。数据集的数据来源有多种,主要包括实地采集和通过网络爬虫法收集等。其次,采用数字图像处理技术对数据进行扩充,构建真正的、完整的农作物类型图像数据集。然后,采用理论法、实践法、可视化技术等研究卷积神经网络各层级变化及权重参数与图像识别率的规律。利用实验验证法、定量分析法等方法,测试卷积神经网络模型及参数对农作物

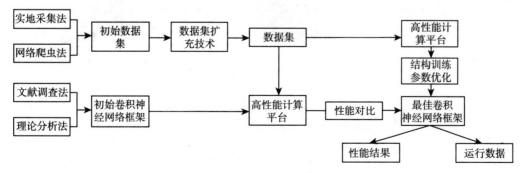

图 4-18 基于深度学习的农作物类型识别

类型识别的准确率,设计最佳的卷积神经网络结构及参数。最后,通过实验验证法所提出的模型和方法,实现对农作物类型的准确识别。

以无人机作为图像采集手段,利用其高空间、高分辨率的优势,结合迁移学习技术、卷积神经网络算法以及数据增强技术解决航拍图像中的作物识别问题。为克服无人机所拍摄的图像数量过少、目标类别样本不足的问题,研究人员采用 ImageNet 训练好的模型 VGG-16 实现农作物类型识别,再结合实际数据集进行参数微调。ImageNet 数据集包含 1 000 类自然场景图像,图像总量大于 100 万张,与识别目标农作物图像具有相似性。实际数据集中包含两种输入,一种是模型微调时已标记的农作物图像,另一种是待识别的农作物图像。每种数据均需要进行裁剪、灰度化及去均值等预处理使图像符合网络训练的要求。在优化模型阶段,根据识别结果与标记之间的差异调整网络参数,以此达到较高的识别准确率。最后,保存微调后的参数,输入待识别的农作物图像,经过网络特征提取,输出待识别农作物占各种农作物类型的概率。

二、农作物叶部病害智能检测与诊断应用

农作物叶片病害智能检测方法应用如图 4-19 所示。以苹果为例,首先在真实环境下获取苹果叶片的病变图像,构建苹果叶部病害数据库。然后,由农业专家对每张图像中的病变区域进行标记,记录病斑的位置及类别信息。接下来,将数据集划分为训练集和测试集,训练集用于拟合模型,通过设置分类器的参数,训练分类模型。为了防止过拟合、保证模型的鲁棒性,使用数据增强技术生成足够的训练图像。常用的数据增强技术包括旋转、镜像对称、高斯模糊等。最后,搭建基于深度学习的 SSD、Faster R-CNN 等目标检测模型,训练扩充后的数据集,使模型学习各种病害的形状、大小、颜色等特征,并利用留出的测试集对病害的回归和分类性能进行评价。

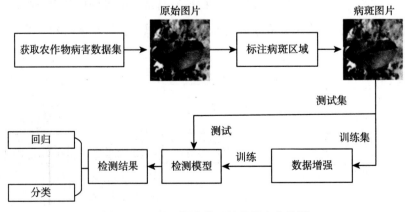

图 4-19 基于深度学习的苹果病害检测

三、农作物长势监测应用

传统种植业的农情参数获取方式主要依靠逐级统计或抽样调查。遥感技术的发展为农作物长势监测提供了新的技术和方法。如图4-20所示,首先,根据不同农作物物候分析选择样本区域,获取遥感检测数据,包括农作物的光谱图像。然后根据农作物的光谱图像计算不同植被参数,分析农作物长势;根据不同种植区地理信息建立长势模型。通过对农作物生长环境的实时监测,可对农作物长势进行综合评价,实现对农作物长势的智能诊断,从而达到对农业生产的精确指导。

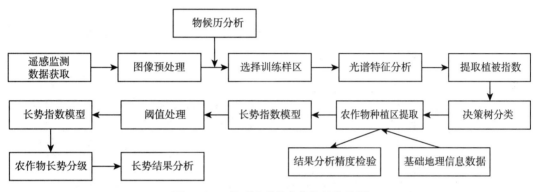

图4-20 基于遥感的农作物长势监测

以河南省冬小麦种植产业为例,利用EOS-MODIS监测影像作为数据源,结合田间控制实验,将冬小麦生长模型和遥感、GIS技术相结合,辅以地面农业气象观测与调查,研究冬小麦长势遥感监测指标。研究结果表明,归一化植被指数在冬小麦全生育期的长势监测过程中较其他植被指数有明显的表征效果。另外,以归一化植被指数反演出的叶面积指数在表征冬小麦长势分级方面准确性较高,可以作为科学分苗的依据。

"十一五"期间,农业部主持农业科技专项"小麦苗情数字化远程监控与诊断管理关键技术"等,率先在我国东北、长江中下游及西部地区开展小麦和玉米等农作物的防控实验,应用物联网监控技术,集成化控技术和农艺管理措施,建立了作物智能化远程管理系统。目前,针对我国粮食主产区已初步完成20多个农作物生长环境监测基础站点建设(图4-21),构建了具有相当覆盖面积的全国主要农作物监测网络。

图4-21 监控设备部署现场

四、农业气象灾害监测与预警应用

农业气象灾害监测与预警的应用如图4-22所示。首先,收集相关数据,包括当前和未来7d的互联网气象数据。然后,采用云存储系统和关系数据库存储系统实现农业气象服务大数据管理。最后,建立设施农业气象灾害智能预警服务系统,管理监测数据,实现气象灾害预警。

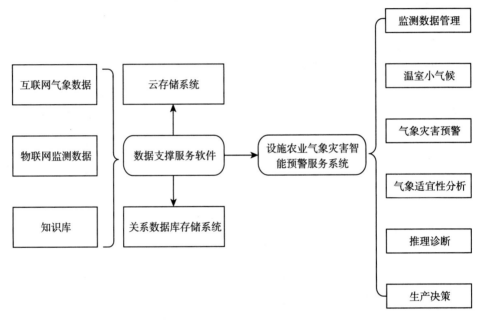

图4-22 农业气象灾害监测与预警应用

广西针对主要农业气象灾害建立监测与预警系统,该系统以GIS、遥感、OCX/COM多技术为基础,利用GIS组件将气象地面观测资料、基础地理信息资料与气象灾害(洪涝、干旱)监测机理模型有机结合,确定了农作物灾害等级指标。该模型采用针对农作物的干旱指数公式计算干旱灾害分布,其中干旱灾害指数计算模型的研究指标是降水量。降水量实质是以某地某一时段的降水量与该地区该时段内的多年平均降水量相比较而确定其旱涝标准的一种定量指标。根据广西历年干旱灾情与降水量的关系,以及不同农作物(水稻、甘蔗、玉米)对水分的不同需求,选取降水量、年平均日降水量小于5mm日数作为致灾因子,构建不同农作物的干旱灾害指数。该系统参照广西各季节干旱指数及干旱对农作物不同生育期的影响,确定了广西地区的水稻、甘蔗和玉米的干旱灾害等级指标,建立干旱灾害等级评估匹配模式,包括轻旱、中旱、重旱和特旱四个等级。最后,结合农作物空间分布区、干旱灾害等级指标,计算农作物受灾位置及面积,实现干旱监测与预警。该系统对 2006 年 10—11 月的广西水稻干旱进行监测评估，水稻将发生不同等级的秋旱灾害，其中重旱、特旱灾害主要分布在中部、南部地区，此时水稻正处于发育阶段，干旱灾害易造成水稻歉收。因此，根据农作物干旱灾害监测评估结果，及时向相关政府部门提供农作物干旱灾害信息，实现高效预警。

第五章

智慧果园

智慧果园是水果种植业信息化发展的高级阶段,已成为世界现代果业发展的趋势。与粮食作物相比,水果栽植品种更多,区域差异更大,环境条件更复杂,果实生长状况监测、产量估算、灾害监测预警等面临诸多挑战。因此,智慧果园的理论和技术更加宽泛,所涉及的系统和装备也更加综合与复杂。

第一节 智慧果园概述

一、智慧果园的概念

智慧果园是智慧农业在果园生产管理中的具体实践和深化,是现代信息科学和果树栽培管理科学交叉产生的新研究方向。智慧果园的内涵有狭义和广义之分。狭义的智慧果园就是聚焦水果生产的空间载体,利用物联网、无线通信、计算机与网络等现代信息技术,结合专家智慧与知识,实现果品生产可视化诊断、远程控制、灾变预警等智能管理的新模式。狭义范畴上,智慧果园部署园区生产场地的传感节点和无线通信网络,采集环境温湿度、土壤水分、二氧化碳等数据图像,进行水果生产环境的智能感知、预警和分析,为水果生产提供精准化种植、可视化管理、智能化决策。广义的智慧果园是以信息知识为核心,将遥感、传感网、大数据、互联网、云计算、人工智能等现代信息技术与智能装备、智能机器人深入应用到水果生产、加工、经营、管理和销售等全产业链各环节,实现果树精准化种植、可视化管理、网络化营销、智能化决策和社会化服务,形成以自动化、精准化、数字化和智能化为基本特征的现代果园发展形态。广义范畴上,智慧果园还包含果业电子商务、果品溯源防伪、果园休闲旅游、果农信息服务等方面,既是全程智能管理的高级阶段,也是集物联网、移动互联网和云计算等技术为一体的新型业态。

二、智慧果园的由来

近年来,智慧农业火速升温,"信息高速公路""数字地球""知识经济"等全新概念在农业产业上延伸。美国、日本和欧洲等国家和地区抓住数字革命的机遇，纷纷出台了发展规划、技术战略和发展框架，将信息技术广泛应用于整个农业生产活动和经济环境，建立了数据采集、加工处理、分析决策、信息服务等全链条、全领域的智慧农业技术体系，加快推进智慧农业发展，激活数字经济，极大地提高了农业国际竞争力。

当前，果品产业发展迅速，在种植业乃至整个农业领域占有举足轻重的地位。智慧果园是智慧农业的主要形态之一，源于智慧农业的演化发展，由果园电算化（果园1.0）、精准化（果园2.0）、数字化（果园3.0）、智慧化（果园4.0）等发展而来。世界发达国家在推进农业信息化和智慧农业发展的过程中，纷纷在果品生产的前沿技术研发、数据开放共享、物质装备集成等方面进行了前瞻性部署，运用现代化的互联网手段将水果生产与科技相结合，用信息化的操作模式改变传统的果园种植方式。特别是随着新一代信息技术的迅速发展与集成，"智慧果园"理念在果园生产管理中不断实践与深化拓展，成为整合、利用、共享现有数据和信息资源的新模式。

从理论到实践的发展历程中，智慧果园把遥感信息、地理信息、全球定位系统以及计算机、通信网络和自动化设备等高新技术与基础科学有机地结合起来，其本质是一个集信息化、数字化、网络化、自动化等多种现代高新技术为一体的计算机管理和应用系统。它不仅能通过对不同果树表述空间的集成，在计算机上建立虚拟果业，再现区域内的各种农业资源分布状态，而且更为重要的是，利用计算机等信息技术对果业的结构、要素、过程与部门进行模型化表达，可以在对各类农业信息进行专题分析的基础上，对果品生产中的现象、过程进行模拟，对区域内所有农业信息进行整体的综合处理和研究，以获得对果业更为精确与深刻的动态信息。智慧果园的产生，可为区域内农业资源的优化配置提供数据支撑，并通过科学决策与调控，提高果品产量和质量，降低生产成本，减少资源浪费和功能重叠，实现农业高质量发展。

从单学科向多学科融合转变中，智慧果园集地理学、农学、生态学、植物生理学、土壤学、气象学和信息技术学等科学领域于一体，具有显著的综合性和多学科交叉特点，涉及多部门、多领域、多学科的交叉与集成，具有独特的系统性、复杂性和多元性。由于果园地形条件复杂、种植密度各异、作业环境非结构化，将信息技术直接拓展应用往往不能有效解决问题，开展基于果树与果品生物特性的图谱认知是智慧果园建设的重要内容。

三、智慧果园的特征

智慧果园具有智慧农业鲜明的信息化特征，信息、知识和技术在水果生产各环节广泛应用的同时，也形成了独特的产业特征，是水果产业迭代升级的结果。

（一）智慧果园的基本特征

1. 要素协同化

传统果园对水、肥、土、种等核心要素的投入与管理主要依靠经验，智慧果园强调果园系统生物、环境、技术和社会经济等要素投入的优化配比，克服传统果园要素投入边际收益递减规律的作用，以较少资源投入，获得单位果园土地面积上的更高产量和收益，提升果园产投比。

2. 控制智能化

传感器获取果园生产管理实时数据，通过大数据汇聚与挖掘分析，形成精准施肥、精准施药、精量种植以及品种适宜性选择等优化管理策略，并将管理策略与各种农机控制设备进行联动，促进果园整地施肥、除草施药、育苗嫁接、收获分选等关键作业环节自动化、智能化发展。

3. 管理精准化

汇聚果园时空大数据，基于果园生产管理与精准控制模型，利用强化学习与自主进化等人工智能技术，提高模型的运行精度，助力精准施肥、科学用药、智能化农机装备控制，提升果园生产管理的精准化水平。

4. 全程可控化

智慧果园具有产前、产中、产后紧密衔接的水果生产体系，包括农业生产资料的生产和供应，以及果品收获后的储藏、运输、加工和销售等环节。利用信息技术，实现果品从果园到果盘的全程溯源。同时，成功的生产经验可以被复制和推广，标准化的生产方案彻底地改变了传统果园的操作模式。

（二）智慧果园的产业特征

1. 产业化

在智慧果园环境下，现代信息技术得到充分应用，最大限度地把人类的智慧转变为先进的生产力，实现资本要素和劳动要素的使用效率最大化，使信息和知识成为驱动水果经济增长的主导因素。因此，智慧果园也是数字经济时代水果产业发展转型的必然选择。

2. 优质化

在水果生产过程中，基于信息技术，采取有效措施可提高果品质量，实施追溯管理方式，可促进果园规范化和标准化生产，加强果品安全、绿色和环保的监督与管理，保证水果的营养价值和食用安全性。

3. 系统化

智慧果园以高质量发展理念为指引，在果园生产与管理活动过程中，整合果园自然资源、信息资源和知识资源，运用现代信息技术，发展多元化生产方式，运用生物分解技术、系统自我净化和恢复功能，重构水果产业生产经营模式。

四、智慧果园的主要内容

智慧果园包含技术和应用两个层面的内容：在技术层面，主要是指果园智慧的科技；在应用层面，主要包括果园的智慧生产、果园的智慧组织、果园的智慧管理三方面内容。

（一）果园的智慧科技

果园的智慧科技是果园智慧化的关键。果园的智慧科技是一个集合概念，是实现果园生产与管理全过程智慧化的基础，其核心科技领域包括感知、传输、分析、控制和装备五个方面。感知是基础，是利用各类传感器采集和获取各类果树果实信息和数据的过程；传输是关键，是将经感知采集到的信息和数据通过一定方式传输到上位机进行存储的过程；分析是核心，是利用感知传输的果园数据进行挖掘分析，支撑预警、控制和决策的过程；控制是保障，是将决策系统的控制命令传输到数据感知层，进行果园远程自动控制装备和设施的过程；装备是载体，实现生产过程、智能控制、果品采摘、果质分级的自主作业。每一项都有各自的关键理论和技术方法体系，将这些理论、技术方法高度集成形成了智慧果园系统。

（二）果园的智慧生产

果园的智慧生产是智慧果园发展与应用的核心。紧密围绕数字信息技术在水果生产全过程、全链条的交叉融合，形成生产、加工、销售及流通等各环节的智能化解决方案与一系列落地技术。在产前过程，利用卫星遥感技术、无人机与车载地面样方调查装备，以及农业物联网等相关系统，智能获取果园、果树、果实、环境等参数。在产中过程，结合果树关键生长模型，监测果树长势、健康状况，分析地力、肥力的情况，提供精准施肥方案；在精准灌溉上，依托物联网设备，研发果树的渠灌、指针式喷灌等系统，进行智能、远程控制；利用人工智能技术，变革果树种植技术。在产后过程，通过大数据分析消费者喜好，反向引导果品生产与品牌打造，推进果品全程区块链防伪追溯和千里眼溯源。果园的智慧生产是水果生产中多种系统的综合。

（三）果园的智慧组织

果园的智慧组织是果园智慧化的条件。它是指充分利用新型感知、互连互通、多维数据、深度学习等现代技术，优化各类水果生产要素，打造主导果品，实现布局区域化、管理企业化、生产专业化、服务社会化、经营一体化的现代果园组织模式。果园的智慧组织由市场引领，带动基地、果农联合完成生产、贸易、金融等一体化的经管活动。果园智慧化的组织将分散的小型果园生产转变为适应市场的现代果园生产，提升果品品牌价值，改变果园经营方式，以更好适应现代农业市场。

（四）果园的智慧管理

果园的智慧管理是果园智慧化的保障。现代果园的集约化生产和可持续发展，对实时了解园区资源配置、果园环境变化提出了新要求。与大田作物相比，水果种植资源分布区域差异大、种类多、变化快，难以依靠传统方法进行准确预测。发展果园码、地块码、作业码、投入品码、商品码五码互连，构建果园管理综合编码体系，研制果园数字化管理平台，开发果园监控、果园生产过程管理、专家远程诊断与服务、果品库存和溯源管理等功能，是果园智慧化管理的重要内容。

第二节　智慧果园的发展

一、国外智慧果园的发展现状

国际上发达国家高度重视智慧果园发展，都将推进水果产业经济数字化作为实践创新发展的重要动能，在前沿技术研发、数据开放共享、人才培养等方面进行了前瞻性部署。美国卡内基梅隆大学建立了农业机器人国家实验室，提出智能农业研究计划。2015年，日本启动"下一代农林水产业创造技术"，基于"智能机械＋信息技术"，超前部署果园信息化发展。英国国家精准农业研究中心在欧盟第七框架计划支持下，正实施 Future Farm 智能农业项目，研发除草机器人，替代除草剂。由此可见，智慧果园作为一种新的经济形态，已经成为国外水果产业经济增长的动力源泉，是转型升级的驱动力。

（一）水肥一体化起步早

世界上第一个细流灌溉技术的试验可以追溯到19世纪，但真正开始应该在20世纪50年代和60年代初期。在70年代，塑料管道大量生产，极大地促进了细流灌溉的发展，推动了细流灌或微灌系统包括滴灌、微喷雾灌及微喷灌等技术的进步。在过去的40多年里，水肥一体化技术在全世界迅猛发展。在灌溉上，欧美国家果园水肥利用率高，技术较为成熟，采用智能控制技术对灌溉水量、均匀度和肥料进行精量控制，基本实现果园水肥一体化管理。以色列水肥一体化进程尤为经典。在果园、大棚、农场、园林等生产场景中，一半以上的灌溉区域面积使用水肥一体化技术，居世界第一位。美国是世界上微灌面积最大的国家，60％的马铃薯、25％的玉米、33％的水果使用水肥一体化技术。在德国、荷兰、西班牙、意大利、法国、日本等国家,水肥一体化技术也广泛应用于果园种植中。

(二) 智能作业专业化突出

欧美国家高度重视农机与农艺的融合,经过多年的努力,已经形成成熟的果园专用智能农机生产体系,拓展了专业化的功率段,培育了一批果园智能农机专业公司和实力强劲的跨国农机企业,研发了轮轨距小、地隙低、外形窄矮的智能果园农机并大规模使用。目前,一批骑跨在植株上方进行行间作业的果园智能农机先后问世,其农艺地隙达到1 200~1 500mm。此外,美国、日本、新西兰、德国和意大利等国家在水果分级筛选研究上处于领先水平,主要的分级装备生产公司有澳大利亚 GP Graders、法国 MAFRODA、新西兰 Compac、意大利 UNITEC、荷兰 Greefa 和 Aweta、美国 FMC 和意大利 Sammo 等。

(三) 果树自主作业工具齐全

果树植保技术成熟,产品众多。20世纪欧洲果园植保机的研制成功和投入使用,标志着果园机械化的开启。经过长期发展,目前欧美国家果园植保体系已经十分成熟。欧美国家果园种植农艺高度兼顾智能化需求,果园植保自动作业基本采用果树行间行走高压风送喷雾模式或隧道式跨行自走循环喷雾模式。以意大利为代表的欧美国家,智能果园植保机型较多,无人机植保搭载传统风送式、柔性导管式等不同类型精密仪器。在果园管理工具上,欧美国家发展气动修剪机,研制自走式果园升降平台、全自动履带移动果园修剪机产品,熟化了果园管理工具生产企业与产品。此外,整形剪枝、疏花、套袋和授粉等果树自主作业工具研发也领先国内。在果园土壤耕整上,早在20世纪中叶,欧美国家便开始了开沟施肥等果园耕整机械的研制,并实现从机械化到智能化应用转变。此外,土壤起垄、除草、培土、打穴和开沟施肥等环节自主作业工具的研制提升了果园精耕细作能力。

(四) 果品收获智能化水平高

针对柑橘、葡萄、核桃和橄榄等表皮较厚或用于加工处理的果品,欧美国家通过攻克调节气力、控制摇振强度、定位接触式采摘等技术,基本实现收获的自动控制。近年来,集自走平台、果实分离和收集装置于一体的收获装备研究成果层出不穷。2007年,华盛顿苹果研究委员会与美国加利福尼亚州果蔬研究委员会合作开发的采摘机器人,先扫描果园的部分信息到机器人视觉系统中,由另一个具有数字成像技术功能的机器人输出果园三维图,定位成熟果实位置,增加果实采摘的效率与成功率。2008年,比利时学者开发出高效苹果采摘机器人,采摘果实速度达8~10s/个,采摘苹果成功率达到了80%。美国佛罗里达大学研究的柑橘采摘机器人采摘成功率达到95%,但是该机器人只能采摘特定体积大小的果实。目前,选择式、对果品伤害小的果园收获机器人是欧美及日本等先进国家和地区的研究重点。总体看,欧美国家果园机械化程度已经十分高,而且由于作业对象的复杂性与多样性,智能化趋势愈加明显,农业机器人成为该领域的研究重点和发展方向。

二、我国智慧果园的发展现状

我国一直都是水果种植和水果消费大国,行业规模极为庞大,对国内生产总值(GDP)有相当程度的贡献。2018年,水果行业市场规模约24 524.4亿元,对GDP贡献率达到2.72%。目前,水果已成为继粮食、蔬菜之后的第三大农业种植产业,我国果园总面积和水果总产量常年稳居全球首位。我国经过多年努力和建设,智慧果园需求强劲、潜力巨大,智慧果园政策环境不断改善;农村互联网基础设施明显改善,农业农村数据资源日益丰富,智慧果园的技术支撑更加有力;果园信息化建设加快推进,单品种大数据初见成效,智慧果园应用渗透发展;果园信息化水平不断提高,在数据采集、模型模拟、自主作业等方面取得了重要进展。然而,智慧果园基础建设还相对落后,大数据获取能力弱;智慧果园开发运用成本高,产业发展内生动力不足;果园数据资源分散,整合共享难度较大,发展智慧果园具有重要的意义。国内学者围绕智慧农业的感知、挖掘、应用等方面,深入开展了果园产前、产中和产后全链条智慧化研究。

(一)产前阶段果园数据采集的精准化

果树器官、个体或群体的位置判断、生长环境感知是智慧果园产前监测的重要内容。近10年来,在果实的识别、定位、匹配、重构方面,国内研究取得重要进展。2011年,张洁通过搭建双目立体视觉平台,分析成熟果实、枝干、枝叶颜色信息的差异,提出基于Hough变化算法实现苹果果实的识别与定位。该方法显著提升了苹果的识别效率与匹配定位的精度。2012年,蔡建荣等也根据双目立体视觉技术,集合归一化互相匹配算法和多线段逼近的方法,确定视差图;利用双目立体视差原理,计算柑橘枝干骨架中特征点的三维坐标,实现柑橘果实的三维重构。但该过程出现部分枝干信息丢失与重建紊乱等问题,重构误差较大。因此,发展新型重构模型是提升果树枝干骨架重构结果精度的有效途径。2014年,以红苹果为主要研究对象,分析干扰视觉系统的影响因素;揭示获取采摘图像时光照的影响规律;针对自然采摘环境,构建图像处理流程,优化果实识别定位系统。但研究只是对单个果实或者未重叠果实的分析。2015年,麦春燕、郑立华等根据Kinect相机,提出适合苹果果树三维重构的算法,在2m范围内背光与迎光环境中,果实识别率分别达88.5%与95%;当部分果实面积被障碍物遮挡超过一半时,正确识别率达87%,苹果平均半径偏差在4.5mm左右,果实中心深度定位偏差在8.1mm左右。然而果树三维重建方法耗时严重。2016年，余秀丽也利用Kinect相机（RGB-D），基于果园场景的三维点云数据，完成对果树整体枝架的三维重建，相对误差在18.06%~39.62%。2017年，薛梦霞针对动态多目标的识别，利用帧差法分析动态目标，根据图像前后帧像素的变化，分割出样本图像与运动目标。学者研究成果为果实定位提供了高精度的视觉系统实验方案。

（二）产中阶段果园数据分析的智慧化

在产中阶段，果园环境信息和果树养分的监测、果树管理模型的构建是果园智慧化的难点。在环境监测上，早在1974年，我国从墨西哥引进滴灌设备，试点总面积5.3hm²，打开滴灌技术的研究局面。1980年，我国自主研制生产了第一代滴灌设备。自1981年后，我国引进国外先进生产工艺，其应用由试验、示范到大面积推广，而果园成为滴灌应用的热门产业，逐渐形成规模化生产。20世纪90年代中期，我国开始大量开展技术培训和研讨，水肥一体化理论及应用受到重视。2000年，水肥一体化技术指导和培训得到进一步发展。目前，水肥一体化技术已经由过去的试验示范到现在的大规模应用。山东省农业部门从1997年开始试验示范水肥一体化技术，为适应不同的水源条件、管理条件、作物水肥需求，探索出了8种技术应用模式，制定了果树水肥一体化技术规程，在山东栖霞智慧农业示范基地试验示范果园水肥一体化技术。在生产监测上，国内学者开发了智慧葡萄园管理系统，并提升了系统的普适性和通用性。该系统是基于物联网技术构建的，实现了数据库存储优化、基于n-of-N数据流模型和生命周期存储策略的数据流处理模型及最远优先K-means数据挖掘算法，完成葡萄园环境信息的采集、存储、处理与挖掘，实现葡萄整个生长周期的自动监测和控制。以果蔬种植为研究对象，建立了物联网智能农业瓜果生产系统，实现瓜果生产要素的精细化和智能化控制，并嵌入基于支持向量机的病虫害预警诊断以及产品安全溯源等功能。

近年来，国内不少科研单位和大学积极开展数字果园研究，并取得了初步研究成果。北京农业信息技术研究中心实现了苹果树形态结构建模与仿真。山东农业大学和西北农林科技大学在果树生长与栽培管理模型方面取得重要研究进展。中国农业科学院柑桔研究所利用红外光谱和数字图像技术开展水果成熟期预测和柑橘估产。中国农业科学院郑州果树研究所研发了柑橘信息化精准管理系统，实现了对高温、冻害、干旱的实时预警和水肥系统的远程管理、智能决策、自动控制。中国农业大学在果园采摘等作业机器人研制方面取得积极进展。

（三）产后阶段果园的智慧化

水果品质智能分级是智慧果园产后阶段的热点。水果品质智能分级离既包含模式识别系统，又离不开智能控制技术、数字处理技术，更离不开智能技术。自从1985年美国农业部的Birth课题组用近红外光谱分析技术检测果蔬品质以来，经过多年的发展，社会认知程度不断提高，检测技术层出不穷，检测理论日趋成熟，检测仪器早已走出实验室，实际应用逐步扩大，并由在线检测向便携式发展，检测目标有从产后管理向产中管理延伸趋势；检测项目由当初单一糖度指标到如今的果实内部病变、水心、淀粉、浅层损伤，局部失水，浮皮等多项指标同时检测；检测品种由苹果、桃等薄皮中小型果实向西瓜等厚皮大型果实迈进。通过近红外光谱分析技术实现了品牌经营，提高了果品的竞争力和附加值。

三、我国智慧果园的发展趋势

随着现代信息技术的飞速发展，果园在生产方式和观念上产生革命性的变化，智慧果园理论、技术和实践取得长足进展。从目前发展看，智慧果园研究的重点方向是加强关键技术和系统集成的创新研究，具体包括以下几方面：一是创新开发多功能一体的传感器，实现实时、动态、连续的信息感知，并增加传感器的采集精度和抗干扰性；优化数据传输方式，既保证数据传输的效率，又保证数据传输的安全。二是综合运用图谱分析手段，实现果园土壤水分、养分、pH、质地、病虫草害等指标的实时快速监测，动态感知果树生长过程中的光照、水势、叶部形态、叶密度、果实大小、果实空间分布、产量等指标。三是利用航天遥感覆盖区域广、空间连续，航空遥感观测精度高、时间连续，以及地面物联网实时观测、信息真实的联合优势，研发以航天卫星遥感为主、航空遥感辅助应急、地面真实信息验证的"天空地"一体化观测系统，提升果园环境信息和果树养分与生理信息的获取精度和时效。四是开展大数据处理和分析研究，重点进行云计算、图像视频识别、数据融合、机器学习、数据挖掘等新技术方法研究，建立果树形态结构模型、诊断与分析的专有算法和模型，提升生产智能决策能力。融合园艺学、生态学、生理学、计算机图形学等多学科，以果树器官、个体或群体为研究对象，构建主要果树4D形态结构模型，对果树及其生长环境进行三维形态的交互设计、几何重建，并实现生长发育过程的可视化表达。

在未来，果树栽培与管理专家知识相结合、专家系统与实时信号采集处理系统甚至技术经济评估系统相结合、专家系统与精准农机具相结合是智慧果园的发展方向。果园机械精准导航和控制技术、作业决策模型与作业方案实时生成技术等亟待突破。研发智能化果园装备，实现果树栽植、树体管理、花果管理、肥水管理、病虫害防控等生产环节的机械化、智能化和机器人化。通过数字果园技术的网络化发展，打破时空障碍，变革果品经营与流通模式，缩短果品从园地到餐桌的流通环节，促进产品价格、数量、质量等市场信息的快速传递，消除生产者和消费者之间的信息不对称。总之，智慧果园的技术研究方兴未艾，为我国果业信息化发展提供有力支撑，然而智慧果园变革了果业生产与管理的生产关系，应用推广任重道远。

第三节 智慧果园的技术框架

智慧果园的目标是实现果园生产与管理全过程的智慧化，其技术框架包括五个层次，即感知交互层、网络传输层、应用支撑层、分析研判层、控制决策层等。智慧果园是以水果生产"精准感知—智能诊断—智能作业"为主线，运用地球信息科学、农业信息学、栽培学、土壤学、植物营养学、机械动力学、生态学等多学科、多领域的理论，利用遥感识别、物联网、生长机理模型、数据挖掘、机器视觉、自动控制等技术方法，重点聚焦智慧果园的关键技术瓶颈，研发水果生产智能管控装备与集成系统，实现水果生产产业的生产力和生产关系的升级转型。总体技术框架见图5-1。

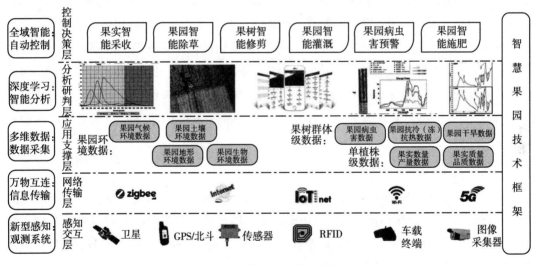

图5-1 智慧果园技术框架

一、新型感知：智慧果园的观测系统

（一）传感技术

传感技术是智慧果园的关键技术之一，果园内的环境参数通过物理传感器可以进行实时采集。其中，温度传感器、湿度传感器、光照度传感器、二氧化碳浓度传感器是目前应用最为广泛的传感器。在果树生长过程中，空气温湿度传感器、土壤温湿度传感器、作物传感器等仪器设备可自动快速获取园区环境和果树本体参数。然而，由于露地果园区域大、面积广，传感器的规模化应用成本高，因此，多用于规模较集中的连栋大棚、日光温室等设施果园生产中。近几年，传感器应用到包括农业机器人在内的智能机械设计中。此外，生鲜果品物流追踪中通过传感器可以监测到果品运输中的温湿度等信息，保证食品安全。然而，现阶段传感器多依赖于国外进口，价格较高，限制了在果园中的推广使用。目前，传感器大多基于单功能设计，功能集成较弱，造成数据冗杂，加大数据传输压力，并且传感器性能易受环境因素干扰也是普遍存在的核心问题。

（二）遥感技术

随着空间技术的不断发展，新兴的遥感技术因高时效、宽范围和低成本的优点被广泛应用于对地观测活动中。不同的时间、空间、光谱、辐射分辨率及多角度和多极化的遥感卫星不断涌现，对地观测探测能力不断增强，为果园生产快速监测和精准管理提供了新的科学技术手段。遥感技术利用高分辨率传感器，采集果园空间分布信息，在果树不同生长期，根据光谱信息，进行空间定性、定位分析，提供大量的时空变化信息。目前，遥感技术在智慧果园应用中主要包括果园种植面积遥感监测与制图、果树长势监测与产量估算、果园灾害遥感监测以及果园生态环境信息监测等。总体来说，上述应用技术方法体系已比较成熟，遥感监测结果可以为实现果园管理的智能化提供可靠的监测数据，辅助管理决策。近几年来，微小型无人机遥感技术平台凭借其操作简单、灵活性高、作业周期短等特点，在农业观测和信息采集中发挥了重要作用。将卫星、无人机与物联网技术集成构建"天空地"一体化农业遥感信息获取技术体系更是成为发展智慧果园的重要手段和必然趋势。

（三）GPS技术

GPS在智慧农业中的应用主要体现在三方面：空间定位、土地更新调查、监测果园产量。空间定位是GPS在智慧果园应用中最重要的作用。首先，GPS可以测量果园采样点、传感器的经纬度和高程信息，确定其精确位置，辅助果树生产中的灌溉、施肥、喷药等田间操作。在除草机、施肥喷药机、智能车辆等智能机械上安装GPS，可以精确指示机械所在的位置坐标，对果园机械田间作业和管理起导航作用。此外，GPS在果品运输管理中也发挥着关键作用，通过GPRS无线传输系统将车辆当前的经纬度、车速等数据实时发送到远程控制中心，控制中心再将传回的GPS数据与电子地图建立关系，可以对行车情况进行监控，实现智能控制和管理，并且可以根据果品和消费者信息自动生成最佳的配送策略，提高效率。

（四）RFID技术

果园物联网利用现代条码、二维码、RFID、数据管理和传递、页面超文本预处理器

(page hypertext preprocessor)等先进的互联网技术,以信息网络形成一套生产可记录、信息可查询的果品溯源系统。该系统利用农业物联网技术,通过RFID标签、二维码、条码等,以一物一码的方式给优质果品标识身份。农产品溯源系统可以使商家将优质果品的种植、采摘、包装等流通环节的信息展示给广大消费者,真正实现随时随地"知根知源,安安全全"。RFID技术广泛应用于果品质量溯源模块和物流系统。运用RFID技术构建果品安全质量溯源系统,可以查询农产品所有环节的详细信息,实现全过程的数据共享、安全溯源及透明化管理,既可以提高果品的附加值,也从根本上保障食品安全。在智慧果园建设研究中,果园利用RFID技术采集、汇总和分析果品安全监测数据,完成对水果安全的全方位监控以及科学预警,实现从果园到果盘的全过程信息化管理。在果蔬温室内,建立无线射频网络,采用RFID技术进行无线数据采集,避免了传统温室内走线动土给果树带来的不便。目前,RFID技术存在着易受干扰、信息安全、标准化等技术问题,因电子辐射产生的环境问题及成本问题。提高RFID使用效率,将是RFID未来在智慧果园应用的核心任务。

二、万物互连:智慧果园的信息传输

果园信息传输技术指将果园场景实体通过感知设备,接入传输网络中,借助有线或无线的通信网络,及时、高效、准确地交互和共享信息。果园信息传输技术主要包括有线传输技术、无线传输技术、有线传输与无线传输结合三种模式。

(一)有线传输技术

有线传输方式通过光波、电信号等传输介质来实现信息数据传递,具有信号传送稳定、快速、安全、抗干扰、不受外界影响、传输信息量大等优点。智慧果园中有线传输方式通常使用RS485/RS432总线、控制器局域网络(controller area network,CAN)总线网线或电话线等有线通信线路现场布线来进行数据的传输,其中最为常用的为RS485/RS432总线。通过RS485总线串联上下位机实现通信,提高了系统的抗干扰能力,使智能果园监控系统性能稳定、使用灵活。通过基于嵌入式系统设计,采用S3C2440芯片为主控芯片,用RS485串口作为通信接口来实现果园中传感器数据的传输和信息的反馈,降低了成本。此外,视频监控系统多是利用有线传输方式来进行视频数据的传输。但是,由于有线传输布线复杂,且易受环境影响而老化,再加上无线传输技术发展的冲击,该方案实际上很少单独使用在智慧果园中。

(二)无线传输技术

无线传输包括两种方式:无线局域网通信和无线移动通信。两者的区别主要体现在传输媒介不同。目前，应用较为广泛的无线传输方式包括 Bluetooth、红外通信技术、Wi-Fi、ZigBee、UWB 以及移动网络等。表 5-1 比较了各种无线传输方式的特点。可以看出，不同的无线传输方式具有不同的特点。基于 ZigBee 技术的短距离无线通信网络方式具有数据传输可靠安全、支持网络节点多、成本低、兼容性高等特点，是目前智慧农业中应用最为广泛的无线传输方式之一。传感器与 ZigBee 中的通信节点组合，形成无线传感器网络，通过控制芯片将采集节点数据集成，然后利用 ZigBee 网络对数据进行传输，广泛应用在设施果园中信息传输和反馈。此外，常将 ZigBee 和其他无线传输方式形成无线组合网络来实现数据传输，尤其是移动网络技术（2G GSM 网络、2.5G GPRS 网络及 3G、4G、5G 网络）的发展，不受限制于传输距离，传输速率也越来越快，成为智慧农业应用中的热点。

表 5-1　不同无线传输方式比较

标准	ZigBee	Bluetooth	Wi-Fi	UWB	红外通信技术	移动网络
工作频段	868/915MHz 2.4GHz	2.4GHz	2.4GHz	>2.4GHz	红外光	各运营商不同
传输速率	20~250kbps	1Mbps	11Mbps	最高 1Gbps	16Mbps	不同网络不同
传输距离/m	10~100	10~100	1~100	10	1~10	依赖移动基站
电池寿命/d	100~1 000	1~8	1~4	100~1 000	200~600	—
网络节点	最多 65 535	1~7	30	100	2	—
关键特性	可靠、低功耗、价格便宜	价格便宜、方便	速度快、灵活性好	定位精准	低功耗、成本低廉	组网灵活、易升级、成本较高

（三）有线传输与无线传输结合

无线传输方式与有线传输方式都有各自的优缺点，单独利用某种传输方式很难实现全过程的数据传输任务。比如在果园灌溉监测系统中，监测节点之间距离较长，超出了 ZigBee 技术的可传输距离范围。一般来说，果园与监测控制中心或数据服务器间相距较远，移动基站成本较高，且传输数据量大，提高了成本，在这种情况下仅利用无线传输方式实现数据传输并不科学。因此，将无线传输方式与有线传输方式集成是现阶段智慧农业中较为通用的传输方式，广泛应用于设施果园、果树灌溉等领域。在无线传输与有线传输集成的过程中，网关发挥着至关重要的作用，M2M 网关是智慧果园中最为常用的网关。不同传感器采集的监测数据利用 ZigBee 无线技术进行收集集成并传输至边缘网关进行汇总，然后利用网关模块的串口变换连接 RS485 有线传输模块将数据包传输到服务器。若传感节点距离较远,超出 ZigBee 的可传输距离,则首先利用 RS485 总线将传感器节点集成,然后再通过 ZigBee 进行后续的传输。照明、灌溉、风机等继电器设备则通过 RS485 总线和 ZigBee 发送控制命令,自动进行操作。摄像头等监控设备通过比较常用的流媒体技术进行控制。由服务器向应用终端传输数据的技术则相对较成熟,目前常用的终端包括计算机及手机等移动终端。计算机终端选择应用基础良好的宽带进行数据传输,而移动终端则选择了目前广泛使用的无线通信技术Wi-Fi。这种数据传输体系既考虑了应用距离与范围,又顾及了成本问题,在智慧农业各个领域具有一定的推广价值。

三、多维数据:智慧果园的数据采集

(一)果园种植环境数据

果园种植环境是各种果树生存生长的基础与决定条件,也是进行果园数字化管理的基础。果园种植环境是一个开放、复合的生态环境,包含土壤、气象、生物等多类因子。及时、准确了解和掌握果园种植环境的各类因子信息,是重构果树生长状态、做出科学决策的重要基石,也是智慧果园的重要发展方向。

果园种植环境包括非生物因素和生物因素两方面。非生物因素是指温度、光、水分、空气、土壤、地形、污染等环境因素;生物因素是指果树以外的动物、植物、微生物等环境因素。果园种植环境采集数据就是利用技术手段获取的各种环境因子的状态数据或者特征数据。从数据形态上来看,有字符、图像、视频、声音、矢量等。

1. 果园地形环境数据采集

果园地形环境因子方面,果园的地形起伏、海拔、山脉、坡度、坡向、高度等地貌特征也在一定程度上影响果树生长,一般利用遥感技术和 GIS 技术获取和管理果园的地形环境数据。

2. 果园气候环境数据采集

果园气候环境因子方面,大气、温度、光照、水分等气候因子与果树生产有密切的关系,目前利用物联网技术可直接采集的数据包括空气温湿度、光照度、光有效辐射、紫外线强度、降水量、风速、风向、露点等。

3. 果园土壤环境数据采集

果园土壤环境因子方面,利用物联网技术或者实验室检测手段可以采集的数据有土壤含水量、土壤 pH、土壤有机质含量、土壤电导率、土壤温湿度、土壤重金属含量、地下水位、土壤盐分等。其中,土壤有机质含量是评价果园土壤肥力的重要指标,也是影响果树生长的重要因素。土壤水分是果树吸收水分的主要来源,土壤湿度过低时,果树吸水困难，甚至凋萎，但如果土壤湿度过高，又会发生渍害，影响着果树产量和品质。土壤重金属含量关系到果品安全，也越来越受到人们的关注。

4. 果园生物环境数据采集

果园生物环境因子方面，果园病虫草害方面的数据更受关注。近年来，利用现代信息技术手段自动测报果园病虫害数据得到研究和应用部门重视。自动虫情测报灯在果园有害生物测报上初步应用。光谱数据为定量化测评红蜘蛛虫害对红富士苹果树的危害程度提供了有效手段。

（二）果园生产数据

果园生产数据可以分为果树群体级数据和单植株级数据。根据采集平台和设备的差异，果园生产数据的采集技术大致可分为手持、车载、定点监控、大型自动化平台和航空机载及卫星成像等。其数据采集具有体量大、附加信息多、因素类型多、获取标准不统一、数据不确定性高、重复性低和时效性高等特点。

1. 果树群体级数据

果树长势、萌芽日期、开花日期、结果日期等表征果树群体级特征的数据，是果树生长状态的重要数据，也是果园智慧生产的重要内容。果园群体级数据采集方法主要基于底层无线传感器网络，实时监测与控制设施光、温、水、肥、气等五大环境因子，建立果园日志，集成果园精准管理专家系统。该系统可结合专家知识，分析果树水肥状态以及病虫害发病规律、发病特征和防治措施，为预警胁迫、预测开花期、预报灌溉与决策提供依据。其中，预警胁迫已经成为智慧果园群体级数据采集的重要方向之一。根据植株与不同逆境的交互情景，植株抗性又可分为抗旱、抗涝、抗冷（抗冻）、抗热、抗盐、抗污染、抗病等特性数据。

（1）果园病虫害数据　果树对病虫害的抗性不同于对非生物胁迫的抗性，存在着寄生或取食等种间关系。因此，病虫害的等级一般以其被寄生或取食的程度来评判，如叶片受病虫害入侵的程度、病斑数量和大小、病斑颜色和病叶比例等。通过红外光谱成像获得叶片病斑面积；通过人工校验可以区分病斑和衰老造成的斑点；通过深度学习可以对大量植物疫情照片训练，建立模型后对疫病的种类（如斑病、锈病）和程度进行准确鉴定。

（2）果园抗冷（冻）或抗热胁迫数据　红外线、三维图像可以获取胁迫状态下作物冠层温度和生物体积的变化信息，目前广泛应用于大田作物、设施蔬菜等种植场景下高温胁迫影响评估、筛选耐热基因型中，并且在果园抗热协同数据采集方面应用潜力巨大。和其他胁迫类型相比，冷胁迫研究主要集中于表型组学方面，用于检测叶绿体荧光变化和光合作用的关系。通过荧光图像获取果园表型数据，对部分果树抗寒品种从低温环境到理想环境后的光合作用进行表型分型的研究有待探索。

(3) 干旱胁迫数据　干旱是造成水果经济价值损失严重的自然灾害之一。利用卫星遥感、表型组学技术，对果树干旱灾害预警具有迫切的现实意义。基于可见光、荧光和近红外等多种光谱技术，通过多重共线性分析等方法，监测果园干旱面积、筛选干旱主成分性状簇，分析果树对干旱的敏感程度，监测不同果树品种的干旱反应、性状的遗传力和变异，是目前果树干旱胁迫数据采集和分析的主要内容。

2. 单植株级数据

精确测量单植株级的表型和性状数据是深入分析果树"表型-基因-环境"互作关系、了解果树生理过程的前提和基础，也是培育良种和提升水果产业现代化水平的关键。

(1) 收获器官的数量和产量数据　收获器官的数量和产量是单植株级数据采集的主要内容。由于果实数量/产量数据采集阶段不同，因此数量/产量数据的评估方式也有所差别。果实收获前，如借助深度学习框架，进行收获器官识别；利用X射线断层扫描分析技术可以对果实进行三维特征重构，用于相关性分析，得出果实产量。多角度摄像和多视图运动恢复结构技术可以获取生物量和时间的相关性数据，构建产量与植物生长发育的关系，因此，各类果实生长特性曲线也被用于产量评估。此外，收获后的产量表型至关重要。通过线扫描成像、图像处理和自动控制技术、微型计算机断层扫描技术、phenoSeeder平台等可以实现对不同形状、大小的果实进行估测。

(2) 收获器官的品质数据　单株果实品质数据的获取，围绕果树收获器官的形态结构变化和生理生化指标等展开。收获器官的各类生理生化指标，如糖分、水分、酸甜比、微量元素（如铁、锌、硼、磷等）等数据的采集是反映收获器官品质的关键。目前，大多数果实品质数据分析方法通常仅仅依靠形态结构特征来评价。收获器官的各类营养含量和与品质相关的形态特征（如收获器官的大小、生长速率和颜色变化等）可作为品质分级的重要依据。

3. 数据采集平台

根据应用载体的不同，果园数据采集技术大致可分为手持、车载、田间移动监控平台、大型室内外自动化平台、航空机载及不同级别的卫星成像等。从空中、近地面以及田间等不同空间尺度进行果园数据采集，小型手持设备具有采集硬件成本低、数据采集灵活性高的优点，常用的数码相机、立体相机等小型手持设备可以观测果树形态、冠层和叶片空间结构以及测量叶面透光率与光合效率、效能等关键参数；车载表型系统主要是将成像组件加装到现有农用车辆上形成的果园移动监控平台，车载自动化机械臂则主要用于控制热红外相机和低成本的相机；近红外三维激光扫描仪、多光谱或高光谱等传感仪则被安置在大型轨道式果园监测平台上；基于航空影像的果树群体级数据采集平台一般指在卫星、飞艇、直升机、固定翼微小型飞机和无人机等飞行设备上装载近远程光学遥感成像仪，进行大规模果树信息采集，卫星影像多被用于研究不同果园、不同品种果树的生长规律和遗传差异。

四、深度学习：智慧果园的智能分析

（一）智能分析关键技术

1. 人工智能

人工智能技术发展至今，已经在农业领域得到了广泛的应用。农业人工智能涉及的关键技术有专家系统、自动规划、智能搜索、智能控制、机器人、语言和图像理解及遗传编程等。最初的农业人工智能技术是应用于耕作、播种、栽培等方面的专家系统；随着物联网和智能控制技术的发展，采摘智能机器人、智能探测土壤、探测病虫害、气候灾难预警等智能识别系统出现了，以及养殖业中也使用了禽畜智能穿戴产品。

随着大数据时代的到来，智能地筛选有效的信息成为科技创新发展的又一重要研究方向，人工智能在这一方面体现出来巨大的优越性。在新型的信息技术支持下，机器学习这一传统的技术，被人工智能赋予新的内涵，成了热门话题。例如，美国佛罗里达大学进行了橙子采摘机器人的研究，该设备采用2个相对独立、有不同功能特点同时又能相互配合的机器人，第1个机器人负责寻找和发现各个甜橙的位置并计算最有效率的采摘路径，第2个机器人负责在不损坏甜橙树的情况下得到果实；华南农业大学开发出的智能水果采摘机器人，最突出的长处就是可采用双目立体视觉在果园中对果实进行定位，运用数学方法，对采摘作业路径进行自主规划，最后伸出机械臂末端的拟人夹指来采果子，工作效率是人工的2倍。末端的执行器由于具有一定通用性，可对荔枝、柑橘、黄瓜等多类瓜果进行作业。

2. 认知计算

认知计算是认知科学、神经科学、数据科学和云计算的交叉学科。数据的急剧增长、算法的不断优化和高性能计算能力的发展加速了认知计算在农业领域的研究和应用。认知计算提供了一种新的模式，是大数据、机器学习、深度学习、自然语言处理、物联网、云计算等不同成熟技术的结合体。在此模式下，研究人员不再满足于继续沿用传统的数据分析方法，开始寻求新的方法以期在大规模结构数据和非结构数据中探索其模式和相关性。认知系统可以提供学习、推理、发现、自然语言交流、决策支持的功能。

果园生产领域的数据量呈现爆发式的增长，认知计算和果园大数据的结合有效促进了智慧果园的发展。认知系统可以通过采集、整合环境信息辅助果农管理果园。很多公司基于无人机技术研究对农田、农场、果园等不同种植环境信息的全面、精准、低成本的智能实时采集,以时空数据、图片和视频等多种形式提供区域和种植类型的灌溉、产量和病虫害等信息,辅助农民对果树生长过程做出有效评估。加拿大 SkySquirrel Technologies 公司把无人机技术成功应用到葡萄园管理中,帮助提高产量和降低开销。无人机根据预设的轨迹进行实时图像采集,然后上传到云端服务器,便于数据分析师根据相关数据分析葡萄园健康情况。通过认知计算方法,在 24min 内智能分析 50 英亩(约 120hm²)的葡萄园,并能够达到 95% 的准确率。

3. 新一代人工智能

新一代人工智能是一种更强大、更开放、更普遍的智能分析。它有效地将数据驱动的机器学习与知识指导方法相结合,融合不同形式、不同来源的数据执行跨媒体学习和推理,可以实现可解释、更鲁棒和更通用的智能分析。新一代人工智能的发展方向可以分为大数据智能、群体智能、跨媒体智能、混合-增强智能和自主智能。

(1)大数据智能 大数据智能是数据挖掘与人工智能技术的深度融合,具体表现为从"浅层计算"到"深度神经推理"、从"单纯依赖于数据驱动的模型"到"数据驱动与知识引导相结合学习"、从"领域任务驱动智能"到"更为通用条件下的强人工智能"。然而,运用大数据智能技术,研究果园空间数据存在不确定性和模糊性的问题。因此,探讨复杂、多维的非线性问题的解决方案,对促进智慧果园的发展提供技术支持。应用大数据智能技术,可以帮助人类从与果园生产过程密切相关的属性数据和空间数据中找出隐藏的规律,按照规律制定正确的果园智慧化的策略,并进行精准决策,促进智慧果园的理论和技术发展。

(2)群体智能 当前,以互联网和移动通信为纽带,人类群体、大数据、物联网已经实现了广泛和深度的互连,群体智能带来的数字孪生世界,深刻地改变了智能分析发展的信息环境,为果园的智慧化发展带来了新的契机,提供了通过聚集群体的智慧来解决农业问题的新模式——智慧果园。但是,由于我国乡村信息基础设施相对滞后、东西部地区发展不平衡、信息化的广度与深度有待拓展等问题,群体智能在农业领域,尤其是水果生产服务体系应用上潜力很大。随着农业共享经济的快速发展,信息技术和网络建设的不断进步,群体智能技术在果品线上线下交易、安全实时监控、物流审查管理的广泛应用将成为必然趋势。

(3)跨媒体智能 目前,信息的传播也逐渐从文字、图像、音频、视频等单一媒体形态逐步过渡到相互融合的多媒体形态,这一过程显现了跨媒体特性。跨媒体分析与推理是农业机器视觉系统的核心技术之一。在智慧果园中,将机器视觉技术应用在多种媒体平台,通过将获取的目标果树图像传送给专用的图像处理系统,转变成数字化信号;图像系统对目标信号进行各种运算来抽取目标的特征;根据特征判别果树病虫害,帮助决策诊治。应用跨媒体智能技术，将大大提高果品生产领域对光谱、视频等静态和动态图像的分析与处理能力。

（4）混合-增强智能与自主智能　果业具有不确定性、脆弱性和开放性，任何智能程度的机器都无法完全取代人类，这就需要将人的作用或人的认知模型引入人工智能系统中，形成混合-增强智能的形态。这种形态是机器自主智能的重要成长模式。例如，无人机搭载成像光谱仪，对果树光谱信息进行精确和实时快速的采集，获取高分辨率图像数据；根据获得的数据，建立基于特定目标的统计模型，研发基于无人机的果园低空高光谱的新型遥感技术平台，实现混合-增强智能与自主智能技术在果业领域的应用。随着技术的深入发展，诸如无人车、服务机器人、空间机器人、无人农场等相关技术必将在智慧果园得到更广泛的应用。

（二）智能分析领域

1. 苗木的选种选育

苗木是起源，直接决定了果树果实的质量。依靠人工智能，借助介电频谱、太赫兹波等现代信息技术手段，对树种的基因进行扫描，采集果园育种性状数据，从亲本选配到遗传评估进行全系谱信息化管控，形成选种决策，从而选择最优良的果树品种；根据果树品种特性的差异，调控生长条件，为高效高质生产提供保障。

2. 果园土壤检测

土壤为果树生长提供养料，不同类型、品种的果树对营养物质的需求不尽相同，需要对土壤中相关成分进行测量。在智慧果园中，配置传感器收集水分、养分、水势、紧实度、含盐量等土壤重要参数，通过人工智能模型和算法，精细分析土壤理化性质，提供不同果树、不同果园添加的养分方案，实现果园科学种植。

3. 果树生长状况解析

通过无人机巡视，动态监测果树生长状态、杂草生长情况，将采集的图像传输到终端；在此基础上，基于图像识别技术，利用深度学习算法，采用特定的模型和框架，进行数据挖掘，对果树健康状态、果实成熟度、病虫害等果园基本情况进行识别和监控。同时，基于智能学习算法，开发智能植物识别软件，果农上传果树照片就能识别果园发现的病虫害，通过分析，智能软件为果园病虫害防治提供解决方案。

4. 果园智能耕作

农业机器人可以模拟人的视觉功能，通过学习，分析和判断杂草覆盖区域、水肥缺失情况、果实成熟度，根据实际情况做出判断，自动除草、自动灌溉、自主施肥、自动采摘。随着数据的积累，不断地优化、训练智能学习算法，提升智能耕作的精度和作业效率，实现果园种植精准化、无人化。

五、全域智能：智慧果园的自动控制

（一）物质装备

1. 果园智能除草装备

果园智能除草装备的开发思路是结合机械电子、电子检测、传感技术、操作系统技术，在监测果园杂草过程中，生长数据达到阈值时，反馈果树专家系统，引导果园智能除草设备进行自动化除草。目前，果园智能除草机器人已推广应用。

由于果园大多地处丘陵山区，作业环境复杂、条件恶劣，手持式、乘坐式半自动除草机不能有效保障操作人员的安全性，采用智能化控制技术可以有效解决此问题。通过采集土壤质地、地形形状、枝干、杂草与灌木的纹理和颜色特征等果园环境大数据，建立知识库，集成复杂目标快速识别、远程实时交互、抗干扰技术搭载、混合动力控制、自动驾驶与全程导航监测、机器视觉与路况感知及自适应调控等技术，构建果园智能化控制系统，驱动除草装备。果园智能除草机器人的发展进程是按技术成熟度逐步实现，从人员遥控作业发展到远程交互作业，再到自动巡航智能监测作业。技术的逐步突破对丘陵山区智能除草装备的发展都有着重要的意义。目前，果园智能除草主要以遥控作业为主要研制方向。

2. 果树智能修剪装备

果园智能修剪装备的开发思路是通过物联网监测监控设备、GPS定位仪等，获取果树枝量、类型及分布状况等数据，在适宜的修剪季，通过果树专家系统分析，形成"一树一策"的修剪指令，控制果园智能修剪机进行自动修剪，实现果园的省工、省力、省时、高效修剪管理。

果树智能剪枝机器人利用机器视觉技术，实时处理采集到的图像，通过处理结果来控制剪枝机器人的前进行为，控制机械臂工作，达到对细弱枝、破损枝的识别与剪除的目的。目前，有多所大学及研究机构着手于果树剪枝机器人的研发。东北林业大学基于模糊控制理论，进行研发剪枝机器人等相关研究。中国农业大学研制了树莓剪枝机器人，通过实验发现树莓剪枝机器人工作时有极大的可靠性与自适应能力，能适应各种复杂环境，实现智能化修剪，剪除过密的细弱枝、破损枝。学生研发的桃树剪枝机器人，通过多技术数据融合的方法，搭建桃树虚拟场景，建立桃树形态结构模型，模拟和计算桃树生长发育的情况，找出最优的修剪方式。

3. 果实智能采收装备

果实智能采收装备的基本思路是通过设备监测果实成熟度，结合GPS定位信息数据，利用手机端等的果实信息采集处理系统，对果园内的果树和果实进行识别与检测。果树采摘机器人由机械手、末端执行器、移动机构、机器视觉系统及控制系统等构成，当果实成熟度达到一定阈值时，果树采摘机器人自动按需进行智慧化采摘，放入指定的采收箱。目前，在国内已开始推广应用的有葡萄收获机、枣/榛子/桑葚振动式自动采摘机及半智能（人机结合）的自走式多功能果园操作平台。其中，葡萄收获机1.5h可收获1hm^{2}葡萄，枣/榛子/桑葚振动式自动采摘机每天采摘1 200株，大幅提高采收效率。国外发达国家研发的移动式采摘机器人，已实现了苹果、柑橘、葡萄等水果的智能化采摘。

（二）系统平台

1. 果园智能灌溉系统

果园智能灌溉系统集引水、排水、蓄水、灌溉及园土含水量监测等多种功能于一体，运用物联网、大数据、云计算与传感技术紧密协同的方式，对果园生产中的环境温度、湿度、光照度及土壤相对含水量等参数进行实时监控。华南农业大学学者通过信息采集终端模块实时采集荔枝园的土壤含水量、空气温湿度、光照度、风速和降雨量等环境信息，通过无线传感器网络将数据包发送到网关，然后将无线分组网将处理后的数据包传输到云服务器，专家系统根据采集到的环境数据，结合专家知识，建立多个决策数学模型，实现荔枝需水量估算、灌溉时间预报、灌溉制度决策等功能，系统预测准确度达到75%，满足荔枝树生长所需的土壤含水量条件。

目前，智慧灌溉或水肥一体化智能灌溉是智慧果园智能灌溉发展的趋势。智慧灌溉或水肥一体化的果园灌溉监测系统对无线传感器网络架构和消息队列遥测传输方式的选择提出更高的要求，即需要满足主动发布传感器数据和被动传感器数据查询的要求。智能系统通过分析处理传感器数据信息，土壤水分达到所设阈值时，自动启动灌溉设备运转；土壤水分达到标准值时，自动停止灌溉。利用果园智能灌溉App，实现精准化、智能化、科学化远程控制的节水灌溉、绿色灌溉和数字化灌溉，实现果园智慧灌溉。

2. 病虫害监测预警系统

随着气候变暖及生态环境的改变，突发性、不可预见性的危害增强，病虫害的发生日趋复杂，对果树产业高质量发展构成严重威胁。运用物联网对果树病虫害和气象因子进行远程监测和数据传输，建立空间建模和预测分析的关键技术，结合重大病虫害预测模型和算法，开发果树病虫害信息采集传输客户端App，建立果树病虫害监测预警信息化平台，实现定位监测和数据实时传输。建立果园智能化病虫害监测、识别和预警系统主要是借助无线传感器，进行消息队列遥测传输远程控制，获取果树实时生长环境信息；基于无人机图像，对果树病情、虫情和生长情况等参数实现远程监测；建立果树专家系统，获取信息并判断病虫害程度，利用数据分析方法实现对果树的病虫害预警、预报分析，提供精准喷药管理决策；通过对机器人和电磁阀等装备智能控制，为果农提供科学的栽培指导建议，实施自动变量喷药，实现果园智慧病虫害防治。目前，植保无人机、果园自走式喷药机

（机器人）研发和升级是果园智能化喷药设备发展的主要内容。

3. 果园智能施肥系统

一般地，果园智能施肥系统是基于物联网的高精度果园土壤养分信息采集设备，定期采集果园土壤氮、磷、钾等大、中、微量元素有效养分含量，结合专家知识，实现果树施肥智能决策、施肥设备远程控制；提取相应的图像特征和光谱特征，建立生长指标，构建适宜动态数据库和信息特征数据库，利用云计算等信息技术，诊断果树营养亏缺的情况；根据监测信息，比对管理知识模型，利用地理信息系统技术，规划果园施肥配方，为果树精准施肥提供决策。

果园自走式追肥机（机器人）、车载设备和水肥一体化设施等智能装备，接收施肥配方指令后，实现果园精准施肥的智能化和自动化。目前，果园精准施肥系统主要嵌套于智能水肥一体机。

第四节 智慧果园应用案例

苹果是山东的传统优势产业，分别占全国苹果总面积、总产量的10%和24%，为促进农民增收和农村经济发展发挥了重要作用。作为山东苹果生产的核心区，栖霞市地势以山峦丘陵为主，光照充分，是优质苹果主要产地，目前全市苹果栽培面积100万亩，其中盛果期果园70多万亩，苹果年产量220万t，年出口量近20万t，栖霞也享有"中国苹果之都"和"中国苹果第一市"之称。随着全国乃至世界范围内苹果种植规模和产量的快速增长，栖霞乃至山东的苹果产业表现出阶段性供应不足和结构性、区域性过剩并存的特征，产业效益和品牌影响力下滑明显，究其原因，除了品种结构单一、老果园占比大等问题外，设施装备不配套、劳动力成本持续上升、产业化组织程度低等问题严重阻碍了产业的发展。近年来，智慧果园关键技术的实施，为栖霞苹果产业的提质增效和高质量发展提供了有效的一体化解决方案。

一、智慧果园总体技术方案

栖霞智慧果园总体技术方案如图5-2所示。该总体框架以"数据—知识—决策"为主线，综合运用地球信息科学、农业信息学、栽培学、土壤学、植物营养学、机械动力学、生态学等多学科、多领域的理论，以果园生产数字化、网络化和智能化为目标，主要包括果园智能感知、快速诊断和精准作业等三个核心内容，推进农业信息技术、农学农艺与农机装备的融合应用。果园智能感知是基础，利用航天遥感（天）、航空遥感（空）、地面物联网（地）一体化的技术手段，进行果园数量、空间位置与地理环境的精准感知与信息获取,建立果园"天空地"遥感大数据管理平台,解决"数据从哪里来"的基础问题。果园快速诊断是关键,主要基于"天空地"遥感大数据,集成果树模型、图像视频识别、深度学习与数据挖掘等方法,进行农业信息技术与农学模型的融合,构建果树长势、病虫害、水肥、产量等监测模型和算法,实现果园生产的快速监测与诊断,解决"数据怎么用"的关键问题。果园精准作业是集成,结合自动控制、传感器、农机装备等,进行农业信息技术、农学与农机的集成融合,利用数据赋能作业装备,实现果园生产的精准、无人作业,解决"数据如何服务"的重要问题。

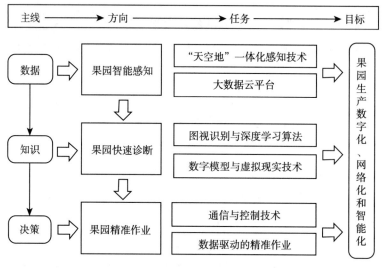

图 5-2 智慧果园总体技术方案

二、智慧果园的"触角":"天空地"一体化的果园智能感知系统

栖霞市主要地形为丘陵山地,有"六山一水三分田"的特点。针对复杂地形给传统的苹果生产要素采集带来的巨大挑战,中国农业科学院研发了"天空地"一体化的果园智能感知系统(图 5-3)。该系统利用遥感网、物联网和互联网三网融合,实现了栖霞果园环境和果树生产信息的快速感知、采集、传输、存储和可视,建立果园"天空地"大数据,解决果园遥感监测数据时空不连续的关键难点,显著提高信息获取保障率,实现了对果园生产信息全天时、全天候、大范围、动态、立体监测与管理。天是卫星遥感观测,具有区域范围大和空间连续性的特点,是区域尺度果园遥感监测的信息主体;空是航空遥感观测,包括有人机和无人机遥感平台,具有高精度和时间连续性的特点,可以补充航天遥感信息的缺失,是中小区域尺度果园遥感观测的重要信息;地是物联网和互联网结合的地面传感网,具有实时观测和快速传输的特点,提供地面真实信息,服务天空平台精度验证。

第五章 智慧果园

图 5-3 "天空地"一体化的果园智能感知系统

"天空地"一体化的果园智能感知系统主要包括多源卫星遥感影像快速处理系统、无人机智能感知系统、地面传感网智能感知系统、互联网智能终端调查系统和"天空地"一体化综合观测数据管理与可视化平台五大系统。

1. 多源卫星遥感快速处理系统

利用高效的金字塔算法、高精度图像配准算法、退化函数提取算法、图像恢复算法和基于深度学习的超分辨率重建算法,实现 Landsat、HJ、MOD1S、NOAA 和国产高分系列卫星等国内外多源卫星数据的快速浏览、辐射校正、几何校正,以及多光谱和全色影像的融合、镶嵌、裁剪、图像恢复与超分辨率重建,为栖霞果园种植和空间分布调查提供支撑。

2. 无人机智能感知系统

利用遥感技术、地理信息系统技术、全球定位系统技术、互联网技术等,基于车载遥感平台,集成了三维地理信息与任务规划系统、无人机遥感获取系统、多平台融合的果园监测快速处理系统和数据远程传输系统,为栖霞果园生产提供有效的近低空全流程移动式遥感解决方案。

3. 地面传感网智能感知系统

通过物联网和传感技术,实现无人值守的果园环境和果树生产信息自动、连续、高效获取。通过物联网和传感技术直接获取的果园环境信息包括气候、土壤、地形等参数,同时还包括果树长势、果树枝形、萌芽日期、开花日期、结果日期、枝果比例、花果比例、病虫害等果树生长指标。

4. 互联网智能终端调查系统

通过手机、平板电脑、笔记本电脑等终端平台,基于地图、遥感影像等空间信息,进行果农经营地块确认,并针对地块进行果园图像和视频、生产决策信息采集,实现"人—地"信息结合,为栖霞果园大数据研究与应用提供基础数据支撑。

5. "天空地"一体化综合观测数据管理与可视化平台

通过搭建云平台实现多源遥感数据、无人机数据、地面传感网数据、历史数据以及其他空间数据的统一管理、显示、存储;基于这些大数据和云计算技术,利用深度学习算法实现果园生产智能诊断分析,解决当前地块数据人工处理的低效率问题。

三、智慧果园的"大脑":大数据驱动的果园生产全过程诊断

针对栖霞独特的复杂地形与果园混杂种植结构特点,在"天空地"一体化观测体系获取的果园大数据支撑下,综合运用地球信息科学、农业信息学、栽培学、土壤学、植物营养学、生态学等多学科、多领域的理论,以及遥感识别、生长机理模型、数据挖掘、机器视觉等技术方法,建立果园生产全过程诊断技术体系(表5-2)。

表5-2 遥感大数据驱动的果园生产智能诊断

平台	诊断对象	相关指标与参数
航天遥感	果园	果园种植面积、空间分布,果园地形特征,果园种植适宜性
航空遥感	果树	果树数量、高度、密度、树龄,杂草分布,果树长势和产量,果树三维树冠与株形
地面物联网	果树和果实	果树水肥、果树病虫害、果树秋梢率、果花数量、果实数量、果实品质

(一)基于卫星的果园空间分布遥感调查

宏观尺度的果园空间分布是果园生产精准管理的基础底图。针对栖霞果园种植家底资源不清、权属不明的关键问题,利用中高分辨率卫星影像全覆盖,建立了空地多平台融合的地面数据采集和信息解析、多源数据协同和多特征量优化组合的果园智能分类关键技术,实现"数据获取—果园制图—精度验证"等流程化和集成化作业,突破高精度果园空间分布遥感制图的技术瓶颈,进行果园种植空间分布调查和定期动态更新,解决"果园面积有多大"的基础问题。

首先,利用无人机观测平台进行目标地物地面样方信息采集,为基于卫星的区域果园识别分类提供地面信息支撑。无人机地面样方调查可以根据果园类型、面积数量及空间分布,进行地面样方布设与优化,以保证样方数量足够和空间分布均匀,满足高精度果园遥

感制图的精度需求。2018年，在栖霞市利用无人机采集了20个果树分布样方影像，利用无人机影像进行果园识别分类，获取地面样方中各类地物的面积及分布，保障地面样方信息获取的效率和可靠性。

其次，卫星观测影像是果园种植面积空间分布调查的主要数据源，可以实现目标主产区全覆盖，在空地获取的地面样方信息支持下，利用果园独特的光谱发射、时间和空间特征，构建多个目标地物识别的最优遥感特征量，实现目标地物的高精度识别和空间分布制图。栖霞苹果树开花期为每年4月15—25日，5月下旬至6月开始疏果、套袋，早熟苹果在7—9月采摘，富士、金帅等主力品牌集中在10—11月采摘。采用Sentinel-2卫星影像，考虑果树和其他植被的物候期差异，利用果园在红边-近红外波段与其他地物的光谱差异，构建栖霞果园识别模型，提取2018年栖霞市苹果果园空间分布，总体精度达到了90%，为苹果种植面积监测和产量估测提供了科学准确的本底数据。

（二）基于航空遥感的果树生产精准诊断

果树生产全过程精准诊断分析是果园生产智能管理的关键。利用无人机遥感，以单株果树为基本单元，结合机器视觉、深度学习、生长机理模型等技术，建立果树单株识别、长势监测、产量预测等技术方法，形成开放兼容、稳定成熟的果树生产全过程诊断技术体系，实现果树生长动态变化的快速监测。

目前，基于航空遥感的栖霞果树生产精准诊断内容主要包括两个方面：

①针对果树群体参数的诊断分析。利用图像识别进行果树数量、高度、密度、长势以及果园杂草等群体参数监测，研究不同栽植密度、不同树形结构、不同营养水平以及不同生长阶段的果园群体光利用率、生产效率，提出果园生产的最佳群体参数。

②针对单株果树个体参数的诊断分析。建立模型，提取果树三维树冠与株形参数，通过对树形结构、光利用率、冠层分布、枝条组成、果实分布等参数分析，建立单株果树优化管理的参数指标。

从技术体系看，主要包括三个关键技术：

①检测和计数，包括利用计算机视觉技术进行果树数量统计等。

②分割，包括基于图像分割技术进行果树的冠层面积、果树高度、枝条和骨架结构等提取。

③果树生长模型，包括多源数据融合的果树生长和产量数字模型等。

利用无人机平台采集数据，利用深度学习建立单株果树的实时识别与检测技术，实现了果树数量、纹理等参数信息获取（图5-4）以及果园杂草监测（图5-5）；结合搭载的三维激光扫描雷达及定位装置，快速生成果园园区精准三维点云地图，通过地面点云剔除、点云聚类分割等处理，实现了园区果树数目、株高、密度等群体信息提取。

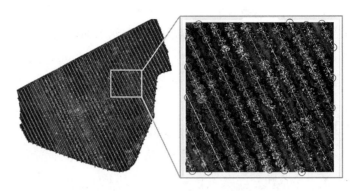

图 5-4 园区果树数目统计

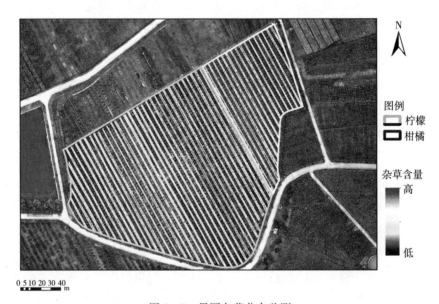

图 5-5 果园杂草分布监测

（三）基于地面物联网的果树和果实精准诊断

地面物联网具有观测实时、传输快速和信息真实的特点，但其覆盖范围小，多应用于点位尺度的诊断分析。基于物联网的栖霞果园精准诊断主要包括三个内容：

①以单株果树为对象，利用点位传感器，结合果树生长发育特征，进行果树水肥诊断，或利用图像和视频，结合计算机视觉进行果树病虫害、秋梢率的监测。

②以果实为研究对象，进行果树果花、果实的计数和品质的诊断分析，基于果实生长发育与其周边微环境因子、营养供给等因素之间的关系，构建单株生长机理模型，模拟监测果实生长过程，并以果实的需求来确定果树树体管理指标（图5-6）。

③果园灾害应急管理，干旱、低温冻害等气象灾害以及生物灾害对果树生长、果实发

育和形成等具有重要影响，建立灾害发生时间、范围、强度等灾情动态监测与损失评估技术，进行实时监测和快速预警，提升果园灾害应急管理能力。

图 5-6　基于机器学习的果实检测

四、智慧果园的"手脚"："云边端"一体化的智能作业装备

　　果园生产智能作业是果园生产智能管理的核心。目前，受制于精准定位、数据通信和控制系统的不足，我国果园生产环节信息化装备水平较低，缺乏成熟、可靠、易用的精准作业技术和装备。栖霞苹果果园智能作业装备首先围绕产中环节，重点推广应用果园机械精准导航和控制技术、作业决策模型与作业方案实时生成技术等，实现果树栽植、树体管理、花果管理、肥水管理、病虫害防控等生产环节的机械化、智能化和机器人化，减轻劳动强度，并为果树生长发育创造良好条件，促进果品优质高产。针对苹果巡田，中国农业科学院研发了巡田机器人，实现了非结构环境下机器人自主巡航，自动采集果园果树生长的细微变化；针对果园喷药，集成遥控、通信、导航与控制系统以及车体、喷药机，突破果园喷药机器人路径规划、智能避障、自主导航等技术，研制了履带式果园自主导航喷药机器人，开发手动遥控、学习模式和自主导航三种模式，实现了机器人自主喷药，降低了果园喷药作业的劳动强度，节省了人力，减轻了农药对人的伤害。围绕产后精细化、智能化、商品化处理环节，利用传感器、图像视觉、光谱检测等技术方法，构建苹果果实自动采摘、品质智能分级分选、自动包装技术及装备，提升苹果果实处理自动化、装备化和信息化水平，缩短工作时间和效率、节约人力资源。

第 六 章
智能化植物工厂

近年来,植物工厂(plant factory)在东亚与欧美,尤其是在日本、韩国、中国、美国、荷兰、新加坡等国家发展迅速,并引起社会广泛关注。植物工厂作为一种新型农业模式,在发展过程中面临着来自产业与技术本身的各种挑战。本章主要介绍植物工厂的概念、国内外发展历程、系统构成、光环境调控技术等,并列举几个案例说明。

第一节 植物工厂概述

本节主要介绍植物工厂的概念、优势,并对植物工厂分类进行说明。通过本节的学习,可对植物工厂的整体有初步的了解和把握。

一、植物工厂的概念及优势

(一)植物工厂的概念

植物工厂是在完全密闭或半密闭条件下,通过高精度环境控制,实现作物在垂直立体空间上周年计划性生产的高效农业系统。植物工厂由于充分运用了现代工业、生物工程与信息技术等手段,技术高度密集,多年来一直被国际上公认为设施农业的最高级发展阶段,受到世界各国的高度重视。

植物工厂一词由日本专业学会和媒体最早开始使用,随后逐渐被中国和韩国等东亚一些国家采用。2009年之后,植物工厂的概念开始被欧美一些国家接受并采用,目前植物工厂已经成为约定俗成的专业名称。

(二)植物工厂的优势

与传统植物生产方式(露地、大棚或温室)相比,植物工厂具有明显的优势:

①环境(光照、温度、湿度、二氧化碳浓度以及根际营养等)完全可控,不受或很少受外界自然条件的制约,可实现周年按计划均衡生产、稳定供给。

②单位土地资源利用率高,垂直空间立体栽培可使单位面积产量达到露地生产的几十倍甚至上百倍。

③不施用农药,不存在土壤重金属污染,产品洁净安全。

④操作省力,机械化、自动化程度高,工作环境相对舒适,可吸引年轻一代务农。

⑤不受土地的约束,可在非耕地上进行生产。

⑥可建在城市周边或城区内,实现就近产销,大大缩短产地到市场的运输距离,降低物流成本和碳排放。

基于以上独特的优势,植物工厂被认为是未来世界各国解决人口增长、资源紧缺以及新时代劳动力不足等引起食物安全问题的重要途径,同时也是国防、空间站以及星月探索等特殊场所新鲜食物补给的重要手段。

二、植物工厂的分类及特点

植物工厂依据其采用的光源类型、建设规模、栽培植物以及用途不同,有不同的分类方法。下面分别介绍几种典型分类方法。

(一)按采用的光源类型分类

植物工厂根据采用的光源类型可分为人工光利用型植物工厂(plant factory with artificial light)、太阳光利用型植物工厂(plant factory with solar light)、人工光与太阳光兼用型植物工厂(plant factory with artificial light and solar light)。这种分类方式是目前在日本、韩国使用最广泛的一种,由于后两种类型可并列为一种,因此可分为人工光利用型植物工厂和太阳光(有补光或无补光)利用型植物工厂。

1. 人工光利用型植物工厂的特点及适栽植物

人工光利用型植物工厂是指在完全密闭、环境精确可控、几乎不受地理位置和外界气候影响的条件下,采用人工光源与营养液立体多层栽培,进行植物周年计划性生产的一种高效农作方式(图6-1)。其主要特征为:建筑结构为全封闭式,密闭性强,顶部及墙壁材料(硬质聚氨酯板、聚苯乙烯板等)不透光,热绝缘性好,不受室外条件的影响;仅利用人工光源,如高频荧光灯(high frequency fluorescent lighting)和LED等;室内光环境(光质、光照度、光周期及供光模式等)、温度、湿度、二氧化碳浓度以及营养液的pH、电导率(electrical conductivity)、溶解氧(dissolved oxygen)和温度等要素均可进行精准调控,实现周年计划性稳定生产;采用营养液立体多层栽培,单位土地面积产出率高;室内无病原菌与病虫害的入侵,不使用农药,产品安全无污染;采用植物在线检测和网络化管控,可实现远程监控;建造成本和运行成本偏高。

基于人工光利用型植物工厂的基本特征,并从降低运行成本、提高经济效益的角度考

图 6-1 人工光利用型植物工厂

虑，其适栽植物一般有以下特点：植株偏矮，高度不宜超过 40cm，利于立体多层栽培；需光量相对不高，光照度一般不超过 $300\mu mol/(m^2 \cdot s)$；可食部分比例较高，如叶菜类蔬菜；商品价值或功能性成分较高，如种苗、功能性果蔬和药用植物等。本章将主要围绕人工光利用型植物工厂来展开。

2. 太阳光利用型植物工厂的特点及适栽植物

太阳光利用型植物工厂是指在半密闭的温室环境下，利用太阳光（或短期人工补光）以及营养液栽培技术，进行植物周年连续生产的一种农作方式（图 6-2）。其主要特征为：温室结构为半密闭式，覆盖材料多为玻璃、聚碳酸酯板或塑料膜（氟素树脂、薄膜等）；光源主要为自然光，适当采用人工光源进行补光，常用的补光光源有高压钠灯和 LED 等；温室内备有多种环境因子的监测和调控设备，包括温度、湿度、光照度、二氧化碳浓度等环境数据采集，以及顶开窗、侧开窗、喷雾与湿帘降温、遮阳、加温、

（a）叶菜多层栽培

（b）果菜多层栽培

图 6-2 太阳光利用型植物工厂

补光、防虫等环境调控系统；栽培方式以水耕栽培或基质栽培为主；与人工光利用型植物工厂相比，太阳光利用型植物工厂生产环境较易受季节和气候变化的影响，冬季加温和夏季降温能耗较高；设施建设成本较人工光利用型植物工厂低，运行费用也相对低一些。

太阳光利用型植物工厂的适栽植物一般以叶菜类、茄果类蔬菜和花卉为主。为了提高经济效益，叶菜类和茄果类蔬菜也可以采用多层立体营养液栽培和人工补光相结合的方式。

（二）按建设规模分类

按照建设规模，可将植物工厂分为大型（1 000m² 以上）、中型（300~1 000m²）、小型（300m² 以下）和微型（5m² 以下）4 种类型。

1. 大型植物工厂

大型植物工厂的建设规模一般在 1 000m² 以上，通常用于商业化生产，如富士康建成投产的 10 000m² 植物工厂（栽培区域 5 000m²、日产蔬菜 2.5t）和中科三安建成投产的 10 000m² 植物工厂（日产蔬菜 2.5t）等均属于这种类型（图 6-3）。

（a）富士康植物工厂　　　　　　（b）中科三安植物工厂

图 6-3　大型植物工厂

2. 中型植物工厂

中型植物工厂的建设规模一般为 300~1 000m²，主要以商业化生产为主，也有部分用于科研展示与示范。2012 年建设完成的山东寿光农业科技示范园区内展示用植物工厂和 2018 年建设完成的潼南旭田植物工厂等均属于这类植物工厂（图 6-4）。

3. 小型植物工厂

小型植物工厂的建设规模一般在 300m² 以下，主要用于科学研究或技术展示与示范，

(a) 寿光市蔬菜高科技示范园植物工厂

(b) 潼南旭田植物工厂

图6-4 中型植物工厂

也有部分与商场、超市、餐厅等场所结合进行即摘即食果蔬的商业化生产。2014年在中国农业科学院建设完成的科研用植物工厂、北京当代商城与西餐厅结合进行果蔬商业化生产的植物工厂和中国农业科学院国家农业科技创新园示范型植物工厂等均属于这种类型（图6-5）。近年来逐渐被推广应用的集装箱式植物工厂也属于这个类型。集装箱式植物工厂样式多，移动性强，被推广应用于科研院所、边防哨所、岛礁、舰船等场所，被用于科研，教学，育苗及叶菜、药用植物、矮化果菜和花卉的生产等，具有广泛的应用前景。

(a) 中国农业科学院建设完成的科研用植物工厂

(b) 北京当代商城与西餐厅结合进行果蔬商业化生产的植物工厂

(c) 中国农业科学院国家农业科技创新园示范型植物工厂

图6-5 小型植物工厂

4. 微型植物工厂

微型植物工厂是针对家庭、学校、办公区域、空间站等特殊场所设计的一种人工光植物生产装置，虽然名称上用植物工厂的称谓，但实际上就是人工光与营养液栽培相结合的植物生产装置。建设规模一般较小，不超过$5m^2$。图6-6为北京中环易达设施园艺科技有限公司开发的一些微型植物工厂产品。目前，浙江、广东等省份的企业针对家庭和办公室等需求也开发了一些微型植物工厂产品。

图 6-6 微型植物工厂

(三) 按栽培植物分类

按照栽培植物的种类不同,植物工厂可分为叶菜、果菜、花卉、药用植物植物工厂等。

(四) 按用途分类

按照用途的差异,植物工厂可分为用于植物规模化生产的生产型植物工厂,用于科学试验与创新研发的科研型植物工厂,用于科普教育、技术展览展示与观光休闲的示范型植物工厂。

第二节 植物工厂的发展历程

一、国外植物工厂的发展历程

植物工厂的发展始于 20 世纪 50 年代欧美的一些发达国家。世界上第一座植物工厂(工厂化农业模式)出现于 1957 年的丹麦约克里斯顿农场,面积为 1 000m²,属于人工光和太阳光并用型,栽培作物为水芹,从播种到收获均采用全自动传送带流水作业。1960 年,美国通用电气公司成功开发第一座完全利用人工光的植物工厂,随后陆续有赛纳拉鲁米勒斯公司及依法德法姆公司等多家公司开始进行相关研发。

1963 年,奥地利卢斯那公司建成一座高 30m 的塔式人工光利用型植物工厂,利用上下传送带旋转式的立体栽培方式种植叶用莴苣。1974 年,日本日立制作所中央研究所高辻正基所在的研究组开始进行人工光利用型植物工厂的研究,对叶用莴苣所需的环境因子进行了前期探索。而在日本,真正用于生产的第一个人工光利用型植物工厂是 1983 年静冈三浦农场推出的平面式和三角板型植物工厂(图 6-7),光源采用高压钠灯,栽培方式采用气雾栽培与水耕栽培。

图6-7 静冈三浦农场建立的人工光利用型植物工厂

随后,荷兰、美国、奥地利、挪威等国家的一些知名企业如荷兰飞利浦公司、美国通用电气公司、日本日立制作所和电力中央研究所等,也纷纷投入巨资与科研机构联手进行植物工厂关键技术的研发,为植物工厂的快速发展奠定了坚实的基础。

虽然植物工厂起源于欧美的一些国家,但在实际推广普及方面日本发挥了重要作用。1989年4月,日本专门成立了植物工厂学会,每年定期召开植物工厂研讨会,有力地推动了植物工厂产业的发展。1990年之后,日本一些专业学会,如日本营养液栽培研究会、日本园艺学会等也定期开展植物工厂研讨与技术普及工作。2007年1月,日本植物工厂学会与生物环境调节学会合并为日本生物环境工程学会,但仍定期举办相关学术交流活动。

2009年,针对本国土地资源少、年轻人不愿务农、食品自给率低、居民对高品质农产品需求旺盛的现实,日本农林水产省和经济产业省分别启动了"示范型植物工厂实证·展示·培训事业"和"植物工厂核心技术研究据点事业"项目,共投入研发经费150亿日元。除了日本政府资助的植物工厂项目以外,一些地方政府和大学等公立机构也纷纷投入经费开展植物工厂技术研究。同时,为了抢占国际农业高端技术市场,一些大学与知名企业(如三菱、丰田、松下等公司)开展合作,研发植物工厂配套技术产品,计划出口到中国、中东、欧美等国家和地区。2009年,日本约有34所人工光利用型植物工厂和30所太阳光利用型植物工厂进行商品菜生产。

2011年,由于日本东北地区大地震,作为灾区复兴项目的一部分,植物工厂得到政府的进一步资助,加速了产业快速发展。2015年,日本人工光利用型植物工厂数量已达185座,其中位于宫城县多贺城市的占地面积2 300m^2、15层立体栽培架、日产叶菜10 000棵的LED植物工厂(图6-8),以及大阪府立大学的占地面积550m^2、18层栽培架、日产叶菜5 300棵的LED植物工厂最具代表性。至2018年,日本人工光利用型植物工厂的数量已达250座。

图6-8　日本宫城县多贺城市人工光利用型植物工厂

2009年以来,韩国的植物工厂技术也得到了快速发展。至2010年,韩国已建成了20余所试验研究型人工光利用型植物工厂,人工光源均采用LED,面积大多在300m²以下。以首尔大学为首的一些大学和研究机构,如全北国立大学、庆尚大学、农村振兴厅等,也陆续开展了植物工厂方面的研究。由于2009年韩国政府把"发展低碳绿色产业"列入国家发展战略规划,植物工厂研发与产业发展受到高度关注,一些知名企业如LG集团、乐天集团和JUN食品股份有限公司等也纷纷介入。目前,韩国的研发重点主要集中在太阳光发电装置辅助的植物工厂、从播种至收获的自动化装置、功能性植物和药用植物栽培技术等(图6-9)。但是,与日本相比,韩国植物工厂的商业化程度还不是很高,大多数项目仍处于研究示范阶段。

图6-9　韩国农业振兴厅太阳光发电装置辅助型植物工厂

2009 年以来，随着亚洲植物工厂技术的蓬勃发展，欧美国家的一些科研单位和企业也开始对人工光利用型植物工厂技术产生兴趣。荷兰 PlantLab 公司开始投资研发实用型 LED 植物工厂技术。此前，生产设施园艺用高压钠灯的飞利浦公司也开始着手研发植物生长专用型 LED 光源，目前该公司生产的 LED 产品已在日本、中国、韩国等国家进行销售。欧洲各国一直从节能和降低运行成本的角度进行植物工厂的研发，尤其是利用计算机系统实现植物工厂的智能化监控，使运行成本大为降低，劳动生产率显著提高，极大地推动了植物工厂的普及与发展。

美国一方面通过植物工厂的研究希望为空间站和星球探索提供食物保障，另一方面还提出了"摩天大楼农业"的构想，希望利用植物工厂资源高效利用技术解决未来农业的食物供给难题。近几年，美国也开始利用人工光利用型植物工厂进行种苗、芽苗菜、嫩叶菜等经济效益较好的植物产品的生产。

美国新泽西州纽瓦克市附近的 AreoFarms 植物工厂（图 6-10），占地面积 3 000m^2，栽培层数达 12 层，采用 LED 光源和气雾栽培进行嫩叶菜的生产，其所栽培的嫩叶菜 16d 即可收获，售价每磅*约 12 美元（约合 187 元/kg）。

图 6-10 美国新泽西州纽瓦克市附近的 AreoFarms 植物工厂

二、我国植物工厂的发展历程

我国植物工厂起步较晚，分别在 1998 年和 1999 年从加拿大引进过两套太阳光利用型植物工厂，一套放置在深圳，面积为 1.33hm^2；另外一套放置在北京顺义，面积为 1.5hm^2，主要采用深液流水培系统进行波士顿奶油生菜的生产。但是，深圳的植物工厂系统由于建设单位对核心技术把握不到位，建成后一直未能得到有效运转。建立在北京顺义三高科技农业试验示范区内的植物工厂系统由北京顺鑫农业股份有限公司经营，在栽培技术上进行了一些改进，建成后得到了 20 年左右的有效运行（图 6-11）。

国内人工光利用型植物工厂的研究始于 2002 年前后，中国农业科学院农业环境与可持续发展研究所在科学技术部"植物水耕栽培装置及其营养液自控系统研究""植物无糖

---

* 磅（lb）为非法定计量单位，1lb≈0.45kg。

培养工厂化综合调控系统的研究"等项目的支持下,开始进行密闭式人工光环境控制以及水耕栽培营养液在线检测与控制技术的试验研究,获得了人工光利用型植物工厂技术的第一手资料。2006年,中国农业科学院建成国内第一座科研型人工光植物工厂(图6-12),面积为20m^2,人工光源一半采用LED,一半采用荧光灯,并配置有智能环境控制与营养液栽培系统,由计算机对室内环境要素和营养液进行自动检测与控制。2009年,中

图6-11 太阳光利用型植物工厂(北京顺义)

国农业科学院建立了100m^2 LED植物工厂试验系统,并开展了人工光育苗、叶菜栽培以及药用植物栽培的试验研究,获取了一大批原始数据,为我国植物工厂的研究奠定了基础。

图6-12 国内第一座科研型人工光植物工厂(中国农业科学院,2006)

2009年,国内第一例智能型人工光植物工厂在中国长春国际农业·食品博览(交易)会首次亮相,表明我国在植物工厂商业化应用领域取得突破。该植物工厂的建筑面积为200m^2,由蔬菜工厂和植物苗工厂两部分组成,以节能植物生长灯和LED为人工光源,采用制冷-加热双向调温控湿、光照-二氧化碳耦联光合调控、空气均匀循环与流通、营养液(电导率、pH、溶解氧和液温等)在线检测与控制、图像信息传输、环

境数据采集与自动控制等13个相互关联的控制子系统，可实时对植物工厂的温度、湿度、光照、气流、二氧化碳浓度以及营养液等环境要素进行自动监控，实现智能化管理。植物苗工厂由双列五层育苗架组成，种苗均匀健壮，品质好，单位面积育苗效率可达常规育苗的40倍以上，育苗周期缩短40%；蔬菜工厂采用四层栽培床立体种植，栽培方式选用深液流水耕栽培模式，所栽培的叶用莴苣从定植到采收用时20~22d，比常规栽培周期缩短40%，单位面积产量为露地栽培的25倍以上，产品清洁无污染，商品价值高。

继国内第一例智能型人工光植物工厂研制成功后，中国农业科学院、北京中环易达设施园艺科技有限公司又在上海世界博览会上首次展出"低碳·智能·家庭植物工厂"，该植物工厂模式的出现为植物工厂技术走向家庭和都市生活提供了超前的示范样板（图6-13）。

图6-13 上海世界博览会展出的"低碳·智能·家庭植物工厂"

近年来，在中国政府的积极支持和引导下，一些LED制造企业、新能源领域企业、电商，如三安光电、富士康、同景新能源、京东等纷纷加入植物工厂行业中，植物工厂规模逐渐增大，生产型植物工厂逐渐增多，应用范围也逐渐扩展到家庭、科普教育、餐饮、航天、航海、岛礁等领域。据统计，目前我国人工光利用型植物工厂数量已经超过150家，其中单位面积超过10 000m²的有两家，甚至还出现了栽培层超过20层的垂直立体植物工厂。

2018年，中国农业科学院都市农业研究所开始进行世界首座垂直农场的设计与建设。该垂直农场地上部分高度为36m，包括人工光植物生产区、工厂化水产养殖区、食用菌工厂化生产区、药用与功能植物生产区、太阳光植物生产区等功能区，并按各自的特点在垂直空间上进行分层布局。不同功能区的冷热源、水、氧气、二氧化碳、固体废弃物等物质和能量都能按一定的规律进行循环利用，实现垂直大厦型农场的可持续生产（图6-14）。

第六章 智能化植物工厂

图 6-14 中国农业科学院都市农业研究所垂直农场

第三节 植物工厂系统构成

人工光利用型植物工厂是以不透光的绝热材料为围护结构,以人工光作为植物光合作用的唯一光源,按照一定的工艺流程进行植物工厂化生产的高效农业系统。在空间结构上,它一般由栽培车间、育苗室、收获与储藏室、机械室(营养液灌、二氧化碳气瓶及控制设备等)、管理室(办公与计算机控制系统)等功能室组成。在系统结构上,它一般由营养液循环与控制系统、多层立体水耕栽培系统、空气调节和净化系统、二氧化碳气肥释放系统、人工光源系统以及计算机自动控制系统等子系统组成(图 6-15)。本节简要介绍植物工厂各构成要素及关键系统。

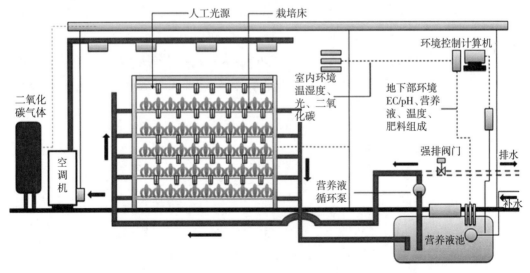

图 6-15 人工光植物工厂系统构成

一、围护结构

植物工厂需要一定的保温绝热围护结构以抵御外界不利气候的影响,维持室内适宜的环境条件。对于不依赖已有建筑的独立植物工厂,围护结构一般要求建在混凝土结构及钢骨架上,外侧采用两面金属、中间填充发泡材料的熟化成型彩钢夹芯板构筑,具有防腐、防潮、保温隔热等特性。出于安全考虑,彩钢夹芯板普遍要求采用防火材料,一般使用岩棉代替聚苯乙烯进行保温。在我国大部分地区,彩钢夹芯板的厚度通常要达到100mm以上。

围护结构主要起结构支撑和保温隔热的作用,一般在植物工厂围护结构的内侧还构建一层洁净板材,用于隔离内部空间和保证洁净度。该结构在不依赖已有建筑的独立植物工厂和已有建筑改造的植物工厂中均至关重要,是蔬菜生产和人员日常操作维护直接接触到的结构部件。洁净板的面材有不锈钢、镀锌板、聚氯乙烯(polyvinyl chloride,PVC)等十几种,芯材可使用岩棉、玻璃丝绵、纸蜂窝、陶铝板等。洁净板在生产过程中常常会使用特殊的涂层工艺,除面层致密不起尘、具有极好的耐擦洗性外,其表面还具有长期而稳定的导电性能。静电可通过表面形成电能释放,防止粉尘附着,便于清洗。有的板材中还采用银离子净化涂层,使之具有免维护、自清洁等优异性能;加入抗菌剂则能制成具有无毒性及半永久性抗菌效果和远红外辐射效果的抗菌洁净板。采用上述工艺的洁净板具有防尘、防静电、抗菌等效果,对保证植物工厂良好的室内环境起到了重要作用。

一个功能完善的植物工厂除栽培区外,还应具备育苗区、设备间、采收包装区、储存区等功能区域。上述区域的分隔一般均采用洁净板及配套的净化门、密封条等。在彩钢夹芯板及内部安装时,可参照《洁净厂房设计规范》(GB 50073—2013)和《洁净室施工及验收规范》(GB 50591—2010)中有关工艺要求进行施工与验收。

此外,在设计上需充分考虑植物工厂的功能需求。如需具备展示功能,由于外部彩钢夹芯板和内部洁净板中通常需要布置通风管道系统,要考虑外部观察窗的规格和布局,避免与夹层风道产生冲突。

二、环境控制系统

环境控制系统是植物工厂的重要组成部分之一,关系到植物工厂产品的产量、品质以及能耗成本。其控制目标主要包括温度、相对湿度、二氧化碳浓度及气流等环境因子,主要调控装备包括净化空调、加湿除湿装置、循环风机、风道、二氧化碳钢瓶及其释放系统。

环境控制系统通常位于植物工厂内部或外部设备间中,由空调机组(图6-16)、传感器、控制器等部件组成。其功能是将植物工厂内部或室外的空气通过多级过滤处理,调节空气温度和湿度后送到设施内，实现对温度、湿度、空气清净度以及空气循环的调控。

（a）中国农业科学院顺义基地植物工厂　　　　　（b）扬子植物工厂

图 6-16　空调机组

由于人工光源工作时释放大量热量，植物工厂中空调机组的主要作用是制冷降温。目前，空调制冷形式主要有电驱动压缩式和热驱动吸收式两种（图 6-17）。电驱动压缩式制冷机更为常用，主要以氟利昂、氨为制冷剂，采用活塞式、螺杆式或离心式压缩机对空气或水等介质进行冷却。按所需冷源或热源情况，空调机组可分为冷水机组和热泵机组两种形式。冷水机组主要由压缩机、风冷式或水冷式冷凝器、热力膨胀阀和蒸发器等关键部件组成，单机容量大，可适用于各种规模的植物工厂温控系统。热泵机组利用地下水、河水等水资源或地下岩土中热量，消耗部分电能，实现设施内热量闭环式循环，不需要冷却水和专用机房，使用地点不受限制，是一种可持续发展的节能调温技术。

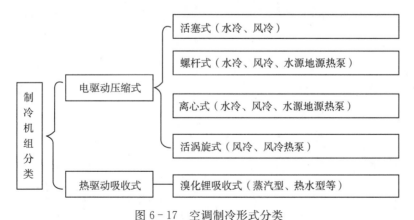

图 6-17　空调制冷形式分类

三、净化系统

(一) 洁净度

植物工厂建设地点选址灵活,建成后外部环境多样,内部设备复杂且植物栽培密度大,一旦发生病虫害会严重影响产品的产量和品质,要想彻底清除污染物则需大面积停产,进行全面消毒处理,生产陷入停滞。加之植物工厂种植密度相对较高,自动化工艺装备尚未全面推广,定植、间苗及采收等生产环节仍以人工为主,更增加了感染外来病虫害的风险,因此,保持植物栽培区较高的洁净度已经成为保证系统安全生产的重要环节。洁净度是指空气环境中所含尘埃量多少的程度,一般指单位体积的空气中所含大于等于某一粒径粒子的数量。现有洁净度标准一般可参照美国联邦标准209E (FS-209E) (表6-1),如洁净度100级,表示空气中粒径$\geqslant 0.5\mu m$的粒子浓度为100个/ft^3 (1ft=0.304 801m),数字越小,洁净度越高。

表6-1 FS-209E 空气微粒清洁度等级

洁净度/级	不同粒径粒子浓度/(个/ft^3)				
	0.1μm	0.2μm	0.3μm	0.5μm	5μm
1	35.0	7.5	3	1	
10	350	75	30	10	
100		750	300	100	
1 000				1 000	7
10 000				10 000	70
100 000				100 000	700

植物工厂可视为一般生物洁净室,以微生物及尘埃污染为主要控制对象。一个高效运行的植物工厂,控制污染的主要途径包括:

①阻止室外的污染侵入室内。控制污染最主要的途径是,从空气净化、压力控制等方面进行设计,防止污染物在室间传递或传播。

②迅速有效地排除室内已经发生的污染。根据需求对室内的气流组织进行科学的设计,是体现洁净室功能的关键。

③减少污染发生量。控制可发生污染设备的管理及进入洁净室的人与物的净化。

(二) 空气净化

为了保持植物工厂内洁净程度在规定范围内,一般采用空气过滤系统净化空气。过滤器作为净化空调的重要组成部分,能够有效过滤空气中微粒及依附在悬浮粒子上的细菌。

空气过滤器是通过多孔过滤材料从气固两相流中捕集粉尘,并使气体得以净化的设备。它把含尘量低的空气净化处理后送入室内,以保证洁净房间的工艺要求和空气洁净度。

空气过滤器根据滤芯的类别一般分为三种,即初效过滤器、中效过滤器和高效过滤器。初效过滤器主要用于空气净化系统的初级过滤,通过初效过滤器能去除粒径 $5\mu m$ 以上的尘埃粒子。它在空气净化系统中作为预过滤器保护中效和高效过滤器及空调箱内的其他配件以延长它们的使用寿命。初效过滤器具有板式、折叠式及袋式三种样式,外框材质有纸框、铝框、镀锌铁框等,过滤材料主要采用无纺布、尼龙网、活性炭滤材、金属孔网等,防护网有双面喷塑铁丝网和双面镀锌铁丝网。初效过滤器具有价格低、重量轻、通用性好、结构紧凑等特点,主要用于中央空调和通风系统预过滤、洁净回风系统、局部高效过滤装置的预过滤等场合。根据环境的洁净度,初效过滤器一般每月清洗一次,6个月更换一次。

中效过滤器可捕集粒径 $1\sim 5\mu m$ 的颗粒灰尘及各种悬浮物,具有结构稳定、风量大、阻力小、容尘量高及降低破漏风险等特点。中效过滤器主要用于空调通风系统中级过滤,也可作为高效过滤的前端过滤,减少高效过滤的负荷,延长其使用寿命。中效过滤器分为袋式和非袋式两种,滤料类型主要有玻璃纤维、中细孔聚乙烯泡沫塑料和由涤纶、丙纶、腈纶等制成的合成纤维毡等。在额定风量使用条件下,可3~4个月更换一次中效过滤器,如滤料选择可清洗材料时,可每月清洗一次,最多清洗两次。

高效过滤器是空调净化系统中的终端过滤器,也是高级别洁净室中必须使用的终端净化设备,主要用于捕集粒径 $0.5\mu m$ 以下的颗粒灰尘及各种悬浮物。高效过滤器采用超细玻璃纤维纸做滤料,胶版纸、铝箔板等材料折叠做分割板,新型聚氨酯密封胶密封,并以镀锌板、不锈钢板、铝合金等型材为外框制成,具有过滤精度高、过滤速度快、纳污量大、占地面积小、可调性强等特点。

高效过滤器广泛用于光学电子、生物医药、饮料食品等无尘净化车间的空调末端送风处。根据功能、结构的不同,高效过滤器还可以具体分为超高效过滤器、大风量高效过滤器、亚高效过滤器及抗菌型无隔板高效空气过滤器等。其中,亚高效过滤器价格便宜,多用于要求不高的净化空间;超高效过滤器的净化程度能达到99.999%;抗菌型无隔板高效过滤器具有抗菌作用,可以阻止细菌进入洁净车间内。

(三)压力控制

根据洁净室设计规范,室内必须维持一定的正压,有效避免洁净室被邻室污染或污染邻室,防止外部污染物进入洁净室而破坏室内洁净度。植物工厂内不同功能区域的压力从低到高依次为:非洁净区、更衣室、缓冲间、洁净区内走廊和生产区。不同等级的洁净室以及洁净区与非洁净区之间的静压差,应不小于5Pa;洁净区与室外的静压差,应不小于10Pa;洁净室与非洁净区至少维持30Pa正压压差。内部压差产生的原理:通过调节送风量大于回风量、排风量、渗漏风量来维持正压。

洁净室在日常使用过程中，过滤器阻力增大导致的总送风量减少，以及洁净室内人员流动、门窗频繁开闭使洁净室内原有密封性能降低及严重漏风等因素，直接影响到室内原有压差的建立。需采取一系列措施来维持室内正压，包括在回风口装空气阻尼层，调节回风阀或排风阀，调节新风阀，风机、风阀连锁控制及更换过滤器等。

（四）污染控制

上述途径可有效阻止外来污染物进入植物工厂以及实现植物工厂内部污染物的高效消除。此外，通过有效的管理手段主动从源头上降低污染物进入植物工厂的概率，对保持植物工厂正常运转和产品洁净安全同样重要。

植物工厂污染源主要包括外源污染与内源污染两种。其中，外源污染包括间隙渗入、空调送风、工作服、种子、栽培装置、育苗耗材、建筑物、风管材料以及供水等方面的污染；内源污染包括工作人员操作、营养液、蔬菜活体、工具以及包装材料等方面的污染。

植物工厂生产时，设备及原材料进入前需要进行全面清洁擦拭等防尘工作。对于室内污染源的控制，应按照规范严格控制制造设备的发尘，做好人员行为管理，严格按规范执行进出操作规程，进入风淋间消毒后方可进入植物生产区。此外，还需要定期对洁净室进行清扫消毒处理，确保墙壁光滑无死角，设备安装需要预留出一定空间，并保证足够次数的换气，做好空调气流速度控制。

针对人体污染源，要求所有洁净室内的生产人员全部要做好服装管理，须穿戴防护服和口罩，尽量避免人体脱落的细胞皮屑从口腔或者鼻孔喷出。空调系统运行一段时间后会在部分区域产生积聚的尘粒和凝结的水分，成为细菌滋生的有利环境，进而成为污染源。需要控制尘粒积聚与水分凝结，确保基本通风功能前提下，配置防尘与防水措施，解决尘粒与凝结水问题。

蔬菜产品成熟后需将其连同整块栽培板运输至指定的采收区方可进行采收作业。去除掉的老叶、根系及不达标产品应及时妥善安置于密闭容器中，密封后运至植物工厂外进行处理。采收过后的栽培板应及时移至清洗消毒区，对板上附着植物叶片、根系等进行清除。清理干净的栽培板经消毒剂浸泡、漂洗、干燥后方可重复使用。

四、人工光源系统

作为植物生长的唯一能量与信号源，人工光源是植物工厂系统设计至关重要的组成部分。早期植物工厂主要使用的人工光源有高压钠灯、金属卤化物灯、荧光灯等，少数采用冷阴极管（cold cathode fluorescent lamp, CCFL）进行试验和应用。目前，植物工厂主要采用 LED 作为人工光源，具有发热小、光配方精确可调控、安装适配模式多样、寿命长、光衰缓慢等优点,而且还能够根据生产目的和植物品种进行灵活定制。

目前,用于植物工厂的 LED 光源光质主要由波长 660nm 的红光和 460nm 的蓝光组成,一些新开发的 LED 光源也会添加少量的紫外光和远红光。根据所需的不同光质将多种波长的单色 LED 芯片进行组合的形式是目前采用较多的植物灯生产方式(图 6-18)。该种光源光质组成纯度更高,输入的电能除发热外几乎全部转化为目标光源,电能利用率较高。但因其由单光质 LED 组成,需要的红光 LED 占 LED 芯片总数的 70%以上,不可避免地产生光质空间分配不均匀的问题,当光源装置为灯管形式时,这种情况更为明显。此时,可通过使用发光角度更大的 LED 光源,或将灯管适当远离植物冠层以增强下方光照均匀性,随之而来的是光能和电能的浪费。当多根灯管并排布置时,可将相邻灯管红蓝灯珠进行交替排布,也可以在一定程度上避免下方红蓝光斑的发生。在灯管式光源中增加生长调节用微量光质会进一步增强植物冠层的不均匀性,微量光质的均匀性、光照度则更难保证。可以通过在红蓝灯管组合外额外增加微量光质灯管的方式进行调节优化,从而提升植物冠层光质的均匀性,所用微量光质芯片功率不宜太大,需根据实际需要采用小功率大数量的光源设计。

图 6-18 单色 LED 芯片组合光谱灯管(左)及灯板(右)

单光质 LED 芯片也可组装成灯板(图 6-18)。由于灯板面积较大,灯珠的布置空间更为灵活,适用于需要采用多光质环境的场合。首先,将 3~5 种不同光质的芯片,根据各光质所需光照度大小,采用适当功率的芯片,均匀地排布在灯板上。这不但能够满足各光质所需光照度,也能很大程度上消除光源下方的光谱不均现象。其次,光源板背面能够安排更多的散热器,显著降低芯片工作时的温度,延长光源寿命。最后,在光源板设计制造时可将不同光质电路分开,方便高效地实现多光质分路控制,这在试验型植物工厂中显得尤其重要。灯板的缺点主要体现在价格上,由于工艺更加复杂,需要在设计制造上投入更多人力物力,需要多路控制的话更需配备多组直流电源控制器,其价格远高于灯管式光源,一般多用于科研机构、大学等试验植物工厂中。

随着植物工厂研究的不断开展,针对植物工厂主栽作物的光配方逐渐完善。以蔬菜生产为目标的生产型植物工厂不再需要对光源的光质配比进行频繁调节，可以以低廉的价格购买标准化免维护的植物光源。LED 荧光植物生长灯通过在低波长的蓝、紫光 LED 芯片表面涂敷组分经过调制的荧光粉，将部分蓝紫光转变成红光或其他光，满足特定光环境需求（图 6-19）。该技术以发光效率高、成本低廉的蓝光 LED 芯片为激发光源，不使用价格高、光效低的红光 LED 芯片，很大程度上降低了光源的成本，提高了可靠性。

图 6-19 不同荧光粉配方的 LED 光源

五、营养液栽培系统

该系统主要由栽培架、栽培槽以及营养液循环等部分组成。栽培架一般选用耐腐蚀的材料，如铝型材、不锈钢、高温镀锌板等。栽培架高度、层间距以及栽培层数应根据主栽品种和栽培规模进行预测与计算，层间距通常不低于 40cm，栽培架多于四层的需要配置升降作业车。栽培架尽量为可组装、层间距可调型，以便更换栽培品种后可以重复利用。栽培槽是放置在栽培架上的槽体，用于盛放营养液，目前主要有聚氯乙烯塑料板焊接、聚苯乙烯发泡塑料（expanded polystyrene，EPS）拼接以及聚丙烯发泡塑料（expanded polypropylene，EPP）黏接等形式（图 6-20）。

图 6-20 新型 EPP 栽培槽

由于 EPS 和 EPP 槽体单位长度已经固定,在系统规划设计时需考虑植物工厂内部尺寸与布局,选择适当数量的槽体进行拼接。此外,还需考虑人工光源的单位长度,其规格应是槽体单位长度的整数倍。栽培槽中的营养液均从储液池中由水泵供给,出于节约土地与造价的考虑,储液池的容积通常小于栽培槽总容积,需配液 2~3 次才能形成循环回路。

供液模式根据营养液管路敷设特征分为顺序供液和同时供液。顺序供液时,水泵将营养液输送至最高层栽培槽,将其灌满后由其回液口排出,流至下一层栽培槽,直至流回储液池形成一个循环。同时供液时,水泵将营养液经各支路管道同时注入每一个栽培槽内,各栽培槽再同时回流至营养液池。前者通常用于大规模生产中,节省了地上空间,但是增加了清洗和清理的不便,注意给排水管路敷设应方便进出水;后者对水泵的要求更高,需要高扬程大流量水泵,但其循环效率也相应提高。储液池可置于植物工厂内挖出的地窖状池子,也可以置于单独的设备间地面上。地面储液池一般用于小型植物工厂中,此时储液池液面高度通常高于最底层栽培槽,致使无法采用重力回液方式进行营养液回流,需在栽培架下方增设加装有液位传感器的小营养液池,临时储存重力回液,当液面高度达预定值时自动启动水泵将小营养液池中营养液泵至主池。

六、智能控制系统

人工光利用型植物工厂中的智能控制系统通过传感器对植物工厂内光照、温度、湿度、二氧化碳、气流及营养液电导率、pH 等参数进行采集后,由计算机控制空调系统、风机、光源控制器、二氧化碳控制阀等的运行状态。

植物工厂采用的控制系统主要有:单片机控制系统、工控机控制系统、可编程逻辑控制器(programmable logic controller,PLC)控制系统、基于现场总线的分布式智能控制系统、基于 ZigBee 技术的无线网络智能控制系统,以及嵌入式 Linux 系统等。其中,单片机控制系统具有全局管理、操作简单、价格低廉等优点,可采用集中控制方式实现植物工厂内环境因子的监测和控制,但其布线复杂、可靠性差、故障率较高。工控机控制系统是由工控机、各种传感器及执行机构组成的闭环控制系统,所有的输入、输出功能都由工控机集中控制,通过中央计算机实现各个系统的互连,完成对植物工厂内环境因子的自动监测。但是输入、输出过于集中管理,一旦发生故障,整个系统将会瘫痪。在 PLC 控制系统中,其主控芯片外接数据采集单元及各种执行机构,采用上位机软件完成数据的实时显示和控制,具有编程简单、稳定性高、使用方便等特点,但是成本较高、普及难度大。

现场总线控制系统(fieldbus control system,FCS)是 20 世纪 90 年代兴起的一种先进的工业控制技术,它将网络通信与管理的观念引入工业控制领域,具有现场通信网络、现场设备互连、互操作性、分散的功能块、通信线供电等技术特点。这不仅保证了系统完全可以适应目前工业对数字通信和自动控制的需求，也使其与互联网互连构成不同层次的复杂网络成为可能，现场总线控制系统已经成为工业生产过程自动化领域中一个新的热点。作为现场总线标准之一的控制器局域网络总线，在可靠性、实时性和灵活性等方面具有突出的优秀性能，从而也更适合于工业过程控制设备和监控设备之间的互连，价格也更低廉，得到了广泛应用。

ZigBee技术是一种短距离、低功耗的无线通信技术，其特点是近距离、低复杂度、自组织、低功耗、低数据速率。ZigBee技术在植物工厂控制系统中可以实现对环境参数的自动监测与控制，有效地提高了可靠性、抗干扰能力与灵活性，避免了有线系统复杂布线，但也存在由环境温度高、光照强、酸性高等引起的可靠性、抗干扰性能降低，以及后期维护难度加大等问题。

随着人们对高品质蔬菜的需求增加，植物工厂在发展过程中也持续不断地引入和集成高新技术，包括新型传感器、智能控制以及物联网等，进一步提高对植株生长状态的监控，逐渐向节能、高效、环保和智能化方向发展。

在植物工厂中，管理人员可通过环境温湿度传感器，二氧化碳传感器，营养液pH、电导率、液温、溶解氧传感器，光源温度传感器，光量子数传感器，以及相应的植物光合、生长指标传感器，对植物工厂内相关设备、环境以及植物生长动态变化信息进行收集和获取。通过对数据进行分析和处理，建立植物生长状态模型，预测植物长势，实现对植物工厂系统的智能化决策和远程监控，智能调整植物生长所需的环境，使植物工厂内的植物始终处于最佳的生长状态，最终实现其高效、高产、智能地生产绿色无污染的产品。

通过采用无线射频识别等技术对植物工厂产品进行标记，在更大的物联网平台上监测产品出厂后的一系列流动特征，在大数据分析的帮助下，有针对性地制定生产销售策略，更好地为消费者服务并实现效益的最大化。

植物工厂内各环境因素间彼此有着复杂紧密的联系，不同植物不同生长期对光照的要求不同。光照变化后植物工厂内热负荷也随之发生变化，进而影响到空调、风机运行状态等内部调控需求，结合外部环境参数，又涉及内/外循环切换及二氧化碳释放。在设计植物工厂控制系统时，应以植物为初始和最终调控对象，围绕植物需求设定一连串随时间变化的环境变量，方能使植物工厂内部环境尽量优化，以保障植物的快速生长。

七、辅助机械

植物工厂从播种到采收的多个环节不同程度地实现了自动化或半自动化，显著降低了劳动力投入，进一步提高了植物工厂的生产效率和产量。

(一)播种机

在设施作物生产中播种机较为常见,多以塑料穴盘为播种对象,采用针式或滚筒式真空结构,将种子吸附在小孔上,当吸附机构或穴盘相对运动至预设位置时,空穴上方的小孔失去真空吸力,种子落到下方的穴盘内,后经覆土、浇水等工序,完成播种过程。在以营养液槽栽培为主要工艺的植物工厂中,通常采用育苗海绵块作为种子萌发生长的介质。育苗海绵块主要分为立方体和圆柱体两类,根据所栽植物以及栽培板设计栽培密度不同,其大小规格变化多样,可根据具体情况进行定制。叶用莴苣等叶菜栽培一般选用立方体海绵块,边长为25~30mm,在一面有一个直径3~5mm、深5mm的圆形坑洞,方便种子播入且容易扎根。也有的海绵块采用正反两面开十字切缝用于包含种子,在操作时需要用手将切缝拨开一定程度后将种子播入;同时需控制好深度,对操作要求较高,机械化操作有一定难度,需要更为精巧的设计。上述单个海绵块在生产时与相邻四周的其他海绵单元块不完全切开,保留宽约1mm的连接,在运输、保存及机械播种时可以很方便地以海绵块组合苗盘为单位进行操作,后期可以很容易地将单个海绵块从整个海绵组合苗盘中取出,进行后续移栽。圆柱体育苗海绵块因为生产时会产生较多切割浪费,一般以较大规格的形式出现,也较少用于植物从种子开始的培育,而是从侧面向中心开口,夹住植株幼苗茎进行定植。

(二)移栽机

育苗移栽是设施果蔬生产中的重要环节之一,也是占用劳动力最多的环节之一,有研究表明,植物工厂中移栽环节占总人力消耗的31%。移栽机主要以穴盘苗为操作对象,将其以一定密度移至栽培区域。在露地栽培中,移栽机主要是将穴盘苗以设定的间距栽植于土壤中,多为轮式可移动型,兼具土壤起垄和覆土功能。在设施无土栽培应用情况下,移栽机通常为固定台式,将幼苗穴盘置于配套流水线上,采用机械手将幼苗移出,置于栽培槽上。上述过程均需以基质穴盘作为操作对象,其原因是幼苗个体在穴盘制约下,规格标准一致,便于机械抓取操作。此外,穴盘中的幼苗根系被基质包裹,无根系外露,在放置过程中不会伤及根系。在以水培为主要方式的植物工厂中,为了保证营养液的洁净,无基质包裹定型且根系裸露的幼苗被直接定植于栽培板上,此时机械很难在不损伤根系的前提下将幼苗安置于定植孔内,而熟练的人工操作能满足需求。为了提高空间利用率和保证产量,高密度定植的幼苗在生长一段时间后要进行二次分苗移栽至较低密度下生长,此时的根系更为茂盛,彼此间还会出现纠缠,常规的机械更难实现高效不伤根的移栽。适用于海绵块育苗的水培定植、移栽设备还有待于进一步研发。

(三)采收包装机

作为植物工厂人力消耗最大的另一个生产环节,采收和包装的操作对象由植株个体转变为栽培板单元，较定植、移栽阶段更加标准化，过程中涉及栽培板的运输、成菜的取放、根系切除、老叶去除以及产品包装等一系列工序。

目前，栽培板运输可采用移栽收获机器人等智能栽培板物流系统完成。日本神内植物工厂使用的移栽收获机器人，通过设在栽培车间两端的平行导轨，在栽培车间上方自由移动；通过计算机进行控制作业，按照指令将栽培板依次放置在工作台上，由工作人员将蔬菜的根部清理后再将栽培板放置在塑料箱内。类似的栽培板定位抓取系统也在国内得到应用，北京通州植物工厂开发的自动移栽收获机器人，定位移动到栽培板正上方后，通过气动升降装置下降到定植板高度，并通过气动抓手将栽培定植板从底部托起，将其放置在预设位置。

东北农业大学研究人员针对植物工厂狭闭空间内的作业需求，研制出一种基于机器视觉的栽培板物流化搬运机器人。它们依靠植物工厂栽培室内部铺设的轨道线行走，通过视觉系统实时采集蔬菜生长信息，控制机械手臂完成栽培板的搬运。

江苏大学研究人员为适应植物工厂多层栽培系统培育果蔬的栽培方式，研制了一种搬运物流系统。它们可根据工作任务分析移栽和收获过程中的工序流程，基于时间最短原则实现机械手对栽培板的定位抓取和放置。

上述各方案实现了栽培板从生产区域到采收区域的高效运输，随后需将成菜从栽培板上取下进行包装前的处理。这一过程多采用人工进行，尽管有研究人员开发出采用机械手抓取的单株蔬菜取放装置，但由于不同品种及生长情况的蔬菜冠层叶片展开度等参数不尽相同，取放过程中不可避免地会出现叶片损坏的情况，加之其运行效率尚有待提高，在实际生产中较少使用。

（四）升降机

随着植物工厂栽培技术的不断发展，大规模高层植物工厂因其更高的土地利用率和更低的生产成本，逐渐成为新建生产型植物工厂的主要形式，随之而来的是高层栽培空间的操作问题。采用智能自动化机械装备虽然可以实现栽培板的取放与移动，但其成本通常较高，在不同植物工厂内的通用程度有限，同时它对栽培架等装备提出了更高的要求，大范围的推广应用仍较缓慢。升降机的使用以较低廉的价格满足了生产需求。

根据升降机摆放位置及是否可移动，植物工厂内升降系统可分为两端固定式升降机和架间可移动式升降机。其中，两端固定式升降机位于栽培架两端，操作人员立于升降平台上，在一端将定植有（幼）小苗的栽培板置于栽培槽上，另一端进行大（成）菜的采收工作。该方式对栽培槽的形式提出了更高的要求，要求栽培板能够在栽培槽上自由地移动，同时对蔬菜生产流程有更明确清晰的安排，以便于对各栽培槽上栽培板的取放时间进行计算。其优势在于在栽培槽上其他位置不进行任何操作，栽培架摆放可以更加密集，进一步提升空间利用率和产量。架间可移动式升降机依靠轮子或轨道在相邻栽培架间移动、升降，操作人员站在升降平台上可从侧面对栽培槽内蔬菜进行定植、移栽等必要的操作，对生产茬口安排更加灵活，但由于升降机本身需占用较多空间，相邻栽培架摆放间距增加，空间利用率和蔬菜产量降低。

第四节 植物工厂光环境及其调控技术

光是植物生长所需的最重要环境因子之一。自然界中，植物赖以生存的能量来自太阳光，光合作用是植物捕获光能的重要生物学途径。植物对光的需求主要体现在光辐射强度、光谱、光周期、光的时空分布等几个方面，这些也被称为植物生长的"光环境要素"。光环境通过影响植物形态、细胞内代谢以及基因表达等调节植物生长。在植物工厂环境下，植物生长所需的光能全部来源于人工光源，因此，对植物工厂内的光照环境进行调节控制是十分必要的。

一、人工光源

（一）植物生产对人工光源的要求

植物生产对人工光源的要求主要体现在即光谱性能、发光效率以及其他性能方面。

在光谱性能方面，要求光源富含 400~500nm 蓝紫光和 600~700nm 红橙光，具有适当的红蓝光比例（R/B）、红光（600~700nm）与远红光（700~800nm）比例（R/FR）以及其他特定需求的光谱成分（如补充紫外光不足等），这样既能保证植物光合对光质的需求，又可以尽可能减少无效光谱和能源消耗。

在发光效率方面，要求发出的光合有效辐射量与消耗功率之比达到较高水平。发光效率的表示方法有：可视光效率（光效率），单位为 lm/W；光合有效辐射效率（辐射效率），单位为 mW/W；光合有效光量子效率（光量子效率），单位为 $\mu mol/(W \cdot S)$ 或 $\mu mol/J$。

在其他性能要求方面，希望使用寿命尽可能长一些，光衰小一些，价格相对低一些等。

（二）植物工厂的主要人工光源

到目前为止，植物工厂所使用的人工光源主要有高压钠灯、荧光灯和发光二极管等。

1. 高压钠灯

高压钠灯（high pressure sodium lamp，HPS）是在放电管内充高压钠蒸气，并添加少量氙和汞等金属的卤化物帮助起辉的一种高效光源。特点是发光效率高，功率大；寿命长（12 000～20 000h）；但其光谱分布范围较窄，以黄橙色光为主。由于高压钠灯单位输出功率成本较低，可见光转换效率较高（可达30%以上），基于经济性考虑以及其他节能光源（如荧光灯、LED等）尚未开发，早期的人工光利用型植物工厂，尤其是小型植物工厂（如艾斯贝克希克公司的植物工厂）主要采用高压钠灯。

由于高压钠灯发出的光谱缺少植物生长必需的红光和蓝光，而且这种光源还会发出大量的红外热，难以近距离照射，致使植物工厂的层间距较大（至少为800～1 000mm，还需要增加降温水罩），不利于多层立体式栽培。因此，近年来人工光利用型植物工厂已经很少采用高压钠灯，即使使用也会采取一些降温措施（如采用玻璃隔离或降温水罩）减少热量向栽培床散失；针对光谱成分中蓝光缺乏的问题，可以在两个高压钠灯之间加入一些蓝色LED光源，以弥补其蓝光的不足。

2. 荧光灯

荧光灯（fluorescent lamp）：低压气体放电灯，玻璃管内充有水银蒸气和惰性气体，管内壁涂有荧光粉，光色随管内所涂荧光材料的不同而异。管内壁涂卤磷酸钙荧光粉时，发射光谱范围在350～750nm，峰值为560nm，较接近日光（图6-21）。同时，为了改进荧光灯的光谱性能，近年来灯具制造企业通过在玻璃管内壁涂以混合荧光粉制成具有连续光谱的植物用荧光灯（图6-22），改进后的荧光灯在红橙光区有一个峰值，在蓝紫光区还有一个峰值，与叶绿素吸收光谱极为吻合，大大提高了光合效率。

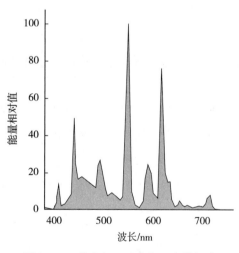

图6-21 荧光灯（日光色）光谱组成

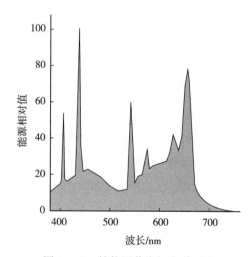

图6-22 植物用荧光灯光谱组成

荧光灯光谱性能好，发光效率较高，功率较小，寿命长（12 000h），成本相对较低。此外，荧光灯自身发热量较小，接近植物照射（图6-23），在植物工厂中可以实现多层立体栽培，大大提高了空间利用率。但荧光灯自身也有不少缺陷，无论哪种类型的荧光灯都缺少植物需要的红光（波长 660nm 左右）。为了弥补荧光灯缺少红光的不足，通常在荧光灯管之间增加一些红色 LED 光源。而且直管型荧光灯中间的光照度较大，因此还要设法通过荧光灯管的合理布局，使光源尽可能做到均匀照射。同时，荧光灯管一般不带有灯罩，照射时向灯管顶部和栽培床侧面会散射出较多的光，相应地减少了照射到植物体的光源能量。目前，国际上比较常用的方法是增设反光罩，尽可能增加植物栽培区的有效光源成分。

图 6-23　荧光灯在植物工厂的应用

3. 发光二极管

发光二极管的发光核心是由Ⅲ～Ⅳ族化合物如砷化镓（GaAs）、磷化镓（GaP）和磷砷化镓（GaAsP）等半导体材料制成的 PN 结。它是利用固体半导体芯片作为发光材料，两端加上正向电压，使半导体中的载流子发生复合，放出过剩的能量而引起光子发射，产生可见光。

LED 能够发出植物生长所需要的单色光（如波峰为 450nm 的蓝光、波峰为 660nm 的红光等），光谱域宽仅为±20nm，而且红、蓝光 LED 组合后，还能形成与植物光合作用需求吻合的光谱。LED 的开发与应用为人工光利用型植物工厂的发展提供了良好的契机，可以克服现有人工光源的许多不足，使人工光利用型植物工厂的普及应用成为可能。与荧光灯等相比，LED 具有以下显著优势：

（1）节能　LED 不依靠灯丝发热来发光，能量转化效率非常高。目前，白光 LED 的电能转化效率最高，已经达到 80%，普通荧光灯的电能转化效率仅为 20% 左右。因此，白色 LED 的节电效果可以达到荧光灯的 4 倍。虽然不是所有波段的 LED 都能达到白色 LED 的节电效果，但是随着 LED 技术的迅猛发展，它已成为节能光源发展的一个重要趋势。

（2）环保　现在广泛使用的荧光灯等光源中含有危害人体健康的汞，这些光源的生产过程和废弃的灯管都会对环境造成污染。而 LED 没有任何污染,并且发光颜色纯正,不含紫外和红外辐射成分,是一种"清洁"光源。

(3) 寿命长 LED 是用环氧树脂封装的固态光源,其结构中没有玻璃罩、灯丝等易损坏的部件,耐振荡和冲击,寿命可达 50 000h 以上,是荧光灯的 5 倍、白炽灯的 100 倍。因此,LED 光源除节约能源与环保外,还能减少用于光源更换与维护的劳动力支出。

(4) 单色光 LED 发出的光为单色光,能够自由选择红外、红色、橙色、黄色、绿色、蓝色等光谱,按照不同植物的需求将它们组合利用,不仅节省能耗,而且还可提高植物对光能的吸收利用效率。

(5) 冷光源 由于 LED 发出单色光,可以没有红外或远红外的光谱成分,是一种冷光源,可以接近植物表面照射而不会出现叶片灼伤的现象,并且它的体积小,可以自由地设计光源板的形状,极大地提高了光源利用率和空间利用率,有利于形成多段式紧凑型的栽培模式,适用于人工光利用型植物工厂的集约型生产模式。

基于以上优势,LED 被认为是人工光利用型植物工厂的理想光源。它的应用能够降低人工光利用型植物工厂的能源消耗和运行成本,提高光能利用率和光环境的控制精度,促进植物工厂的普及与推广,同时对解决环境污染、提高植物工厂的空间利用率、减少温室效应都具有十分重要的意义。当前,LED 正在成为人工光利用型植物工厂的主流光源。

二、植物工厂电能及光能利用率

人工光利用型植物工厂中,电能消耗约占运行成本的 52%,其中用以植物生长的人工光源能耗约占电能消耗的 60%(图 6-24)。提高能量利用率是降低人工光利用型植物工厂生产成本、提高经济效益的重要途径,也是环境友好型可持续发展的必要保障。

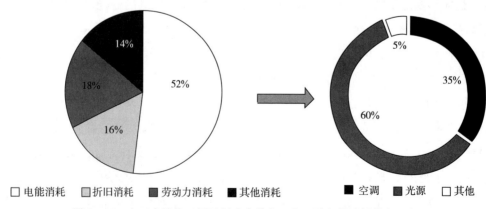

图 6-24 人工光植物工厂运行成本分布(左)及电能消耗分布(右)

电能利用率(electric energy use efficiency,EUE)是指在单位时间内的植物化学能增加量与光源消耗的电能总量的比值。式（6-1）为电能利用率的计算方法：

$$EUE_i = \frac{(DW_i - DW_{i-1}) \times W_{che} \times S \times D_i}{P \times t} \quad (6-1)$$

式中：EUE_i 表示第 $i-1$ 次与第 i 次取样之间植株对电能的利用率；DW_i 和 DW_{i-1} 分别代表第 i 次和第 $i-1$ 次取样时植株的生物量（一般取最终成为商品或食用部分的干物重），单位为 g/株；W_{che} 为每克干物重对应的化学能，为 2×10^4 J/g；S 为栽培面积，单位为 m^2；D_i 为第 i 次取样时的栽培密度，单位为株/m^2；P 为光源的实时工作功率，单位为 W；t 为第 i 次和第 $i-1$ 次取样之间的时间，单位为 s。

光能利用率（light energy use efficiency，LUE）是指在单位时间内的植物化学能增加量与光源照射的光能总量的比值。式（6-2）为光能利用率的计算方法：

$$LUE_i = \frac{(DW_i - DW_{i-1}) \times W_{che} \times D_i}{W_r \times t} \quad (6-2)$$

式中：LUE_i 表示第 $i-1$ 次与第 i 次取样之间植株对人工光源光能的利用率；DW_i 和 DW_{i-1} 分别代表第 i 次和第 $i-1$ 次取样时植株的生物量（一般取最终成为商品或食用部分的干物重），单位为 g/株；W_{che} 为每克干物重对应的化学能，为 2×10^4 J/g；D_i 为第 i 次取样时的栽培密度，单位为株/m^2；W_r 为单位面积植株冠层接收到的光合有效辐射能，单位 W/m^2；t 为第 i 次和第 $i-1$ 次取样之间的时间，单位为 s。

在人工光利用型植物工厂中，提高电能利用率和光能利用率的途径有以下几方面：

栽培作物的选择：尽量选种需光强度低〔光合光量子密度小于 $300\mu mol/(m^2 \cdot s)$〕、栽培周期短（1~2 个月）、可食用部分生物量占比高的作物，如种苗、叶菜、药用植物、香料植物等。

优化光源生产工艺：提升人工光源的光量子效率或辐射效率；电路改良，减少光源驱动的电能损耗。

光源优化布置：LED 近距离照射叶片，由此 LED 发出的 90% 的光可到达叶面，减少了能量损耗。利用 LED 元件的灵活性，按照植物生长需求，多方向布置 LED 原件，使其在光照度、光照方向、光谱组成等方面均达到最佳光照环境。此外，利用透镜等聚集光线，提高有效栽培区域光照度，也可以一定程度上提高光源电能利用率。

根据现有植物工厂栽培工艺，幼苗植株在达到成菜前要经过 2~3 次移栽，栽培密度逐渐降低。该过程十分耗费人力资源，受其成本与生产规模的制约，相当一部分植物工厂只进行 1~2 次移栽，甚至不移栽。无论何种情况，定植或移栽后的植株周围均保留有大量空间以满足植物未来一段时间的生长。这部分空间没有植物覆盖，但仍然接收了持续的光照，不利于光能利用率提高。Likun 等研究发现，采用多芯片 LED 光源，配合聚焦透镜与菲涅尔透镜等二次配光技术，在作物生长期将有限的光能集中于作物冠层，能够减少52.06%的电能消耗，提高光能利用率55.64%。

供光策略筛选：调整光照度、光质的空间分布，如采用渐变供光、交替供光、间歇供光等策略，可以显著提升光能和电能利用率。

第五节 植物工厂应用案例

近年来，植物工厂在中国呈现快速发展的势头。据不完全统计，截至2018年底，中国实际运行且有一定规模的人工光利用型植物工厂200余座，主要分布在广东、北京、上海、浙江、江苏、山东、陕西、福建等地。而且一批知名企业如富士康、三安、京东等也纷纷加入植物工厂行列，有力地推动了中国植物工厂产业的发展。本节重点介绍几个典型的人工光利用型植物工厂案例，以便对植物工厂产业化应用做个了解，并为植物工厂建设与高效生产提供参考。

一、福建中科三安植物工厂

2015年12月，作为中国LED芯片龙头企业的福建三安集团与中国科学院植物研究所合作，共同发起成立福建省中科生物股份有限公司，发挥各自的优势与特长，建设中科三安总部、植物工厂研究院和中科三安产业化基地三大核心项目，致力于植物工厂产业化科技创新和植物化合物创新药物开发，并在全球范围内布局植物工厂研究和产业化基地。

2016年6月，占地面积为3 000m²的3层式建筑、栽培面积超过10 000m²、国际上单体面积最大的植物工厂正式建成投产，日产叶菜类蔬菜2.5t以上，产品销往厦门、福州和泉州等地的超市（图6-25）。

图6-25 中科三安植物工厂模块式整合栽培系统

2017年7月，首条金线莲生产线正式投产，可根据金线莲的生长特性，采用专用光配方和基质配方、创新环控模式及生产流程进行生产，年产金线莲干品达7t以上（图6-26）。

图6-26 中科三安植物工厂金线莲与食用花卉生产

2018年6月，中科三安二期项目落成，基于人工智能的自动化垂直农业生产系统正式投入使用。二期厂房占地5 000m^2，蔬菜日产量可达8~10t。围绕植物工厂产业化应用，中科三安相继开发出模块式整合栽培系统（图6-27）、基于光配方的植物生产专用灯具以及六大类蔬菜专用营养液，获批/申报专利260余项，其中PCT国际专利和发明专利超过60%。中科三安除进行高品质安全蔬菜生产及装备研发外，还在尝试进行金线莲、石斛、医用大麻等多种名贵中草药材的种植示范，有效拓展了人工光利用型植物工厂的应用范围。

图6-27 基于人工智能的自动化智能植物工厂

中科三安植物工厂实现了向国际输出产品，目前已在美国内华达州拉斯维加斯投资建成了20 000m^{2}的生产基地，同时计划推广到新加坡、中东等地，已经成为我国植物工厂商业化应用与推广的重要企业。

二、深圳富士康植物工厂

富士康源康植物工厂位于深圳市富士康总部,是由废弃的工业厂房改造而成,种植区共划分为7个区,分别为南一、南二、南三、北一、北二、北三、北四等区域,每个区域相互独立,彼此互不影响。该植物工厂竖向栽培层一部分为13层、一部分为14层,栽培总面积达23 000m² 以上,主要种植叶菜类蔬菜以及药用植物和功能性植物等,种类达上百种,日产量达2.5t,为亚洲蔬菜产量最高的植物工厂之一(图6-28)。

图6-28 富士康植物工厂及其内部设施

深圳富士康植物工厂的显著特征是其由废弃的工业厂房改造而成,使植物工厂的围护结构成本大大降低。同时,利用其在电子信息与智能控制领域的技术优势,研制出多项独具特色的核心技术产品。所使用的人工光源是其根据不同植物生长所需的光配方开发出的专用LED光源,无效光谱少、发热量小,较传统荧光灯节能70%以上,寿命达10年以上。采用超微细气泡技术,使营养液内部充满丰富的气体,由于气泡直径小,每毫升液体内含有1亿颗气泡,在静置状态下气泡可维持19h以上,蔬菜根部始终浸泡在富含氧气的营养液中,避免了青苔及杂菌的滋生,使植物生长更加健康;采用微生物发酵液态肥进行种植,使用天然、纯净有机原材料,如黄豆、米糠、砂糖、草木灰、蚵壳等,配上有益菌发酵,形成专用有机营养液。同时,依据蔬菜不同的生长阶段配制出专用液态发酵肥,不仅能显著增强蔬菜抵抗病虫害能力,而且还可增加蔬菜营养品质及口感。

三、北京京鹏集装箱植物工厂控制系统案例

北京京鹏环球科技股份有限公司是北京市植物工厂工程技术研究中心的依托单位，在温室工程、设施园艺装备、植物工厂等领域开展了良好的科技研发和产业化应用工作。以下针对其研发的集装箱植物智能控制系统，进行详细的介绍和具体使用说明。

（一）硬件操作

1. 电气

要对集装箱植物工厂进行控制时，首先需要把控制柜内相应设备的电源空气开关合闸。如果进行手动控制，把控制柜面板上旋钮拨到"手动"位置。如果要对集装箱环境及灌溉进行自动控制，需要把控制柜上旋扭打到"自动"位置。并且检查控制柜内 PLC 空气开关、浪涌空气开关、触摸屏空气开关是否合闸（图 6-29）。

图 6-29　集装箱植物工厂控制柜

2. 营养液供回液管路

集装箱植物工厂营养液供回液管路有供液、排污、搅拌三大支路。正常运行时，需要把供液和搅拌球阀打开，把排污球阀关闭。需要排除营养液箱中的废水时，先关闭供液和搅拌球阀，打开排污球阀，并通过控制柜面板手动打开供液泵。灌溉管路上有明显的功能标示。

3. 营养液母液

集装箱植物工厂配备三个营养液母液桶，最靠近门口的计量泵为酸母液（该计量泵上标示有 pH）。注意：和该计量泵连接的母液桶内必须为酸；不能把酸液和其他计量泵连接。

（二）触摸屏软件参数设定

PLC空气开关、浪涌空气开关、触摸屏空气开关合闸后，触摸屏系统将工作，并进入触摸屏系统开始界面（图6-30）。

图6-30 触摸屏系统开始界面

1. 系统时间设定

控制系统第一步，如果系统时钟丢失，必须进行系统时间设定。只有系统时钟启动后，才能启动控制系统。点击开始界面的"系统时间设定"按钮，进入系统时间设定界面（图6-31）。

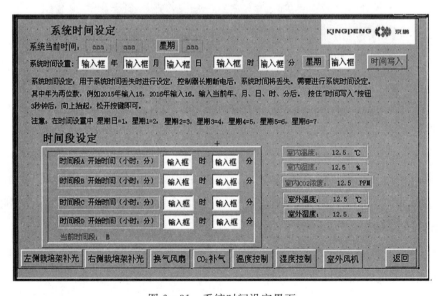

图6-31 系统时间设定界面

在系统时间设定界面中,可以看到系统当前时间、室内温度和湿度、室外温度和湿度等参数,以及设定的 A、B、C、D 四个时间段的开始时间等。

(1) 系统时间设定　控制器长期断电后,系统时间将丢失,系统当前时间会显示 00:00,此时需要进行系统时间设定。

在系统时间设置中输入当前年、月、日、时、分、星期后,按住"时间写入"按键 3s 后,向上抬起、松开按键即可。其中年为两位数,例如 2017 年输入 17,2018 年输入 18。当"系统当前时间"显示正常后,系统时间设定成功。

在时间设置中,星期日设定为 1,即星期日=1,星期一=2,星期二=3,星期三=4,星期四=5,星期五=6,星期六=7。

(2) 时间段设定　作物在不同的时间段需要不同的生长环境,有高有低,这样才有利于作物的生长。触摸屏控制系统把温室分为四个时间段。在每个时间段中设定该时间段的开始时间,当系统时间到达该时间段时,自动进入该时间段。如果用户只用两个时间段,则时间段 C 和 D 的开始时间都设定为 0。在进行参数设定时,要先设定时间段。

2. LED 补光参数设定

LED 补光灯以中间道路为界,左右两边独立控制。补光灯采用定时控制,每侧补光灯采用间隔启动、全部打开,一次性可同时设定 4 个开启、关闭时间段。如果客户只需要开启每侧的一半补光灯,可通过关闭控制柜内的补光空气开关来实现(图 6-32)。

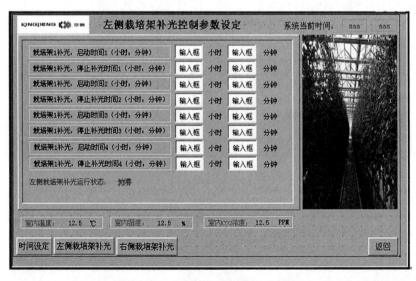

图 6-32　LED 补光参数设定界面

3. 室内循环风扇参数设定

当不需要启动室外风机进行换气或者为了均匀集装箱内的环境时,可通过开启室内循环风扇进行调节。为了提高设备的使用寿命和节能，室内循环风扇采用间隙式运行。在系统时间设定的 A、B、C、D 四个时间段中，分别设定每个时间段内循环风扇的运行时间长度和停止时间长度。当某个时间段不需要运行室内循环风扇时，该时间段的运行时间长度和停止时间长度都设定为 0（图 6-33）。

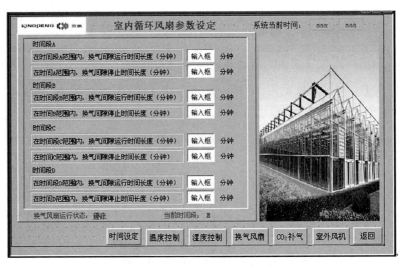

图 6-33　室内循环风扇参数设定界面

4. 室外换气风机参数设定

室外换气风机安装在集装箱顶部，主要是辅助空调降温，与空调联动运行。当室外温度较高时，系统启动空调进行降温。当室外温度不是很高时，为了节能，系统将启动室外换气风机进行降温（图 6-34）。

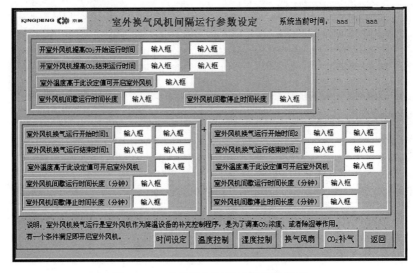

图 6-34　室外换气风机参数设定界面

此处室外换气风机参数设定是室外换气风机作为降温设备的补充控制程序，是为了调高二氧化碳浓度或者除湿或者特定时间段内通风等。这几个条件有一个条件满足即开启室外换气风机。

5. 空调参数设定

空调是集装箱降温的主要设备，集装箱内补光灯开启后会产生一定的热量，特别在室外温度较高时内部温度也相对较高。

空调与室外换气风机联动运行。在 A、B、C、D 每个时间段内，当室外温度较高（室外温度高于设定的室外温度条件）时，系统启动空调进行降温。当室外温度不是很高（室外温度低于设定的室外温度条件）时，为了节能，系统将停止空调，打开侧窗、启动室外换气风机进行降温。同时，空调是通过记忆模块进行控制。该集装箱通过记忆模块设定空调的运行模式是制冷，制冷温度为 19℃。即每次空调启动时，都是按制冷模式、制冷温度 19℃运行（图 6 - 35）。

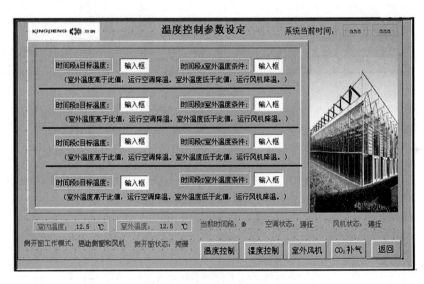

图 6-35 空调参数设定界面

如果要改变空调的运行模式和制冷温度，需要通过遥控器进行设定。设定步骤为：控制柜面板上手动打开空调，空调启动后，用遥控器设置空调的运行模式（如运行模式设定为制热）、用遥控器设定制热温度，空调制热运行 3min，然后关闭空调电源（控制柜面板上空调按钮拨到停止，即直接给空调停电），等待 20s，然后再通过控制柜面板手动开启空调，等待 3min 后，空调自动开机运行，则修改空调运行模式成功。

6. 营养液供液参数设定

集装箱灌溉通过营养液箱内的循环泵和供液电磁阀进行控制，并采用间歇式运行。系统中可一次性设定三个运行时间段，在每个灌溉运行时间段中，设定灌溉的开始时间、结束时间、运行时间长度和停止时间长度。当某个时间段不需要进行灌溉时，该时间段内灌溉的开始运行时间、结束运行时间、运行时间长度、停止时间长度都设定为0（图6-36）。

图6-36 营养液供液参数设定界面

7. 营养液配肥控制参数设定

集装箱采用自动配肥系统，首先在营养液箱中注入清水，然后通过计量泵将肥料母液注入营养液箱。经过混合搅拌，达到需要的电导率和pH后，通过营养液箱中的供液泵和供液电磁阀进行灌溉。

首先设定每周几需要进行配肥，然后设定当天的配肥时间段。经过我们的实际使用来看，特别是在作物较大时，一天的pH变化较大。所以一般每天都需要进行配肥，每天最好进行两次配肥。在营养液目标参数中设定目标电导率和pH、目标电导率精度和pH精度，系统将按目标值加（减）目标精度值进行配肥（图6-37）。

特别注意：在进行配肥时，系统将自动停止灌溉。因此，最好是在栽培架上的灌溉液全部回到营养液箱后才进行配肥。配肥的开始时间是在灌溉之前或者灌溉结束5~10min后，每次配肥时间长度最好为5min。例如，当天第一次配肥开始时间为7:00，则灌溉开始时间为7:05。当天第二次配肥时间为20:00，则当天最后一次灌溉结束时间为19:55。即在灌溉之前进行配肥，或者灌溉后保证栽培架上的营养液全部回到营养液箱后才进行配肥。

营养液箱设计有液位传感器，当营养液箱中液位低于液位传感器位置时，系统将自动

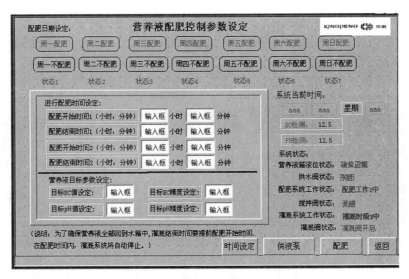

图 6-37 营养液培肥控制参数设定界面

停止灌溉。并在配肥界面中显示：液位过低。只有液位正常后，才能进行灌溉。

8. 参数修正

由于传感器存在一定的漂移，或者传感器采集的数据与设定的数据有较大差距时，可以通过此功能调整温室传感器采集数据（在用的传感器均为标准的 4~20mA 传感器）。

结合实际校正值，在调整值中当输入值为正时，传感器采集的数值加上所设定的调整值为新的传感器数值。当输入值为负时，传感器采集的数值减去所设定的调整值为新的传感器数值。

自动控制时以调整后的数值作为参考值进行控制（图 6-38）。

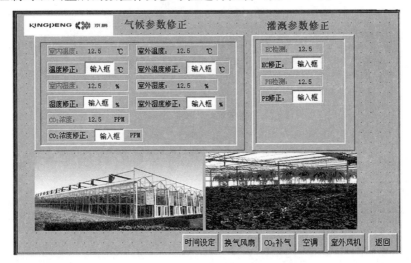

图 6-38 参数修正设定界面

9. 报表数据查询

触摸屏控制系统有报表数据查询。在"设置"按钮中，可设定查询的开始时间、结束时间以及数据点的间隔时间（图6-39）。

图6-39 报表数据查询界面

数据导出：报表系统除了具有数据查询功能外，还可以通过U盘进行数据导出。首先插上U盘，5s后，系统检测到U盘并进行硬件扫描，在"数据导出开始时间""数据导出结束时间"中输入导出的数据时间段以及导出的"数据个数"，然后按下"数据导出按钮"即可。

第七章

智慧畜牧

畜牧业是我国农业经济的支柱产业之一，畜牧总量如猪、羊、牛等常年位居世界前列，支撑着居民日益增长的肉食消费需求。我国在畜牧业发展的过程中，存在着诸多因素阻碍现代畜牧业的快速发展，主要有畜牧业的生产方式仍比较落后，产业链松散，整体经济效益不够高；科技支撑和引领畜牧业的能力不够强，动物疫病的预防和控制能力不强，生产环境污染大；信息化和智能化程度低，行业数据资源分散，养殖过程数据采集困难等一系列难题。

第一节 智慧畜牧概述

一、智慧畜牧的内涵

根据畜牧业生产中主要使用的技术的变革情况，畜牧业的发展大体经历了三个阶段：

一是机械化阶段：在畜牧养殖过程的各个生产环节，通过使用机械化作业代替人工操作，节约了人工，降低了养殖成本，提高了养殖的规模化、集约化、标准化生产水平。但不能感知外部信息，是信息孤岛系统。

二是信息化阶段：利用传感技术、物联网技术和现代信息与通信技术等，采集各类生产、经营、管理、交易、库存等信息，并对数据进行初步分析、指导生产实践，能感知外部信息，形成信息收集、分析和初步反馈的系统。

三是智能化阶段：通过集成移动互联网、物联网、云计算、大数据和人工智能等多种技术，以实际生产目标为导向，进行数据采集、分析、决策控制，赋予机器学习能力，部分替代人的思维进行精细化管理，实现各类数据信息互连互通，形成复杂协同的自适应决策系统。

智慧畜牧即智能化阶段的畜牧业形态，它围绕畜牧管理构建一体化的智能网络平台，集成各类传感器、软硬件，和最新的技术协同发展，将养殖生产能力、生产目标和环保等具体需求相结合，开发提供实时在线的畜牧业多场景的产品和服务，实现数据、信息、技术与养殖生产深度互动融合一体化，带动整个行业的转型升级。

世界上主要农业发达国家，如法国、意大利、美国、日本等均提出要大力发展智慧农业。我国畜牧业的发展现状与先进国家差距还很大，也与日益发展的信息社会不相适应。2015年，政府工作报告《两会》提出实施"互联网+"行动，深入推进"互联网+农业"，促进农业生产管理更加精准高效。为了加快畜牧业的快速发展，在《中共中央、国务院关于实施乡村振兴战略的意见》《乡村振兴战略规划（2018—2022年）》《数字乡村发展战略纲要》系列文件的基础上，农业农村部在《2018年畜牧业工作要点》中指出推动畜牧业在农业中率先实现现代化，并在《数字农业农村发展规划（2019—2025年）》中提出要加快生产经营数字化改造，实现畜牧业智能化。至此，从国家层面正式确立畜牧业智能化的发展方向。

建设现代畜牧业，数字化、信息化、自动化、智能化是不可或缺的核心内容，是产业发展的重点方向，也是科技创新驱动畜牧业产业发展的努力方向之一。智慧畜牧的目标是用现代科研和技术改造传统畜牧业，连接农场、牧草、超市、餐桌等，将养殖、流通、消费等全产业链一体化，实现畜牧业生产智能化、经营网络化、管理数据化、服务在线化，为畜牧产业提供具有数据动态、数据即时、数据真实、数据共享、网络安全、平台开放、共享共生的生态一体化的数字产业链体系，使智能化、信息化与现代畜牧业深度融合，促进畜牧业整体水平再上一个台阶，从而进一步提升我国畜牧业全要素生产力、资源利用率和市场竞争力。智能与畜牧业的深度融合，借助关键技术的发展，尤其是养殖畜牧大数据服务平台、新一代互联网、移动互联网、5G、云计算、物联网、智能采集终端（如RFID、传感器）、人工智能、区块链、机器人、虚拟现实等创新技术与现代化生态养殖相结合，严控养殖过程实现精准化、绿色化、自动化、智能化，带动畜牧产业整体技术水平的提升，智慧畜牧将成为智能畜牧服务企业发展的正确途径之一。总之，智慧畜牧就是在可信数据的基础上实现数据信息交互、协同计算和智能治理，实现畜牧业的技术、环境和社会政策的联动一体化，实现生产、生态和生活的智能和谐化。

在生产方面，智慧畜牧体现在养殖生产方式的改善和生产力的大幅度提升，实现养殖过程中环境控制的智能化、养殖生产过程的数据化、饲料和药品管控的精准化、疾病防控和生物安全防控上的地理在线实时化、经营决策智慧化、多系统联动一体化。这一点主要针对行业领域，通过技术应用解决畜牧业内面临的问题。

在生态方面，智慧畜牧在生态领域要实现养殖、粪污、环保等方面的生态友好和谐一体化的协调发展，同时实现种苗、饲料、药品、养殖、屠宰加工全产业链上的安全可追溯。这一点主要针对生态领域，通过系统变革解决行业在社会生态中面临的问题。

在生活方面，智慧畜牧改变养殖从业人员的生活和沟通方式，采用先进便捷的养殖信息系统，最大限度地降低生产成本，提高养殖经济效益，节省人力、物力、财力、精力和时间，使养殖户放心生产、安心生活和舒心享受。这一点主要针对社会领域，通过畜牧业的核心功能优势，推动社会领域的相应变革。

尽管智慧畜牧在我国处于起步阶段，但已有各行各业的企业和研究单位，针对智慧畜牧所涉及的关键技术和问题进行了大量的研究、探索和实践。2019年，中国畜牧业协会智能畜牧分会发表了《中国智能畜牧发展现状与趋势白皮书（2019）》，以智能养猪产业为例，梳理了环境控制、猪个体及群体参数采集、识别、监控和追踪，以及信息系统和平台等方面的进展，较为系统地整理了智能养猪的领域、产品和典型企业，见附表1。

二、智慧畜牧的关键技术

新兴科技已经成为驱动畜牧业快速发展的重要动力，以移动互联网、物联网、大数据、云计算、人工智能和区块链等为代表的现代信息技术与畜禽生产各个环节的深度融合，促使传统畜牧业向精准化、自动化、智能化和绿色低碳的现代化畜牧业转型。

畜牧业物联网是由大量传感器节点组成的多传感器监控网络，通过感知层的信息传感设备实时采集畜禽个体生长状况、养殖环境等信息，转化为电信号以后，通过网络层的通信网、无线传感器网络/局域网、广域网、互联网把感知层所得的多源异构信息进行在线、实时的高效传输，为智慧畜牧提供了丰富的数据，为开展后续智能化计算分析奠定了数据基础。

畜牧业大数据建设是要实现一切畜牧业务数据化、一切畜牧数据业务化，让畜牧业务和数据联动深度融合一体化，最终把畜牧数据信息转变为数据信息资产和应用数据能力，将数据要素转变为畜牧业务的生产力，赋能畜牧业的发展。目前，一些相关公司开展畜牧数据的中台体系化建设，从畜牧业务场景的数据化和在线化、算法和模型、工具和平台、数据应用闭环、数据规范和标准等方面开展数据中台建设。

畜牧数据具有多源、异构、跨平台、跨系统的典型大数据特征，采用传统技术手段处理这类数据非常困难，独立分散的养殖户更无法提供相应算力。云计算为畜牧大数据处理提供了技术支撑，核心技术包括基于多模态特征的知识表示和建模、面向领域的深度知识发现与预测、特定领域特征普适机理凝练的知识融合等。在大数据的基础上，将云计算和边缘计算协同，进行一体化发展，充分发挥云计算的性能"大脑"优势和边缘计算灵活"神经末梢"优势。通过边缘计算对小数据直接在边缘设备或边缘服务器中进行数据处理，通过云计算对大量边缘计算无法处理的数据进行存储和处理、整理和分析，并反馈到边缘设备，增强边缘计算能力，两者一体更快地处理和分析数据、降低成本、减少网络流量和故障、提高程序效率、按用户需求个性化计算、保护个人隐私和数据安全。

区块链技术也是智慧畜牧的关键技术之一。畜牧养殖产业化过程中,生产地和消费地距离拉远,消费者对生产者使用的兽药、饲料以及运输、加工过程中使用的添加剂等信息根本无从了解,消费者对生产的信任度降低。基于区块链技术的农产品追溯系统,所有的数据一旦记录到区块链账本上将不能被改动,依靠不对称加密和数学算法的先进科技从根本上消除了人为因素,使信息更加透明。

知识图谱、群智能、神经网络与深度学习等人工智能算法在智慧畜牧中也具有广泛的应用前景。知识图谱在智慧畜牧中的应用包括知识发现、智能问答和决策支持等方面,如养殖知识问答、猪病百科全书、猪病在线诊断等。同时,知识图谱与具体事件结合以后,可以快速地获取客观世界中事件的发生时间,并以事件的属性建立事件的关联关系,构建以事件为基本单位的知识网络,如此,通过知识图谱可以实时获得最新的动态消息并归因分析和预估其潜在影响,进而可以对畜牧业的病情、疫情、价格等敏感因素进行预测和监测。群智能在畜牧上主要应用于各种优化问题,如饲料配方的优化、动物精准营养的优化和智能选种选育。神经网络与深度学习等人工智能算法可应用在发情识别、怀孕识别、疾病诊断、精子检测、行为检测、个体监测、群体数量识别、声音识别猪的生长和健康状况如情绪、饥饿、发情和咳嗽等,以及人机交互,如语音智能交互问答、语音控制和录入数据等。

三、智慧畜牧的应用示例——智慧养殖监测系统

针对畜牧业的发展现状,目前已有公司通过新一代互联网、移动互联网、云存储、物联网、智能采集终端(如RFID、传感器)等创新技术与现代化生态养殖理念相结合,向畜牧企业和各级监管部门提供养殖、防疫、检疫、屠宰、流通、分销、无害化处理、畜产品安全、重大疫病预警等在线监管服务,实现畜牧业的资源整合、数据共享和业务协同服务,努力实现畜牧业的智能放牧和畜产品分销溯源等信息化管理系统,助力现代畜牧产业转型升级。

智慧养殖监测系统主要包含以下组成部分(图7-1):

畜禽养殖监测系统:通过传感器、音频、视频和现代网络通信技术在线实时采集养殖场的环境信息(二氧化碳、氨气、硫化氢、温度、空气湿度、噪音、粉尘、压力、水质等)和畜禽生长行为(如进食、饮水、排泄、疾病、发情等),实时监测舍内的养殖环境信息,及时预警异常行为,减少损失。

畜禽养殖视频监控系统:在养殖区内设置固定或可移动的监控设备,实现现场环境实时在线查看、远程实时监控和行为报警、视频及时存储和传输,随时回看,及时发现养殖户在养殖过程中碰到的问题,查找分析原因,确保安全生产。通过畜禽的在线实时身份识别

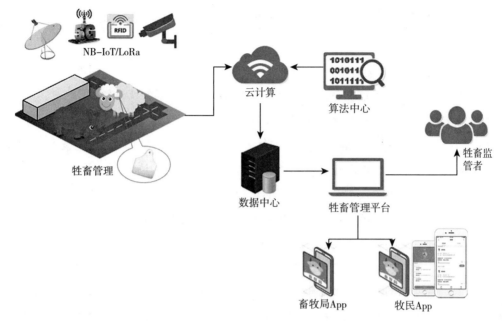

图 7-1 智慧养殖监测系统

和状态感知，了解畜禽的生长状况，便于生产管理，提高生产效率，同时保证生物安全。

畜禽养殖智能控制系统：实现畜禽养殖光照、温度、湿度、舍内压力、通风、电、水和饲料添加等功能的智能化控制。根据畜禽个体的生命周期、当前所处的生长阶段、所在空间和生物安全的需求，分阶段智能调控环境条件，智能投放畜禽个体所需的不同类别的饲料和饲喂量，实现精准化细化管理，提升养殖效率，减少病害的发生，进而减少损失。

数据库系统：基于人员信息以及畜禽、生产资料、运输工具等资产信息建立台账，便于人力资本和客户的数字化管理，动态把握畜禽、饲料和兽药等各类产品及相关技术的进货、销售、库存情况，实时在线地计算经营的成本和利润相关的关键指标，并监控这些指标的变化。

智能电子耳标：智能电子耳标能识别牲畜身份，承载畜禽个体信息。各监管部门可通过 RFID 技术查看浏览相关信息，及时发现和精准处理疫情，降低疫情造成的经济损失。

终端远程管理系统：通过手机等终端设备控制生产管理，是智慧畜牧物联网控制系统的另一种快捷控制方式。用户通过手机等终端设备下载系统，登录客户端，就可以根据用户权限查看各种设施和设备的工作状况、环境数据和畜禽的生长状况等，还可以实时在线地分析这些数据，方便远程生产管理。

信息管理平台：公司各部门及政府监管部门可以通过该平台查看各种畜禽的生产、检疫、免疫、销售等情况，计划引种和实际引种、畜禽培育与畜禽推广等情况。

第二节　基于计算视觉的动物个体识别

全球 2018 年肉类（包括猪肉、牛肉和羊肉等）消耗统计显示，我国肉类消耗居全球首位。我国是全球牲畜养殖和消耗大国之一。传统的养殖户对每头动物如猪、奶牛和羊的信息记录方式需要耗费大量的人力物力，不足以适应现代发展的需求，因此发展智慧畜牧，将 5G、移动互联网、物联网、大数据、云计算和人工智能等现代科学技术与传统畜牧结合，促进养殖过程的精准化、自动化和智能化，提高养殖场的管理效率和经济效益。在这一过程中，计算视觉技术对动物的精准化和智能化管理具有重要作用。计算视觉的动物个体识别是指利用各种传感器、红外和可见光摄像头等采集动物视频、图像，结合动物行为学特点，为每个动物个体建立档案，并对动物的数量、体重、体型体貌、行为特征、进食特征、疾病特征、生长特征和健康状况进行综合的全面分析，为决策分析提供支撑。动物个体识别有助于动物的精准化生产管理和生物安全的防控，对养殖质量的提升和控制牲畜的健康至关重要。通过对动物的精准饲喂和管理，提升养殖效率，降低养殖成本，同时识别受感染动物可以控制疾病的蔓延，减少养殖者的损失。猪脸识别有望实现通过对动物面部特征、体态的识别来判断猪的品种和个体身份，通过对猪体态和动作的识别来判断猪的健康情况等。

随着人工智能与深度学习在图像识别、语音识别、自然语言处理、机器视觉等方面成功应用，尤其是人脸识别在各个场景中的广泛应用，人们希望借助人脸识别与图像识别的技术，实现畜牧业生产中的智能感知。人脸识别通常用于非侵入式的访问控制和监视，与养殖企业的应用场景非常相似。因此，理论上可以将人脸识别领域的相关技术迁移至动物的身份识别，它有利于动物日常信息管理，也可以实现动物产品的全程追溯。

一、猪脸识别

猪个体识别是指通过猪的体型、外貌、纹理、面部特征等细节的识别，精准定位每一头猪，猪个体识别技术可协助猪场实现自动化管理，记录猪个体的成长资料。猪脸识别至少包括两个层面，一是数量识别，识别出现场内猪的数量；另一个是猪个体识别，对猪个体身份进行核验，精准识别每头猪并与其唯一标识 ID 对应。随着图像技术和深度学习的不断发展，通过非接触式的猪个体识别技术减少养猪场人力投入、精准监测疫病、提升养殖效率、降低养殖成本已成为必然趋势。非接触式猪个体识别技术，可记录每头猪的身份信息和健康状况，并通过猪的外观识别猪个体的身份、估测猪体尺寸参数和猪体质量、猪个体轮廓等信息。非接触式猪个体识别技术的难点在于提高多变环境中猪个体身份的识别率。猪个体外观十分相似，通过标记颜色如仔猪的背部和侧面部用不同颜色，标记记号如猪背部涂抹的待识别图案与样本图案的匹配程度等对猪进行个体识别效率均较低，原因在于猪个体颜色、形状特征以及标记图案特征不明显。随后，人们通过单一环境下的猪脸及其周围的特征空间，如全脸图像、眼睛周围的图像和鼻子周围的图像实现猪个体识别，取得较好的效果。目前，复杂多变环境下猪个体的识别率仍然不高，面临的挑战依然较大。此外，为了避免单一相机的视野限制和单一光源的捕获信息限制问题，已有一些研究采用多台相机从不同视角（多视角相机）和多光谱融合（如红外光和可见光图像融合）技术，弥补单一技术的缺陷，实现多种技术信息的协同互补，结合温度和环境等信息，建立数学模型，利用人工智能算法如深度学习算法实现对猪个体的精准识别，以及对猪个体的各种姿态、生理状态、疾病状态、异常行为等的识别。采用深度学习方法，目前可以识别群养猪的吃食行为和母猪的站姿、坐姿、胸骨卧姿、腹侧卧位和侧卧位5种姿势，同时对实际环境中的猪脸识别也有较好的效果。

实际猪场环境拍摄的图像中含有大量的背景噪声如猪栏、窗户等信息，都会影响猪脸的识别效果。因此，需要将猪脸从图像中截取并标注出来，制作在不同光照、遮挡以及不同角度的环境下的猪脸数据集，同时采用增强技术模拟多种不同环境下的猪脸图像。随后建立深度学习模型，尽可能多地提取猪脸的特征信息，并设计合适的深度学习网络结构和参数，在网络深度、计算时间和识别准确度上取得平衡。网络较浅时，无法提取猪脸详细特征如眼睛、耳朵等位置，而加深网络层数改进性能的方法会导致参数增多、计算量增加，使得猪脸识别速度较慢。由于猪个体之间的主要差异在于猪脸形状和五官细节，需要同时提取整体形状特征以及五官等局部信息。因此，设计合适深度学习网络结构对提高识别率也比较重要。近期天津大学的研究者建立了多变环境下基于多尺度卷积网络的猪个体识别模型和方法，如图7-2和图7-3所示，取得了较好的效果。

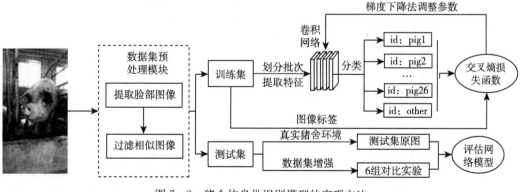

图7-2 猪个体身份识别模型的实现方法

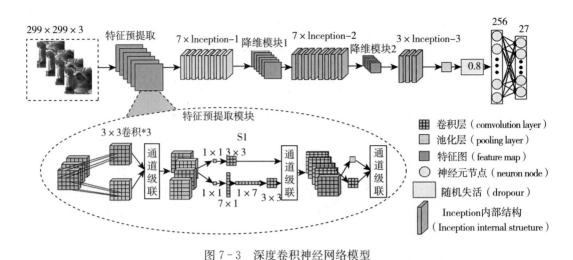

图 7-3 深度卷积神经网络模型

注：299×299×3 代表图片的尺寸，3×3 卷积*3 代表 3×3×3 小卷积核，S1 代表两路卷积层特征提取模块。

为了推动猪脸识别进展，2017 年有公司牵头举办了首届"猪脸识别"竞赛。参赛者需要设计一个算法，能够通过猪的照片来正确地辨别每头猪的身份。发布的数据：训练数据包含 30 头猪的视频素材，每头猪对应一个文件，时长约 1min，文件名即为猪的编号；测试数据为 30 头猪的照片 3 000 张，参赛者需要用算法来区分这些照片上的猪的身份，即预测每张照片属于每个类别（猪）的概率。

虽然猪脸识别取得了一定的进展，但距离实际应用还有一定的差距。目前，猪脸识别的主要挑战在于：

①猪的生长周期短，外貌变化快，识别难度高，猪的生长周期在 110～120d，与牛 270d 左右的生长周期相比，猪生长过程中的外貌变化极大，比牛脸识别难度更高。

②缺少不同品种的猪在生长过程中面部体型变化的数据集。

③由于牲畜不受控制，识别受面部污垢等影响，猪的耳朵对猪脸有一定的遮挡。

④猪舍中的猪处于运动的状态，很少正对镜头，数据采集难度高。

⑤猪舍环境复杂多变，不同猪舍的光照等条件不一致。

此外，影响猪脸识别应用推广还有一些其他方面的因素：

①面临现有成熟技术的竞争（如智能耳标就是目前行业里最为成熟的技术之一）。

②养殖户还不能充分地理解新技术的实用价值。

二、牛脸识别

近年来，我国对牛肉和牛奶制品的需求量日益增大，对其品质和安全的关注度也不断攀升，发展精准化、自动化和智能化的牛养殖，实现牛个体快速准确识别，对牛的生产管理和产品溯源均具有重要的作用。其中，牛脸识别是实现牛个体快速准确识别的重要途径。与猪脸识别类似，牛脸识别主要也是通过牛的五官、轮廓、花纹和纹理、面部特征等细节的识别，精准定位每头牛。如牛个体识别技术可协助奶牛场实现自动化管理，记录牛个体的详细信息如牛的年龄、性别、健康状况、过往疾病史、每天饲喂量、出奶量和牛的质量等。

目前，牛个体识别国外研究起步较早，建立了以穿孔佩戴无线射频识别标签为基础的几种监测和管理系统，如对奶牛进行跟踪和管理方面，英国建立了跟踪系统CTS，以色列建立了管理系统，美国建立了动物检测系统NAIS等。荷兰的农业科技公司Connecterra开发的"智慧牧场助理"（the intelligent dairy farmer's assistant，IDA），通过在奶牛的脖子上佩戴可穿戴设备（设备内置了多个传感器），配套机器学习分析软件，实现奶牛的反刍、躺下、走路、喝水等行为状态和健康疾态实时监测，精细化管理奶牛的生理和健康情况，降低了人力成本，提升了生产力，取得了一定的效果。但是，由于采用穿孔和佩戴无线射频识别标签这种侵入式的识别方式很容易引起动物的不适，咬标和掉标以及标识损坏的情况经常发生。

机器视觉技术在人脸识别中的成功应用，迁移到动物身份识别具有安全、便捷、非侵入等显著优点。近年来，一些研究者开始采用人工智能和计算机视觉技术对牛脸进行识别，取得了一些进展。如对牛脸部的纹理特征进行研究，采用稀疏编码分类方式进行识别，证明了脸部纹理特征在牛脸识别中的有效性。但这种脸部纹理识别方式只关注正脸，对其他形式的牛脸和无花纹特征的牛脸识别失效。接着研究者将图像处理技术应用于各种牛脸的识别，将牛脸进行变换图像亮度、扭曲度、噪声以及旋转角度并计算提取特征，采用分类识别模型，证明了牛脸图像识别牛个体是可行的。但这些模型均是对静态的牛脸进行识别，对运动中牛脸识别效果较差。

这些方法仅采用了少量的牛脸图像数据集和简单的统计识别模型对牛脸进行识别，而有研究者采用近年来成功应用的深度学习模型对牛脸进行重新建模和识别，取得了较好的效果。将已有的卷积神经网络深度学习模型如LeNet-5模型迁移到牛脸识别上，取得了一定的效果。另外，也有将已有的卷积神经网络深度学习模型如ImageNet应用在牛脸的特征提取上，然后结合其他的人工智能算法如稀疏表示学习和图像残差极小原则对牛脸进行识别，取得了较好的效果。也有自己建立牛脸数据集，然后采用多任务全卷积网络对牛脸进行检测。但这些识别也是基于静态牛脸数据之上的。对于运动中的牛脸识别方面，采用卷积神经网络深度学习模型如Inception-V3来提取标记的近视角牛脸视频图像中的特征，然后采用长短时记忆网络（long short-term memory，LSTM）深度学习方法继续训练视频图像数据，从而建立在运动中的牛个体图像数据集如下图7-4所示。由于图像随时间不同,从多角度对同一头牛进行不间断的积累数据并训练模型,模型的识别效果较好。但这种方法仅采用了固定角度的视频图像数据,存在着图像数据背景混乱、光照条件差异大、牛在图像中的位置和姿态随机等问题。阿尔斯兰等将可见光相机、红外相机和深度相机集成到一个 RGBD 深度相机系统,将三种相机的视角进行结合,采用特征提取和模式分类的方法综合对牛个体进行识别。该系统不仅有传统的图片信息,还将牛轮廓形状信息作为判别标准,不受光线、颜色变化的影响,可用于极为相似的动物个体识别。

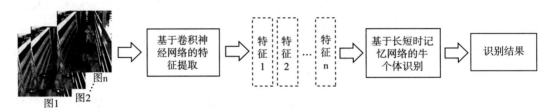

图 7-4 基于卷积神经网络和长短时记忆网络结合的牛脸识别方案流程示意图

与猪脸识别相同,牛脸和羊脸识别同样存在着:背景混乱、光照条件差异大、个体在图像中的位置和姿态随机、面部污垢等影响等问题;个体多处于运动的状态,很少正对镜头,数据采集难度高;缺少各个不同品种和生理状态下的脸部变化标准数据集。牛脸识别与猪脸识别相比,不同之处在于:牛的生长周期比猪的长,面部特征变化较猪脸小,但牛脸的花纹特征比猪脸复杂,且牛的轮廓较猪的大,因此这些特征使牛的个体识别相对猪的个体识别而言简单一些。其主要难点在于:生长周期的变长导致脸部变化标准数据集的采集更为困难,同时研究牛脸的工作者和单位较猪的少,进展较慢。

羊脸识别也是当前动物识别个体技术开发的热点之一。除了脸部变化标准数据集的采集更为困难以外,与猪脸和牛脸识别不同,还存在着羊舔咬时羊脸发生变化,这导致羊脸特征更难。同时,由于羊脸数据通常需要从群羊中分割出羊个体,数据标记也更为困难。总之,为了提高牛脸和羊脸识别的准确性,需要将牛和羊的个体和脸部图像数据采集、图像处理、特征提取、个体识别融合在一起,有效整合多相机视角与嵌入式识别设备系统,综合应用机器学习及深度学习,实现自动化的智能精准牛脸和羊脸的个体识别。

第三节 动物行为识别

动物行为通常是指动物的活动方式、饮食形式、声音情况以及表面上可以辨认的变化。随着养殖业集约化和规模化的快速发展,动物管理控制质量与福利化养殖要求不断提高,监测动物个体行为对预防疾病、改善动物福利状况越来越重要。动物养殖一般以群体圈养为主,动物个体行为如生病、行为暴躁等对养殖群体的影响较大,但是由于养殖基数庞大,靠人工观察费时费力,效果不佳,且具有很大的局限性。传统监测方法容易伤害动物身体,使其产生应激反应,不能保证动物福利。如应用最普遍的人工观察法,测量误差大,不能反映个体行为参数变化规律,不同场所测定数据很难统一比较。测量人员进入畜禽舍内,不仅会引起动物的应激反应,也会对动物群生物安全产生潜在威胁。随着物联网技术不断进步,动物个体行为自动监测识别技术不断发展,RFID 在畜牧业方面的需求也不断增加。RFID 电子标签拥有识别间距远、读取率高、防干扰能力较强等特点,并可对动物个体信息进行编码,实现从动物出生开始追踪其信息直到死亡。这些信息对确保食品质量与安全、追踪食品来源以及存活或屠宰潜在病态动物的情况具有非常重要的作用,这种非接触式识别系统可有效降低劳动力成本。

RFID 技术监测动物个体行为潜力很大,引起动物识别追踪方面的研究人员密切关注。目前,RFID 技术主要应用在实现个体远程定位和计数、动物个体行为追踪、动物个体识别和监测、动物疾病暴发检测和动物疾病系统化鉴定等。

RFID 是一种无线射频自动识别技术,其电子标签信号经射频天线接收传送至读写器,并存储于后端数据库。RFID 系统包含 RFID 电子标签、RFID 读写器、读写器天线、PC 端 4 个部分,其模块构成见图 7-5。RFID 最早在 20 世纪 60 年代的英国发明并开始商用。2012 年,我国工业和信息化部公布的《物联网"十二五"发展规划》,从国家层面上支持 RFID 标签的研发与应用。当前,RFID 技术已被广泛应用于待测定目标定位、个体行走静立识别、活动范围分类以及路径认证等。RFID 系统中读写器可分为固定式与手持式,一般使用固定式对动物个体行为进行识别监测。读写器通过天线与标签建立联系,读写器天线分为内置天线与外置天线,在畜牧业一般使用外置天线。RFID 电子标签根据使用规则和技术标准,可分为不同类别。应用于动物识别的标签主要有四大类型:药丸剂、动物耳标、可注射玻璃标签、脚环标签。

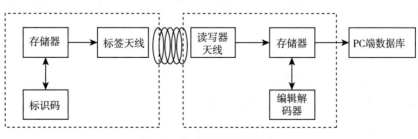

图 7-5 RFID 系统组成

RFID电子标签根据自身能量分为有源、半有源、无源3种类型；根据通信方式又分别称为主动、半主动、被动3类。主动（有源）电子标签内部含供电电源，可主动发射射频信号，读写距离较长，存储量较大，但是不方便携带，成本较高；半主动（半有源）电子标签内部含小型电池，仅供标签工作，使标签时刻处于可接收射频信号状态，具有相对更好地反应速度与接收效率，但其体积相对较大，成本相对较高；被动（无源）电子标签没有内部电源，接收到无线射频信号后获得能量开始传输数据，其体积小、便于携带并且价格低廉。因此，RFID技术现阶段主要应用被动电子标签（即无源电子标签）。

RFID技术根据主要工作频率可分为低频（125kHz）、高频（13.56MHz）、超高频（860～960MHz）3种技术。低频RFID技术监测精度较高，但是不能同时监测多个目标，并且监测距离短，不适用大群体动物个体行为识别；高频RFID技术可同时读取多个标签，读写距离较远，但其读写速度较慢；超高频RFID技术与低频、高频RFID技术原理不同，其通过信号反射原理进行感应，读写距离远、读写速度快并且可同时读取多个标签，但传输信号易受干扰，监测精度相对较低。目前，低频RFID技术主要用于畜牧业管理动物信息，高频RFID技术较广泛应用于动物个体行为监测，而超高频RFID技术正处于研究发展阶段。

RFID技术系统和工作方法有以下三大方面：第一，通过携带RFID读写器来实现对目标物体监测；第二，通过携带RFID电子标签来实现对目标物体监测；第三，无须携带就可实现监测。在动物个体行为监测方面，一般使用携带RFID电子标签方式对需测定动物进行识别。

RFID技术主要应用于动物个体信息记录、个体身份识别，可根据定位方法获取动物位置以及停留时间，并将数据存储在数据库中。通过对数据分类处理，可实现对动物个体采食、饮水、活动以及个体运动轨迹等识别监测。监测畜禽行为，建立其行为模型，从而判断异常行为，采取相应解决措施，可提高食品安全、减少经济损失。如超高频RFID技术，对猪个体每天进食量和进食频率以及猪的实时体重进行了监测并对猪的异常采食行为进行报警。RFID技术和基于视频的目标跟踪与多模型声音识别还可以识别猪个体并对猪行为进行检测与分析，利用数字图像处理技术与声音识别技术，对猪的进食、活动、休息、排泄等行为进行了检测，通过检测结果对猪的健康状况进行评级。

在实际应用中，RFID还可用于奶牛每日运动量的检测，挤奶器与RFID技术结合记录个体奶牛日产奶量等。RFID技术与摄像技术相结合监测小母牛与毛刷接触行为，以判断小母牛是否健康成长。RFID技术与摄像技术也用于监测公猪诱情时母猪与公猪附近的记录器结合次数，判断母猪是否发情。利用RFID技术与摄像技术可以识别动物的步态进而反映其健康状况，如猪的跛脚行为一般预示着一些传染性疫病（猪口蹄疫等）的发生，奶牛的蹄部健壮是奶牛健康、高产的基础。超高频 RFID 技术同一射频天线可同时读取多个标签，读取速率快，引入或改进相应算法可提高准确性，排除信号干扰，应用于大群体动物个体采食、活动等行为监测的潜力巨大。

第四节　动物疾病智能诊断

　　动物疾病的防治是畜牧养殖业的基石，流行性疾病对养殖业造成重大损失，如 2018 年 8 月以来的非洲猪瘟疫情，给我国的养猪业造成严重损失。动物疾病的防治在我国面临很多挑战，以猪为例，由于我国生猪养殖量大、生物安全条件差、生猪跨区域调运、缺乏有效疫苗、多种传播途径、存在野生宿主等，很多疾病、病菌和病毒等长期在猪群中存在，如传染性胃肠炎、高热病、流行性腹泻、口蹄疫、圆环病毒病、猪肺炎支原体、伪狂犬、猪瘟、猪疱疹病毒、非洲猪瘟、流感病毒、轮状病毒、沙门氏菌、大肠杆菌、弯曲杆菌、小肠结肠炎耶尔森菌、李斯特菌属、猪胸膜肺炎放线杆菌、猪繁殖与呼吸综合征、布鲁氏杆菌等。开发动物疾病智能检测系统相当重要。

　　目前，动物疾病诊疗的挑战主要在于：动物疾病发生多样化、复杂化；兽医诊断水平参差不齐，基础设施落后；动物疾病智能化诊断系统缺乏。针对这些问题，已有一些公司开展动物疾病智能检测的工作。早期的模式主要是通过智能终端如手机、平板电脑等将发病猪的图片、声音、视频和相关的症状上传到由专家组成的诊断系统，首先由基于自然语言系统和人工智能的专家系统进行初筛，然后由远程实时在线兽医专家进行即时诊断，解决猪病问题。目前已经出现了一些相关的 App（如猪医生 App）和微信小程序（如猪病通 120），它们通常包括用户管理、智能诊断、在线诊断、知识库、实时动态等模块，提供了一些生猪养殖过程中常见疾病的症状描述、常见猪病检测判断的视频教学等。这些软件有助于解决由猪病专家和兽医基层人员短缺、养殖场偏远分散、猪病诊治技术推广手段落后等因素造成的猪病问题，为猪病诊断提供一种直观、便捷的远程辅助诊断工具。随着物联网、传感器、深度学习、计算机视觉和网络技术的发展，由计算机自动对猪病进行智能诊断的系统也在研究之中。由于猪病发病过程中通常有一些典型图像、声音、行动异常等，如精神不振、活力减弱、体温异常、咳嗽、喘气、皮肤异常、呕吐、流鼻液、便秘或拉稀、采食量异常、排泄物异常、跛脚等，前面采用的猪脸识别、猪行动识别等方法也用在了猪的疾病检测上。此外，通过红外和可见光摄像头、传感器等可以检测猪的体温和行动异常，同时对料槽的监控也可以检测猪的进食情况和料槽余料情况，以此综合判断猪的健康状况，及时发现死猪等异常情况。

第五节　畜禽养殖管理优化模型

一、饲料营养配方优化

饲料是动物赖以生存和生产的物质基础，也是发展畜牧业的物质基础。由于动物生长发育需要各种蛋白质、氨基酸、矿物质（微量元素）、维生素和纤维等物质，而饲料原料不同程度上存在营养不平衡、不能满足动物的营养需求、饲养效果差等问题，同时单一饲料通常存在着口感差、加工保存不便、不能直接饲喂、部分饲料含抗营养因子和毒素等问题，因此需要通过综合利用合理搭配，合理利用各种饲料原料养分特点，提高饲料综合性能、加工性能和保存时间等，弥补饲料原料的不足。

（一）饲料配方的设计

养殖业成本中70%左右来自饲料。饲料配方的优劣直接关系到养殖和饲料企业经济效益的高低。根据动物的营养需求配制饲料饲喂动物，不仅可以提高饲料报酬，节省粮食，而且还可以加速动物生长，缩短饲养周期。要发挥动物的最大生产潜力、提高饲料转化率、增加产量、降低成本，关键性的技术措施是配制营养成分完善和平衡的日粮。因此，设计科学有效的饲料配方，对畜牧业生产具有十分重要的意义。

饲料配方的设计涉及许多制约因素，为了对各种资源进行最佳分配，配方设计通常遵循一定的原则。

（1）营养性原则　科学选择营养标准，合理地设计饲料配方的营养水平，并对饲养标准所规定的营养物质需求量的指标进行设计，既考虑养分的绝对含量，又考虑动物的生理阶段和消化率，使动物生产性能达到预期要求，不会出现营养超标和不足。

（2）安全性原则　饲料原料无毒、无有害物质、无发霉变质现象、无污染、符合使用标准和规范等。

（3）经济性原则　降低配方成本，在保证动物对各种物质和能量需求的前提下，设计最低配方饲料成本和生产加工成本，同时考虑环保和饲料原料的因地制宜、因时制宜，根据当地饲料资源的品种、数量以及各种饲料的理化特性和饲用价值，选用原料。

（4）市场性原则　产品的定位和用户的特殊需求等。

（5）可行性原则　生产上可行性，配方在原材料选用的种类、质量稳定程度、价格及数量上都应与市场情况相配套。产品的种类和阶段划分应符合养殖业的生产要求，还应考虑加工工艺的可行性。

（二）饲料配方的优化

饲料配方的优化经历了两个阶段：手工计算阶段和计算机设计全价饲料配方。

1. 手工计算阶段

第一个阶段是手工计算阶段，通常有如下几种方法：

（1）试差法　试差法是根据经验拟出各种饲料原料的大致比例，以此计算出各种原料中所含营养成分及总量，然后对照着饲养标准进行不断的优化调整。此方法简单、应用面广，但能兼顾的指标少，一般不超过2个指标，数学计算不严谨，且计算量大，过程复杂，还不能对配方成本进行优化，对专业知识要求高。

（2）交叉法　交叉法又称四角法、方形法、对角线法或图解法。在饲料种类不多及营养指标少的情况下，采用此法较为简便，即对某一营养成分，计算标准营养成分与原料中该营养成分的差值，然后计算百分比，进而得到原料的比例。在采用多种类饲料及复合营养指标的情况下，亦可采用本法，但由于计算要反复进行两两组合，比较麻烦，而且不能同时满足多项营养指标。

（3）代数法　代数法也是联立方程法，是利用数学上联立方程求解法来计算饲料配方，结果即为饲料配方的配合比例。优点是条理清晰，方法简单。缺点是饲料种类多时，计算较复杂。原则上说，代数法可用于任意种饲料配合的配方计算，但是饲料种数越多，手算的工作量越大，甚至不可能用手算，而且求解结果可能出现负值，无实际意义，所以两种饲料配合的配方常用代数法求解。

2. 计算机设计全价饲料配方

第二个阶段是计算机设计全价饲料配方。首先建立各种饲料原料数据库、动物营养需求模型、动物营养需求量数据库，然后在满足饲料配方的设计原则的前提下，将各种限制条件和目标转化为具体的约束条件和目标函数，采用运筹学的各种数学模型方法如线性规划、多目标规划、模糊规划、概率模型、灵敏度分析、多配方技术等，对饲料的各种比例进行求解，进而得到满足目标条件的各种原料的最优比例。线性规划、目标规划及模糊线性规划是目前较为理想的优化饲料配方的方法。应用这些方法获得的配方也称优化配方或最低成本配方。线性规划等方法在配方计算过程中需要大量的运算，手工计算无法胜任，只有在电子计算机出现后，才应用于配方设计。目前，以线性规划等为基础的计算机优化配方技术获得了广泛的应用。目前主要使用各种配方软件来完成饲料的配方。国外的饲料配方软件主要有美国的 Brill 软件、CPM-dairy 软件、PC-dairy 软件、feedsoft 软件、Mixit 软件和 NRC 软件，英国的 format 软件和以色列的 gavish 软件等。国内饲料配方软件的开发起步较晚，目前主要有金牧饲料配方软件、胜丰饲料配方软件、资源配方师 Refs 系列配方软件、CMIX 配方软件、三新饲料配方系统、农博士饲料配方软件等。

这一阶段根据配方设计和原料、生产、管理结合的紧密程度可以分为以下几个阶段：

（1）配方和原料初步结合阶段　此阶段，饲料需求量急剧增大，饲料原料紧缺，原料价格大起大落,配方成本变化剧烈,因此根据原料成本和品质,对配方设计及时进行针对性的调整,实现饲料成本的降低。饲料配方软件的普及和实验室检验技术的进步,催生了根据原料供需情况和价格情况及时调整配方的做法。评估、应用非常规原料的能力,以及对复杂原料的品控能力,成了饲料厂能否盈利的关键点。

(2) 生产工艺改良配方阶段　随着生产工艺的提升,原先不能加工和加工不好的原料现在可以较好地处理,使配方设计的可供使用原料源得以扩大。由于优质豆粕、鱼粉、肉骨粉和豆油等越来越紧缺,价格持续上涨,造成了饲料成本居高不下,同时随着农副业和工业副产品越来越多地引入饲料之中,膨化、发酵和深度加工等技术进一步提升,使配方设计更加灵活,配方设计与原料预处理或者成品加工工艺紧密相结合。目前此阶段还在发展完善中。

(3) 净能配方设计阶段　净能(NE)是饲料中用于维持生命和生产产品的能量,即饲料的代谢能去除饲料在体内的热增耗后剩余的那部分能量。它反映实际长肉和沉积脂肪的能量。基于净能的配方设计能有效减少营养设计中的原料浪费,符合环保大趋势和消化道健康的要求。净能体系相对于消化能体系和代谢能体系来说,能够更精准地评估饲料的能量,也能够更精准地预测猪、鸡等动物的性能表现,从而更加科学地设计配方,节约成本,提高效益。前面两个阶段的配方设计所依赖的原料数据库和营养标准大多数是建立在消化能体系和代谢能体系标准的基础上,目前大多数企业使用的都是这两种能量体系,与净能体系作为标准存在明显的差距。非洲猪瘟暴发以来,对猪的抗疫抗病能力有更高的要求,净能体系还可以极大地减少动物的营养应激和对抗生素的依赖。应用先进的动物营养学研究,发展免疫、抗病的无抗饲料,可提升动物消化吸收能力,减少肠道负荷,增强抗应激营养,激发肠道等器官免疫力,帮助动物建立全面的健康防疫体系,提升抗病能力。

(4) 智慧营养阶段　智慧营养是建立在以精准营养为基础的综合智能营养系统之上的,配方设计与养殖深度互动融合一体化,将原料检测、营养供给和需求、配方调整、生产工艺及饲养管理等环节一体化。根据养殖场的生产成绩、改进目标和环保等具体需求,综合原料选择、饲料配方以及各种添加物如酸化剂、酶制剂、微生态制剂、植物提取物等添加剂技术,同时考虑加工工艺、动物的不同阶段、不同环境条件等,并将营养供给端原料和营养需求端动物系统配合考虑,设计出更加精准符合生产需求的配方和产品,实现供给与需求匹配的精准营养。这样的配方和产品针对性、时效性强,最经济,且能实现效率和效益的最大化。此阶段,需要配方专家与管理者深度互动,把动物营养需求量转化成营养设计标准,将生产成绩和配方及产品标准对应起来,并用最佳原料和工艺结合设计出最科学产品的能力,使产品的成本最低、效率和效益最大,实现养殖场与饲料厂双赢。

总之,饲料配方是饲料工业的核心技术之一,需要综合应用动物营养学、饲料学、畜牧养殖技术、饲料加工技术、化学、统计学、运筹学和计算机等多学科知识。同时，饲料配方人员需要有严谨的工作态度，综合考虑动物的品种与生理阶段、原料的变异性、饲料的加工工艺参数、饲养管理方法和期望的生产性能等，设计出综合体现营养供应的全面、平衡、性价比最高的原料组合配比。

二、生猪销售模型优化

猪肉是多数城乡居民的生活必需品。我国是全球第一大生猪生产国及猪肉消费国，生猪出栏量及猪肉消费量占全球的比重均在50%以上。猪肉供给关系国计民生与社会稳定，是保障食品安全的基础产业，具有"无猪不稳，猪粮安天下"的战略意义。从2018年8月暴发非洲猪瘟起，中国的生猪养殖业遭遇到了前所未有的困难。2019年中央1号文件《中共中央、国务院关于坚持农业农村优先发展做好"三农"工作的若干意见》、国务院4号文件《国务院关于印发全国农业现代化规划（2016—2020年）的通知》和2020年《农业农村部办公厅、财政部办公厅、中国银保监会办公厅关于进一步加大支持力度　促进生猪稳产保供的通知》中都明确指出，要形成规模化生产、集约化经营为主导的产业发展格局，在畜牧业主产省（区）率先实现现代化，加快恢复并保持生猪生产稳定、猪肉基本自给。

生猪供给是一个多因素综合影响的复杂过程。一般来说，由于生猪养殖的周期特点，生猪的出栏量与猪肉价格周期波动有一定的关联性，生猪的出栏量（生猪的供给）情况影响生猪的价格，反过来，生猪的价格影响生猪养殖户的生猪养殖行为，进而影响后期的生猪出栏量。一般猪价上涨，导致能繁母猪的存栏量增加，进而导致生猪存栏量增加，从而导致猪价下跌，随后能繁母猪大量淘汰，生猪供应减少，又导致生猪价格上涨，从而开始新一轮的猪价格周期。此外，由于猪本身的生理生长规律的作用，从出生仔猪成长到能繁母猪，需要8个月左右，而从能繁母猪配种到产仔又需要4.5个月左右，这些仔猪生长到出栏的商品猪又需要6个月左右，故保证能繁母猪的基本稳定是保证生猪供应稳定的核心。2018年在我国暴发的非洲猪瘟具有高传播性、致病率和致死率，导致后面一年多我国的能繁母猪急剧减少，生猪供应严重不足、猪价上涨，使生猪养殖业进入了高壁垒、高投入和高回报的"三高"时代。这从客观上加速了落后产能的中小养殖户的退出，但我国的中小养殖户和散户仍占绝大多数，因此生猪的供应更易受到当前猪价的影响。为了稳定生猪价格预期，稳定生猪生产，保证生猪的供给平衡，中国证券监督管理委员会已于2020年4月正式批准大连商品交易所开展生猪期货交易，它将在稳定价格预期、助力产业规模化发展、助力精准扶贫等方面发挥积极作用。从生猪的生产养殖本身的规律出发，构建科学模型对生猪的供应进行预测，从而指导企业的生产实践，对于稳定生猪价格和供给平衡、稳定经济社会发展预期具有重要作用。

生猪出栏量的预测通常考虑如下因素：①生猪存栏量；②能繁母猪存栏量；③新生仔猪存栏量；④价格影响，饲料价格和生猪价格，决定饲养成本和赢利预期；⑤节假日和季节因素，中秋、国庆和春节为猪肉的重度消费期；⑥饮食文化和宗教制度，回民不能食用猪肉制品；⑦政府政策，如环保督查等会制约生猪养殖；⑧猪病疫情；⑨肉品安全事件；⑩热钱投机炒作等。这些因素均从不同层面和程度上对生猪出栏产生影响，其中①②⑧是生猪出栏量最根本的决定因素，⑤⑨⑩对生猪供给短期影响显著。猪病疫情对生猪供应的影响比较复杂，不同疫病短期内可能导致存栏量直接减少，也可能加速出栏量增加，影响不一，但长期来看对后期生猪存栏和补栏积极性都会带来不同程度的负面影响。如猪繁殖与呼吸综合征会导致大量母猪和仔猪死亡，并使母猪流产，从而对后期生猪供应形成重创。非洲猪瘟则会导致所有品种和年龄的猪大量死亡，从而对整个猪产业链造成严重影响。而口蹄疫虽然没有猪繁殖与呼吸综合征严重，但由于人畜共患，会导致养殖户提前出栏，导致市场供应短期增加，长期存栏不足。

目前，研究较多的是从生猪存栏量、能繁母猪存栏量和生猪价格等角度对生猪出栏量进行预测。例如，统计能繁母猪的存栏量、胎龄分布、养殖水平状况如死亡率，可以大致计算出生猪出栏量。通常情况下，价格是决定生猪出栏量的主要因素。当前，已有很多模型对生猪的价格进行预测：第一种是采用各种回归模型如贝叶斯岭回归、线性回归、弹性网络和支持向量机模型回归、梯度回归，以及贝叶斯网络等方法，综合分析仔猪价格，饲料原料价格如大豆、玉米、豆粕、鱼骨和氨基酸等价格，替代品如牛肉、羊肉、鸡肉和鸡蛋等价格，以及其他相关因素如政策、疫情等对生猪价格的关系和影响。第二种是将猪价当成是时间序列，采用自回归模型对猪价进行预测，如ARIMA时间序列分析模型、自回归分布滞后模型、马尔可夫切换向量自回归（MSVAR）模型等，以及深度学习模型、Prophet、XGBoost等方法来进行预测。

目前，生猪出栏量的预测难点主要在于：①缺乏影响生猪存栏的各种因素的数据；②缺乏数据质量标准，现在数据比较零散，且数据格式和标准等不统一；③疫情和政策等突发情况多且难以预测；④缺乏有效的整合各种影响因素数据的模型和分析算法。随着移动互联网、物联网、大数据、云计算和人工智能的发展，越来越多的生猪全产业链数据将会被存储到大数据中心，通过构建全面、及时、准确的动态预测报警体系，充分发挥生猪产业大数据的预测功能，稳定生猪供求平衡，监测价格过度波动，建立以消费需求为导向的供给体系，对生猪产业供给侧结构性改革、猪场的升级改造、生猪全产业链的发展均将具有重要作用。

第八章

智慧渔业

第一节 智慧渔业概述

一、传统渔业面临的基本问题

我国是水产品生产和贸易大国。自改革开放以来，中国渔业经历了曲折的发展道路，逐步解决了水产品短缺和供给不足的问题，改善了国民膳食结构，增加了渔民收入。1978—2019 年，我国水产人工养殖比例由最初的 28.86% 提高到 78%；2012—2019 年，我国水产品总产量平均值为 6 435.73 万 t，增长率在 3%~5%，处于稳定增长区间。2012—2019 年，渔业总产值占农林牧渔业总产值的比重一直稳定在 10% 左右，渔业总产值增速也由高速增长平稳转向中高速增长，全国水产品批发市场运行平稳、交易活跃、价格稳中有升。2009—2019 年，我国水产品出口经历了从快速增长到稳定波动的发展过程，水产品国际贸易顺差呈缓慢缩小趋势。党的十九大以来，我国渔业形势总体稳定向好，但也要清醒地认识到，随着中国特色社会主义进入新时代，我国渔业发展的内外部环境都已发生深刻变化，渔业发展的主要矛盾也已经转变为人民对优质安全水产品和优美水域生态环境的需求，与水产品供给结构性矛盾突出和渔业对资源环境过度利用之间的矛盾，渔业发展不平衡不充分问题还比较突出。传统渔业面临的基本问题主要有以下几点。

（一）资源与环境的双重约束

我国渔业资源环境压力日趋增大，发展空间逐渐受限。资源约束表现在：一是渔业资源全球性衰竭带来的世界各国对渔业资源捕捞强度控制趋紧。公海捕捞和去他国领海捕捞的限制越来越多，远洋捕捞空间趋窄。二是工程建设、采砂等人类活动对近海和内陆渔业资源生存环境的威胁。同时，由于国内捕捞控制制度的不完善和执法力度上存在不足，商业捕捞仍有失控。资源衰竭与捕捞强度过大形成恶性循环，渔业资源和水生野生动物保护依然艰巨。水域环境恶化、资源衰退现象日趋严重，由于生活、工业废水大量排放，以及突发性污染事故、工程建设项目对鱼类栖息地的严重破坏，再加上养殖生产高密度，自身污染严重，渔业水域生态环境受到严重污染和损害。同时，养殖业和天然的渔业资源都是面临着极大的威胁，尤其污染破坏了养殖水域和部分经济鱼类的近岸产卵场，使得鱼类繁殖能力急剧下降，这一情况的存在更是加剧了渔业资源的衰退。

（二）水产养殖数量规模和质量效益不平衡，高质量发展不充分

2019年，我国水产养殖产量达到5 031万t，占全国水产品总产量的78%。从水产品养殖结构看，养殖品种单一，结构雷同，养殖方式落后，新的优良品种少，名特优产品的养殖比例低。自1989年以来，我国连续30年水产品产量位居世界第一，养殖规模不断增加，但产品质量和经济效益不容乐观，"三鱼两药"等水产品质量安全问题时有发生，水产品价格相对长期稳定，劳动力、饲料价格等生产成本却不断上升，养殖比较效益不高，数量规模与质量效益的不平衡状况明显。我国渔业高质量发展路径还不清晰、政策体系还不完善，离真正的高质量还有明显差距，渔业高质量发展程度仍然不深、不充分。

（三）企业转型升级压力较大

渔业发展存在不平衡和不充分的问题。首先，产业结构不平衡。我国渔业经济总产值大部分还是由科技含量较低的第一产业创造，第二、三产业规模较小，发展较为滞后，渔业产业结构仍然需要进一步的优化与升级。从水产品加工和流通结构看，加工、流通和相关产业发展相对滞后，初级产品多，加工产品少，粗加工产品多，精深加工和高附加值产品少，渔业比较效益下降，企业增收增效难度增大。其次，产品结构性供给不足。名特优水产品所占比重小且发展不完善，在苗种生产、养殖技术推广掌握等方面存在较多问题。再次，绿色健康的高质量渔业发展还不充分。尤其是当前国内经济下行压力较大，养殖业绿色发展和渔业转型升级面临市场压力。

二、智慧渔业的概念和内涵

智慧渔业是运用物联网、大数据、人工智能、智能装备、移动互联网等现代信息技术，深入开发和利用渔业信息资源，与渔业生产、经营管理、市场流通、资源环境等重点工作融合为主线，全面提高渔业生产智能化、经营网络化、管理数据化、服务在线化水平的过程。以智慧渔业为引领和支撑，运用现代信息化的思维理念和技术手段，创新渔业生产、经营、管理和服务方式，能够有力推动渔业供给侧结构性改革，是加速渔业生产转型升级的重要手段和有效途径。

智慧渔业是以互联网、人工智能等信息技术为基础，以数据为核心，以智能检测与感知控制的传感设备为载体，以精准化养殖、可视化管理、智能化决策为手段，面向智能化、自动化、集约化和可持续发展的现代渔业综合生态体系。其本质在于降低企业的经营

成本、顾客的选择成本和政府的监管成本。

智慧渔业的诞生和推广，主要是为了解决传统水产养殖中产生的问题。机器代替劳动力、计算机代替人脑是智慧渔业发展的主要方向。在养殖环节上，智慧渔业将完全依靠智能装备设施进行养殖，养殖者只需通过手机或者计算机就可以轻松地进行操作和控制，实时掌握生产信息与生长数据；在水产品加工环节上，智慧渔业可实现流水线作业，加工过程中的每个环节只需要有人员进行监管，无须投入大量劳动力；在流通环节上，智慧渔业将全面实现冷链物流，实现物流的全程监控，如车内的温度、水产品的存活状态、物流的实时位置、路径优化以及全程质量追溯等。智慧渔业将解放出大量从事繁重体力劳动的劳动力，产业链将会更加细分，每个环节工作会更加细致。智慧渔业将为渔业领域各种决策与预测提供强有力的数据支撑，实现业务协同、智慧服务，促进渔业产业的高效可持续发展，促使渔业向信息化、智能化、现代化转型升级，加快海洋渔业经济发展。以下主要以养殖鱼类为例介绍智慧渔业技术、系统组成等。

第二节 智慧渔业关键技术

智慧渔业是融合现代信息技术、智能作业装备技术和水产养殖技术，将养殖、生产过程数据化和在线化，实现对养殖对象的精准化管理、生产过程的智能化管理和作业。其中，物联网技术、大数据技术、人工智能技术、智能装备与机器人技术在智慧渔业中起到关键作用。

一、物联网与智慧渔业

将物联网引入渔业是我国渔业发展的确实需求，有利于改善传统渔业中存在的依靠经验生产、问题发现滞后、解决方案迟缓等状况。在渔业领域中，渔业物联网可概括为渔业信息（环境、装备、动物行为）的全面感知（感知层）、可靠传输（传输层）和智能处理（处理层），以实现渔业生产精准化、自动化、智能化、标准化。

感知层是让物品对话的先决条件，即以 RFID、二维码、多媒体信息采集、传感器和实时定位等技术，采集物理世界中发生的物理事件和数据，包括各类物理量、身份标识、情境信息、音频、视频等数据，实现"物"的识别。传输层完成大范围的信息传输与广泛的互连功能，即借助于现有的广域网技术（如交换多兆位数据服务 SMDS 网络、移动通信网、互联网等）与感知层的传感网技术相融合，把感知到的农业生产信息无障碍、快速、高安全、高可靠地传送到所需的各个地方，使物品在全球范围内能够实现远距离、大范围的通信。应用层是将物联网技术与渔业领域技术相结合，通过云计算、数据挖掘、人工智能、模式识别、预测、预警、决策、控制等智能信息处理平台，最终实现养殖环境监控的实时化，投饵、渔船作业、收获捕捞的自动化，行为监测的数字化。

典型的渔业物联网智能管控系统（图 8-1）可实现对水质和养殖环境等信息的实时在线监测以及异常报警、疾病测报、饵料自动投喂与水质预警。采用无线传感器网络、移动通信网和互联网等信息传输通道，将异常报警信息和水质、饵料、疾病等预报信息及时通知养殖管理人员，养殖人员再通过手机等终端设备发送指令到监控中心指挥生产。首先，溶解氧传感器等设备采集的数据通过无线网络发送到数据管理监控中心，数据管理监控中心向下发送指令要求，远程控制现场电控箱，进而实现溶解氧等指标的自动控制。智能投喂方面，根据各养殖品种体长和重量关系，通过分析光照、水温、溶解氧、浊度、氨氮、养殖密度等因素与鱼饵料营养成分的吸收能力、饵料摄取量的关系，建立养殖品种的生产阶段与投喂率、投喂量间的定量关系模型，实现按需投喂，降低饵料损耗，节约成本。利用传感器实时采集水产品数据，分析不同养殖对象在不同生产阶段对营养成分的需求情况，在保证养殖对象正常生长所需养分供给的情况下，根据不同原材料的营养成分及成本，采用遗传算法、微粒群等优化设计方法，优化原材料配比，降低饵料成本，从而达

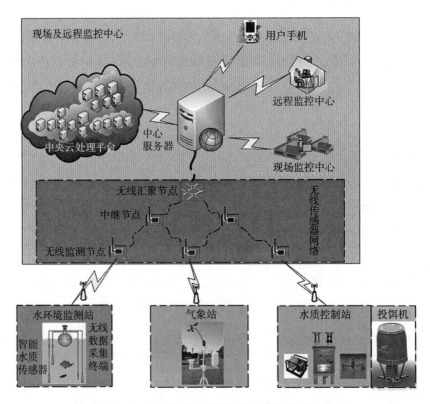

图 8-1 基于物联网的智慧渔业智能管控系统

到水产品的精细喂养。疾病预警部分通过调查和参考专家意见，确定水质参数的无警、中警、重警的边界点，进而确定每个警级的区间，按照区间标准进行预警。同时，利用采集的数据对水环境趋势进行预测，对鱼饵质量及鱼体损伤等非水环境因素进行评价，确定预警方案。针对用户在实际生产过程中观察的症状，通过决策系统进行分析预测，即症状预警。整个系统的合理运行为智慧渔业养殖创造一个绿色、可持续的水环境。

物联网技术给渔业带来诸多益处。可以全天候不间断对多项指标实时监控，检测功能强；养殖人员不必亲临现场，日常养殖管理工作变得简单、轻松；可随时获取信息，并通过远程控制终端设备可以方便快捷采取措施；有助于提高质量，生产出安全、优质的无公害水产品；有利于水环境的保护，减少水产养殖污染，节约水资源，保护水生生态环境；有利于合理控制饲料投喂量；水产品质量安全追溯更方便，快捷；节约养殖成本和劳动力。

二、大数据与智慧渔业

在渔业生产过程中，由于养殖对象种类丰富、环境因子众多、生长环境复杂多变，依靠传统的人为经验进行精准、实时的环境监测、突发事件检测以及投喂增氧的智能控制存在困难。而大数据技术通过结合传感技术实现渔业相关数据的实时采集，然后通过处理、存储及分析，将渔业生产中有用的信息以直观的方式呈现给管理者，进而实现智慧渔业。

渔业大数据主要包括基于物联网技术的渔业养殖过程感知数据、基于互联网技术的渔业相关数据、基于相关产业的管理系统数据以及其他来源数据（传统数据源、专业数据库）等来自与渔业生产相关的方方面面数据，具有海量、数据类型丰富、质量参差、多源异构等特点。涉及的相关大数据获取技术主要有网络爬虫和感知设备采集等方式，通过网络爬虫技术可以获取渔业网站、政府机构、相关企业及组织的数据，如中国水产养殖网、中国水产网、中国水产门户网以及渔业与水产科学数据中心等；通过感知设备（如水下机器人、水质参数传感器、水下摄像头及气象站等），采集渔业相关养殖环境参数、养殖对象相关参数以及养殖设备相关参数。所得数据类型主要有数值、文字、图片、视频、音频等，为后期的处理、存储及分析奠定了良好的基础。

（一）大数据处理技术

由于渔业大数据具有海量、类型丰富、多源异构等特点，如果直接进行存储会对后期的分析带来极大的阻力。因此，大数据处理技术就是在保证原有的数据信息量及语义的情况下，通过数据清洗、集成、规约、转换等技术，降低噪声对渔业相关大数据分析的影响。其中，数据清洗就是对渔业大数据中的噪声数据、不一致的数据以及遗漏数据进行处理的过程；数据集成就是将渔业养殖中不同来源的数据以一定的规则合并，使其满足存储于同一数据库的要求的过程;数据转换就是将来自不同类型的渔业数据按照统一的格式标准进行转换的过程;数据规约就是在最大可能保持渔业大数据原貌的情况下,最大限度地简化数据,进而获取较小数据集的处理过程。通过数据清洗、集成、规约、转换等大数据技术,可有效解决渔业大数据中的噪声、缺失、重复、类型不一致等问题,为后期的数据存储及分析提供了技术保障。

(二)大数据存储技术

大数据存储就是将获取到的多类型、海量渔业大数据经过上述数据处理后以某一指定的数据格式记录于计算机内部存储设备或者外部存储介质上的过程。基于MPP(massively parallel processor)架构的新型数据库集群技术就是一种主流的关系型数据库存储技术,重点面向渔业养殖过程中的基础设施大数据。它是采用Shared Nothing架构,然后通过多项大数据技术(粗粒度索引、列存储等)协作,再配合MPP架构本身高效率的分布式计算方式,实现对分析类应用的支持。基于Hadoop的技术扩展和封装是一种主流的非关系型数据库技术,是以Hadoop为主扩展的大数据处理及分析技术,以此克服传统关系型数据库在进行数据存储中遇到的困难场景及数据。此外,基于Hadoop的技术在针对半结构化、非结构化的数据处理、挖掘、计算方面更擅长。通过上述大数据存储技术的参与,为后期渔业大数据的分析奠定了良好的数据支撑。

(三)大数据分析技术

大数据分析技术,就是对渔业养殖过程中获取的所有与基础养殖设施相关的数据以及相关涉农网络数据,进行挖掘、分析以提取有用信息的过程。例如,渔业生产过程中水质相关因子的监测及预警,增氧机的启动及停止,投饵机的定时、定量控制,养殖对象的检测、定位、识别,以及行为分析等,均需要基于大数据分析进行指导。常用的大数据分析技术主要包括传统分析方法、神经网络技术以及深度学习等。其中,统计方法就是通过对渔业大数据进行收集、分析并从中得出结论的方法,通常分为推断统计方法和描述统计方法两种。神经网络技术就是通过模仿生物神经元之间的信号传递过程,进而进行网络传输结构及功能设计的一种复杂信号处理技术。深度学习作为一个新型的数据处理技术,起源于神经网络技术,是机器学习研究中的一个新型领域,其通过构造及模仿人的大脑进行分析学习,用以解释如图像、声音和文本的相关农场大数据。因此,通过使用大数据分析技术,挖掘渔业大数据中的有用信息,然后进行水质监测及预警、精准投饵、养殖对象行为分析等相关精准决策,为智慧渔业的发展提供数据及理论依据。

三、人工智能与智慧渔业

人工智能技术是协同智能感知装备和智能作业系统的中间环节,其任务是处理、整合、分析感知到的数据信息，给智能装备下达正确的命令，完成一套完整的作业过程。该技术贯穿于整个渔业生产过程，从数据采集和信息监管到生产调控和方案决策以及水下作业等全方位推进渔业生产智能化进程。这也要求人工智能技术具备识别、学习、推理、决策等功能（图8-2），充分利用人工智能自身的特点为智慧渔业发展和建设提供可靠的技术支持。

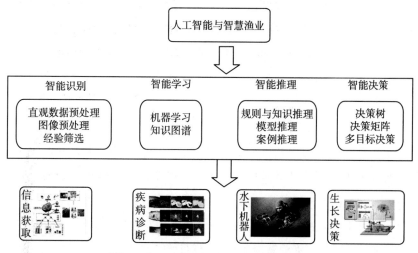

图8-2 人工智能关键技术和典型应用

渔业生产中主要依靠传感器和物联网获得大量的养殖信息，但获取到的信息和数据量巨大且杂乱，而单一的大数据处理技术并不能有针对性地对不同类型的数据进行处理，一些无用甚至有误的信息会增加管理系统工作负担，影响其判断和效率，发出错误指令，误导装备和机器人智能化作业。而智能识别正是对这些问题进行前期处理，过滤掉明显不合常理的数据，从而提高决策和作业的准确性。

智慧渔业利用智能感知和智能识别等方法已初步采集了大量水产养殖中的数据，这些看似毫无关联的数据实则存在一定的规律和逻辑关系，故需要对这些数据进一步解析。智能化解析就是以计算机作为工具，采用人工智能的方法模拟人类学习的过程，因此智慧渔业需要具备人工智能技术的学习能力，将这些复杂的数据进行归纳总结，梳理逻辑关系，建立关系分析模型。管理系统再利用智能化学习方法对采集到的数据进行学习和训练，寻找高效的学习手段和训练方法，为渔业管理中问题的判断和决策打下基础。

通过智能识别和智能学习技术已将大量归纳总结后的渔业信息存储在管理系统中。但简单的识别和学习无法处理渔场中的异常情况，与智慧渔场的正常运转还具有一定差距。还需要人工智能技术对异常情况进行智能推理和判断。推理和判断的过程是根据知识与规则、所建立的模型和以往的案例对产生的问题进行解析和判断，找到问题发生的原因，判定问题的性质,全方面认识问题,逐步推理出相关结论。这些经过推理的结论是对问题深层次的认知,更是智慧渔业管理系统做出正确决策、提供最佳解决办法的基石。

智慧渔业在认识和判断问题后,已经对异常情况和基本信息有一定的了解和掌握,接下来就需要解决问题,因此还需人工智能技术根据实际情况和生产经验提供有效解决问题的方案以及这些方案的成功率,从而指导智慧渔业管理系统做出正确决策,最后结合无线传感器网络对智能装备下达作业命令。智能决策支持系统分析存在的问题和基本信息,根据管理者的生产需要,给予最佳解决方案。整个过程利用计算机作为方案制定载体,使采集与学习、推理与判断、决策与行动完全贯通在一起,可以持续完成决策,采取行动,然后继续决策,继续采取行动,实现渔场日常运行智能化。

四、智能装备与智慧渔业

渔业装备是指在水产养殖生产过程中,以及水产品加工和处理过程中所使用的各种渔业机械设备的统称。渔业智能装备是指在传统装备的基础上,采用物联网、大数据、人工智能、5G等新一代信息技术和智能制造技术进行改造,让智能装备深度参与水产养殖生产全过程。智能装备能够极大地解放劳动力,提高水产养殖生产效率,标志着渔业信息化、自动化和智能化水平的提高。渔业智能装备主要包括智能增氧机、循环水处理装备、智能投饵机、水下机器人、网箱养殖装备和运输船装备等。智慧渔业的智能装备需要装备状态数字化监测、智能导航控制、智能边缘计算、智能感知与作业等关键技术支撑(图8-3)。

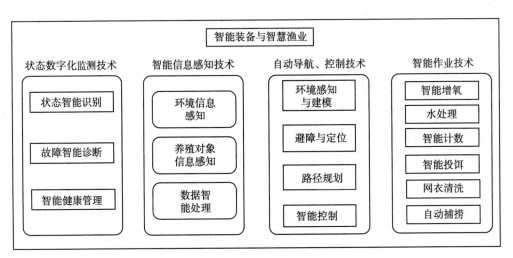

图8-3 智能装备与智慧渔业

(一)装备状态数字化监测技术

传统装备的监测技术是指系统采集装备各部件数据并传递给操控室人员,由管理人员进行判断和处理。渔业装备状态数字化监测是通过物联网技术将数据信息传送给地面系统平台，实时获取装备的运行状态，进行智能故障诊断、故障预测和有效的日常管理，以实现对装备运行状态的总体掌握。装备状态数字化监测是智能装备故障诊断、安全运行的基础和重要组成部分。基于智能识别、故障诊断和健康管理系统的渔业装备状态数字化监测技术，保障了智能装备的安全运行、自主作业，是发展渔业智能装备的关键技术。

（二）智能装备自动导航、控制技术

自动导航、控制技术是智慧渔业中智能装备实现信息定位、智能控制的前提。遥感、GIS、GPS 与通信技术、网络技术的综合集成是实现渔业智能装备自动导航、控制的基础。渔业装备导航技术大致分为激光导航、GPS 导航、机器视觉导航、地磁导航和惯性导航等。其中，以 GPS、机器视觉在导航技术中的应用最常见。智能控制技术主要分为模型控制、比例积分微分（proportion integration differentiation，PID）控制、模糊控制以及神经网络控制等。装备自动导航、控制技术在渔业装备中的应用主要体现在以下方面：渔场信息的定位，包括渔场环境信息和水产养殖对象检测信息的准确定位等，便于分析处理和决策；装备的自动导航、控制，如海洋牧场运输船行驶与作业控制等，提高了智能装备的工作效率和精准作业水平。我国已在 2020 年完成了北斗卫星导航系统的部署，可提供免费的高精度导航、定位服务。渔业装备自动导航与控制的关键技术包括渔场环境建模、渔场路径规划和智能控制等技术。

（三）智能装备边缘计算

边缘计算是指在设备端或数据源头，实现海量数据预计算和预存储，是一种新的计算模型。处理渔业海量数据会造成计算资源和带宽负载的浪费，增加无线传输模块的能耗。而智能装备的边缘计算可以分担云端的压力，提高数据处理和分析速度，减少运行成本，减小能耗。渔业智能装备的边缘计算就是在渔场数据上传至云端之前，智能装备和机器人设备对源数据进行本地处理，并将结果发送至云端，提升了渔业生产的智能化程度。智慧渔业云计算和边缘计算，两者相辅相成，有效地降低了云计算中心的计算负载，提高了数据传输性能，保证了数据处理的实时性和有效性，提高了智能装备和机器人的作业能力。边缘计算在智慧渔业装备中的应用主要是云计算中心的任务迁移、智能装备与机器人的图像识别、视频监控和部分智能作业。

（四）装备智能感知与作业

装备智能感知是指利用物联网技术，对渔场环境和养殖对象信息进行监测和智能识别，实现信息的采集和获取。智慧渔业装备的智能作业，是指装备的智能化控制，就是在装备获取数据后，对数据进行处理，由人工或云平台发出指令控制装备完成精准作业。装

备智能感知与作业是智慧渔业装备中最核心的部分。渔业装备智能感知的目的是实时监测渔场环境信息、养殖对象生长信息，并同步收集数据。渔场环境信息主要包括水产养殖水体中的溶解氧含量、温度、氨氮含量、电导率、浊度、pH和亚硝氮含量等参数。养殖对象信息包括养殖对象生理信息、营养、行为和健康状况等指标。智慧渔业中智能作业技术主要包括死鱼清理、自动捕捞、智能增氧、智能计数、自动分离、环境调控等技术，实现了智能化养殖与管理。

五、机器人与智慧渔业

水下机器人是将现代信息技术进行集成，搭载视觉系统、传感器系统、定位导航系统、控制系统以及内置智能分析系统，代替人实现对水下养殖对象的监测、投喂、识别、收获，以及对养殖环境的监测和清理。然而，机器人在水下作业中面临一定的挑战：一方面海浪等因素导致水下机器人难以稳定运行，另一方面作业对象种类、姿态、颜色的复杂性等导致水下机器人难以进行操作。因此，为了实现准确的水下作业，水下机器人需要高效集成目标识别、路径规划、定位导航、作业控制四方面的关键技术。

（一）目标识别

水下目标识别技术是指通过图像处理技术和智能学习方法，确定所得图像中是否存在目标对象，并标出目标对象所在位置的过程。只有对目标对象进行准确的识别，才能保证水下机器人实现养殖对象的分类和分级作业。然而，水下机器人在目标识别过程中仍然存在两方面的挑战：一方面，同种养殖生物之间在颜色、大小和形状上存在差异，并且随着生长阶段的不同而产生变化；另一方面，水质、遮挡和光线等复杂环境的干扰，增加了对目标识别的难度。因此，要从复杂的环境中实现对目标对象的精准识别，需要水下机器人具有较强的分析能力。近年来，随着深度学习的发展，基于卷积神经网络的目标识别技术在水产养殖中具有较多的应用。

（二）路径规划

路径规划是指水下机器人在作业环境中按照距离最短、时间最短、能耗最少的要求规划出一条无障碍连续路径，实现自主行走及自主作业。良好的路径规划技术能够减少作业区域的重复与作业面积的遗漏。然而，由于水下环境的多样性和非结构化，水下机器人的路径规划具有地图数据采集困难、后期更新与维护难度大的特点，因此，农业机器人的路径规划存在一定挑战。智能的路径规划方法具有全局优化、自学习和自组织等能力，基于群智能算法的路径规划是目前应用最广泛的路径规划方法，可以解决全局和局部路径规划问题。

(三)定位导航

导航系统作为水下机器人重要的信息反馈系统,其采集数据的准确性对于水下机器人准确作业具有重要的意义。水下机器人导航系统需要长时间、远距离提供速度和姿态信息,然而水下环境复杂,实现水下机器人精确导航是一项艰巨的任务。采用基于微机械惯性测量单元的航姿参考系统,结合电子罗盘、多普勒计程仪、深度计,可以实现水下机器人导航系统的构建。研究表明,增加高精度的捷联惯性导航系统和水声定位系统能够实现导航性能的提高。未来的研究中,如何将这些高精度的多源数据进行有效的融合,并为水下机器人提供准确、可靠的参考信息显得尤为重要。

(四)作业控制

水下机器人在运行过程中的运动控制和作业控制是完成水下作业的关键。水下机器人的运动控制主要是深度、高度、航速、偏航角、俯仰角、距离和路径的控制,从而实现水质监测、养殖对象生长状况监测和养殖环境巡检作业。水下机器人的作业控制主要是通过控制信号实现对机械臂和末端执行器的控制,从而实现收获、捡拾、清洁作业。然而,由于水下作业环境的复杂性以及养殖对象种类的多样性,水下机器人作业过程中面临着水动力参数的时变性和复杂性、海流和波浪等的随机扰动以及养殖对象复杂性等问题。近年来,智能控制技术在水下机器人运动控制的应用快速发展,利用神经网络、自适应控制和鲁棒控制等多种控制方法融合的现代控制技术在未来具有广阔的应用前景。

六、云管控平台与智慧渔业

云管控平台是智慧渔业的大脑,是大数据与云计算技术、人工智能技术与智能化装备技术的集成系统。云管控平台通过大数据技术完成各种信息、数据、知识的处理、存储和分析,通过人工智能技术完成数据智能识别、学习、推理和决策,最终完成各种作业指令、命令的下达。此外,云管控平台还具备各种终端的可视化展示、用户管理和安全管理等基础功能。云存储和云计算是云管控平台的主要支撑技术,解决海量数据存储和数据快速计算问题。

(一)云存储技术

随着现代信息技术在渔业养殖中的快速发展,其数据量呈现了爆炸式增长态势。对于传统的存储方式来说,这将会导致数据存储成本高、存储可靠性低、大量数据管理困难等问题。智慧渔业中的数据是以图像、图形、视频、音频、文字、数字、符号等形式存在的,这些大量的异构数据导致传统的存储方式存储数据效率低,不容易对数据进行管理、共享和二次开发。同时,大量的垃圾和冗余数据对传统的存储方式也是一个困扰。因此,便诞生了云存储技术。

云存储是通过集群应用、网格技术或分布式文件系统等，应用存储虚拟化技术将网络中大量不同类型的存储设备通过应用软件集合起来协同工作，共同对外提供数据存储和业务访问功能的一个系统。其能保证数据的安全性，并节约存储空间。云存储的结构模型可以分为存储层、基础管理层、应用接口层和访问层四个部分，如图 8-4 所示。云存储的基础是存储层，它将不同的存储设备互连起来，形成一个面向服务的分布式存储系统。基础管理层是云存储最核心的部分，通过集群、分布式文件系统和网格计算等技术，实现云存储中多个存储设备之间的协同工作，使多个存储设备可以对外提供同一种服务，并提供更大、更强、更好的数据访问性能。应用接口层是一个可以自由扩展的、面向用户需求的结构层。访问层是经过用户授权，通过公用应用接口登录云存储平台系统，享受云存储带来的各种服务。

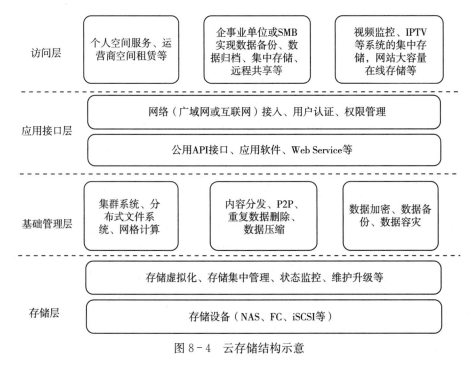

图 8-4 云存储结构示意

云存储通过数据采集、网络技术的相互融合，在网络软件的协作下，对智慧渔业中的全部信息进行集中管理，极大提升了智慧渔业的工作效率与工作质量，有效满足智慧渔业的多元化应用需求。

（二）云计算技术

智慧渔业中的数据处理量是相当大的，如果在本地机器上进行解析，恐怕需要一台超级计算机，仅仅从成本的角度上来讲，这就是不现实的想法，即使真的实现了，那么后期的维护成本也会非常高。智慧渔业中的数据访问也是一个难题,个人访问智慧渔场往往使用的是普通宽带,当外部大量并发访问内部的服务器就会占据大量的带宽,从而导致内部服务器的性能急剧下降,甚至瘫痪。云计算可以很好地解决这些问题,它是我国近年来取得的重大成就之一,推动着我国其他各行各业的快速发展。

云计算是一种通过互联网访问、可定制的 IT 资源共享池,并采取使用量付费的模式,这些资源包括网络、服务器以及存储、应用、服务等。广泛意义上来说,云计算是指服务的交付和使用模式,即通过网络以按需、易扩展的方式获取所需的资源。这种服务可以是 IT 的基础设施(硬件、软件、平台),也可以是其他服务。云计算的核心理念就是按需服务,就像人使用水、电、天然气等资源一样。总之,云计算是一种分布式并行计算,由通过各种连网技术相连接的虚拟计算资源组成,通过一定的服务获取协议,以动态计算资源的形式来提供各种服务,将处理数据的过程放在网络的远程端进行,从而减少本地服务器的压力。另外,用户只需远程访问云计算主机。通过云计算,用户在任意位置、任意时间通过网络服务来实现所需的一切,甚至包括超级计算这样的任务。

云计算分布式并行编程模式创立的初衷是更高效地利用软、硬件资源,让用户更快速、更简单地使用应用或服务。在分布式并行编程模式中,后台复杂的任务处理和资源调度对于用户来说是透明的,这样用户体验能够大大提升。云计算中的并行编程模式主要有通用编程模型、计算模型和高级编程模型。通用编程模型主要有 MapReduce、Dryad,计算模型的主要代表是 Pregel,高级编程模型是在通用编程模型的基础上发展了起来的,其主要代表有 Sawzall、FlumeJava、DryadLINQ、Pig Latin。

随着各种信息技术在渔业中的应用,智慧渔业数据越来越呈现出多样化的趋势,云管控平台也将进行着结构化数据处理、大规模图计算、迭代计算等多种不同类型的计算。这些不同的计算适合采用不同的编程模型,不存在能解决所有数据密集型应用的通用编程模型,选择适合智慧渔业不同数据的编程模型将大大提高云计算的效率。

第三节 智慧渔业的系统组成

由于智慧渔业生产环境的复杂性、养殖品种的多样性,不同的养殖环境由不同的系统组成,主要包括基础设施系统、作业装备系统、测控系统(云管控平台)等,各个系统相辅相成,共同保证了智慧渔业的正常运行。

一、基础设施系统

基础设施系统的搭建及完善是实现智慧渔业的关键所在,是一切渔业作业过程安全进行的基础和保障。不同类型的渔业养殖基础设施受养殖对象、养殖区域、养殖模式的影响存在较大差异。

池塘养殖主要包括：工程化池塘改造部分（护坡加固、池底构型、集排污提升装置、防渗设施），其主要是为了满足池塘养殖的基础条件，通过池塘本身的结构设计以及排污装置的应用，提高池塘养殖的可控性；生态湿地部分（物理过滤、生物过滤），其主要通过物理过滤和生物过滤技术去除水体中对鱼类生长有害的物质，保证水体满足鱼类生长所需的条件；无人车道路，其主要是为无人作业车的运动轨迹及路线提供基础；电力设施和管线，其主要是为了保证池塘养殖过程中一些智能作业的正常进行，提供可靠的电力支持；通信基站，其主要是为了实现无线数据获取及智能控制所做的基础工作；集中水处理设施，其主要是为了解决池塘养殖过程中一些废水及污水的去向问题。此外，还包括库房、管理房、沟渠管网等。

循环水养殖主要包括：循环水车间（鱼池、沉淀池、生物池、杀菌池、沟渠管网），其主要利用现代化工艺手段进行工厂化鱼池水体的物理及生物技术，净化水体使其满足鱼类生长的环境需求；电力设施（发电机、电线桩、输配线路、充电桩等），其主要是为工厂化循环水养殖过程中的智能装备（如投饵机、微滤机、流化床、作业机器人等）提供电力支持；液氧管网，其主要是为了给水体提供充足的溶解氧，以满足鱼类的生长需求。此外，还包括蒸汽管道、运输道路、饲料库、管理房等。

网箱养殖基础设施主要包括：码头，为鱼类等水产品的装卸提供基础平台；网箱（围网）主体框架，其主要作为鱼类养殖的容器；双层聚乙烯（PE）网衣，其具有良好的抗拉伸强度、抗冲击性、柔挺性以及比重小、滤水性强、表面光滑等良好的渔用性能，成为渔业生产中的主要渔具材料或者网箱箱体网衣材料。此外，还包括仓储、车库、基础值守工作间等。

海洋牧场的基础设施主要包括：人工渔礁，其是人们在海中设置的构造物，其目的是改善海洋环境，营造动、植物良好的环境，为鱼类等游动生物提供繁殖、生长发育、索饵等的生息场所，达到保护、增殖和提高渔获量的目的。此外，还包括职守工作间，码头等。

二、作业装备系统

渔业作业装备系统是指完成智慧渔业生产和管理过程中所用到的设备和装置的统称，是智慧渔业的核心组成部分。智慧渔业中作业装备主要包括循环水处理装备、智能投饵装备、智能增氧装备、捕捞装备、网箱养殖装备、运输装备和无人机等。智慧渔业作业装备之间互相协同，共同完成智慧渔业中的各种作业任务。

(一)循环水处理装备

循环水处理是指运用生化反应和物理过滤方法，实现水质净化和增氧杀菌等，为养殖对象创造适宜生长环境。循环水处理装备主要用于陆基工厂循环水养殖和池塘型循环水养殖。陆基工厂循环水处理装备分为物理过滤设备、生物过滤设备、增氧设备和紫外线杀菌消毒等其他设备。工厂循环水处理系统通过物理过滤、生物过滤、增氧、杀菌等设备实现养殖废水的净化和循环利用，各环节间协同控制，有助于实现水资源高效循环利用；池塘型循环水养殖系统是指在养殖池塘内修建小的循环水处理单元，实现养殖对象的圈养和养殖粪污的集中排放，保持水体溶氧的均衡，其他辅助设施去除养殖水体中的总氮和总磷，来保证养殖水体的氨氮和亚硝酸盐处于合适的水平。

(二)智能投饵装备

智能投饵装备是指智能投饵机和自动投饵机器人等。自动投饵装备通过对水质参数的准确检测建立养殖对象的生长与投喂率、投喂量之间的关系模型，根据养殖对象不同变量调控投喂量、投喂速度、投喂机抛洒半径等参数，实现科学按时、按需投喂，从而有效控制了饵料的浪费，节约了成本。自动投饵机器人具有自主导航、智能变量投饵、自动检测饵料抛撒流量及剩余量等功能，能够可靠、均匀、准确地将饵料抛洒到养殖对象的觅食区域，从而实现养殖对象的精准变量饲喂。此外，投饵装备可搭载在运输船和无人机上，实现养殖对象的数字化喂养。

(三)智能增氧装备

智能增氧装备是指养殖水体中溶解氧的自动测量和智能控制设备。智能增氧机能够对水体溶解氧含量进行连续测量和智能预测，并具有自动控制功能。根据增氧方式不同，增氧技术可分为物理增氧技术、化学增氧技术、生物增氧技术和机械增氧技术等，其中机械增氧技术使用更为广泛。目前，智慧渔业中机械增氧模式有叶轮式增氧、水车式增氧、喷水式增氧、充气式增氧、射流式增氧、微孔管式增氧、螺旋桨式增氧等。在陆基工厂型渔场中，循环水养殖生物密度高，传统的曝气增氧法效率不能满足养殖需求，在实际循环水养殖生产中多使用液氧增氧的方式对水体进行增氧操作，以保障养殖密度与水体质量。

(四)捕捞装备

捕捞装备是指智慧渔业中养殖对象智能捕捞设备的统称，主要包括拖网捕捞和捕捞机器人。拖网捕捞是捕捞产量最高的方式，智慧渔业中的拖网捕捞利用声呐、水下摄像头和网位仪等智能设备实现先进精准捕捞，极大地提高了海洋捕捞渔业的生产效率，实现高效、节能和降低渔民劳动强度的目标。捕捞机器人是集GPS导航、计算机视觉、机械伺服控制技术于一体的水下机器人，主要包括机器人运动导航系统、机器视觉系统和执行系统，实现精准瞄准捕捞，降低了成本，提高了捕捞效率。

（五）网箱养殖装备

深海网箱养殖是智慧渔业的重要组成部分，在深水网箱养殖过程中需要有现代化的网箱养殖智能装备的支撑。深水网箱养殖从投放鱼苗到捕捞成品鱼的过程中，主要包括网衣清洗、精准投喂、水下检测、死鱼回收、分级计数、捕捞收获装备等。网衣清洗设备负责清洗网衣上的附着物，改善水体交换，给养殖鱼类提供良好的生存空间；鱼类分级计数装备能够分析网箱内鱼类大小等级，便于养殖期间的管理；捕捞收获装备可以大大减少人工劳力，减轻捕获养殖鱼类期间对鱼体的损伤。

（六）运输装备

运输装备主要是指智慧渔业中的智能作业船，具有活鱼运输、水体环境生态监控以及养殖对象信息采集等智能作业功能。作业船主要负责池塘型、网箱型和海洋牧场型等渔场的巡航和运输任务。此外，作业船也可以搭载自动投饵机、水下捕捞机器人等各种养殖设备，完成水产养殖水体环境生态监控、水下养殖区域自动巡航、自动投饵以及养殖对象自动捕捞等任务，从而实现智能化、数字化养殖。

（七）无人机

智慧渔业中无人机主要是指用于渔场智能巡航和作业的无人驾驶飞机，是传感器、人工智能、5G等新一代信息技术和无人机的系统集成，具有智能飞行控制、自主导航、渔场信息感知和智能投饵等智能作业功能。渔场无人机环境适应性强、作业效率高、使用方便、安全性能高，主要负责池塘型渔场的巡检和饵料投喂，也可用于网箱型和海洋牧场型渔场的自动巡航。

三、测控系统

智慧渔业测控系统是通过分析被控对象的参数，按照预期的目标对被控对象进行控制。智慧渔业测控系统是由渔场信息监测站、养殖设备工况监测、渔场智能增氧-投饵控制站、渔场云管控平台等子系统组成。

渔场信息监测站主要包括两方面，一方面是通过传感器对养殖环境的监测，另一方面是通过机器视觉系统监测鱼群的行为，实现对水质和养殖对象生长状态的监测。首先，应用传感技术实时监测智慧渔场的水质信息，探索环境参数对不同动物、不同发育阶段的影响机制，就可有目的地精准调控养殖动物的生长发育。智慧渔场环境监测指标包括溶解氧、pH、盐度、水温、氨氮、亚硝酸盐、光照等。另外，鱼类行为对于自身状态和外部环境的改变是十分敏感的，一旦鱼群行为发生明显的变化往往提示鱼类自身状态或者水体环境发生改变，这时需要迅速发现并采取相应措施，以避免发生大规模的经济损失。对鱼群行为的监视主要集中在4个方面，即繁殖行为、摄食行为、攻击行为与异常行为。

智慧渔业养殖设备是水产养殖业正常运转的基础，主要涉及投饵作业、增氧控制、工厂化循环水处理等应用。养殖设备工况监测主要是对这些设备的工作状态进行监测，这些设备一旦工作异常，就要及时发出预警信号，否则势必对养殖生产造成巨大损失。为了降低养殖风险，通常通过加装特定传感器的方法来监视其工作状态，从而实现养殖设备的远程故障诊断和预警。

水体环境与养殖现场气象环境的变化间接影响养殖动物的摄食量和需氧量，养殖对象、养殖密度与养殖对象生长阶段同样影响着投饵量和需氧量。安装在智慧渔业现场的智能投饵机和增氧机，在云管控平台对智慧渔业环境信息综合分析的基础上，通过接收远程决策指令，实现按需投喂与精量增氧作业。

智慧渔业云管控平台是智慧渔场的核心，具有强大的云存储和云计算能力，主要作用是对渔场进行生产调控，实现对渔业环境大数据和鱼群行为大数据的分析决策、各种养殖设备的实时精准控制、养殖关键数据的实时展示及消息的推送等云服务。

四、云管控平台

云管控平台是智慧渔业数据分析、处理、存储的核心，通过数据分析处理结果做出优化决策控制各个智能装备。云管控平台还是向用户展示渔业养殖情况的可视化系统，实现各种终端的可视化展示、用户远程操作和安全管理等基础功能。云管控平台中含有许多子系统，根据子系统的功能完成不同的任务，这些子系统包括云数据系统、云处理平台、用户管控客户端。

（一）云数据系统

云数据系统是智慧渔业的信息预处理、分类、存储和管理的平台。信息预处理是指对获取的信息进行加工处理，使之成为有用信息，其主要是对信息进行去伪存真、去粗取精、由表及里、由此及彼的加工过程。信息分类是指按照信息的属性进行分类，从而实现对应的数据库存储，其包括信息的提取和识别过程。信息存储和管理就是指信息的数据库存放，主要涉及数据库的建立。

云数据系统是一个开放的平台，它允许外部设备对其进行数据访问，通过接口读取数据中心的信息。用户在有网络的地方，可以通过计算机、移动终端等设备随时随地接入数据中心，从而了解渔场的相关信息，通过统计、处理、可视化等操作实现农场信息的直观显示。此外，数据中心通过网络形式在允许权限范围内可接入新增监测点，并且能够接收新接入监测点的监测信息。

(二) 云处理平台

云处理平台是智慧渔业"智慧"的根本，它可以对信息进行分析处理并形成决策，同时可以进行自我学习。云处理平台对接收的信息进行处理决策后对作业机构发送指令，控制这些执行机构的运作。

云处理平台的核心是决策的形成，其决策支持来源于两方面，一方面是云专家系统，另一方面是自我学习。云专家系统是科学性的基础，它包括饲喂投量、健康状况、疾病检索等多方面的信息，可以为决策提供基础参考。自我学习是云处理平台对特定系统的经验总结，其优势在于对智慧渔业系统具有针对性。云处理平台在处理信息时会通过信息的分类属性在云专家系统中搜索相应的参考数据，并通过对比分析给出结果，结合自我学习得到的经验值，对云专家系统给出的结果进行优化处理，并作为决策结果给出。

(三) 用户管控客户端

用户管控客户端是农户看到渔场的便捷方式，显示智慧渔场中各个设备的状态、鱼的生长状态、渔场环境信息及云管控平台产生决策的日志等信息。管理人员可以通过远程视频图像等信息直观地看到鱼的生长状况；通过平台显示的可视化数据，可以直接观察设备运行状态、渔场环境等信息；通过查阅云管控平台的决策日志，可以自主判断云管控平台管控渔业生产的效率。同时，用户可通过客户端实现远程控制智慧渔场，包括设定生产规模、调整生产决策以及控制所有设备运行。用户可以自行设定生产方式，让云管控平台对生产进行优化；用户实时观测云管控平台的各个决策，可以根据自己的经验，对产生的决策进行控制，自行设定生产决策或直接通过远程客户端控制设备工作。

第四节　智慧渔业应用场景

一、智慧池塘养殖

智慧池塘养殖是指在传统池塘养殖的基础上加入水质监测系统、自动控制系统、大数据管理系统、人工智能系统等。图 8-5 为池塘智能化执行系统，其对养殖环境的要求较低，且对原本养殖场所的改动较少，不会改变用户的养殖方式和养殖习惯，前期一次性投入，后期可长久受益。我国池塘养殖方式的转变也多以这种方式为主。智慧池塘养殖使用效果较好，应用规模也在逐年上升。

第八章 智慧渔业

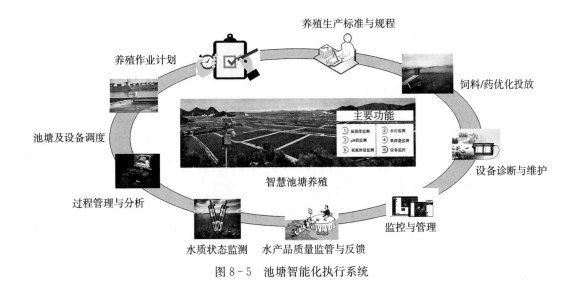

图8-5 池塘智能化执行系统

水质监测装备和养殖对象监测装备，可以检测溶解氧、pH等主要水质参数，以及鱼类生理生态识别信息。同时，养殖控制系统可以根据环境因子对生理生态行为的胁迫规律，自适应调控养殖水体水质与鱼类的活动行为。针对养殖对象的投喂，智慧池塘养殖也可以做到无人化处理，通过获取的监测数据与养殖品种、规模、周期及池塘条件和传统的养殖经验相结合，通过计算机的自主运算和分析，得出适合的投喂时间、投喂地点和投喂量，再通过远程控制系统，实现饵料的自动投喂，这种方式大大减少了饵料的浪费，也降低了劳动强度。高科技装备除了应用在养殖外，对于资源的合理利用也有很大帮助。基于渔光互补技术的增氧装备，可以利用浅滩、淤地活池塘水面地区安装光伏或风力发电装备，实现池塘养殖所需电力的自给自足，这也成了一种渔业降低成本的创新方式。

苏州市申航生态科技发展股份有限公司对基地1 000亩池塘物联网全覆盖，实现实时监控、水质在线监控、鱼病远程诊断、投饵机和增氧机的智能化操作，大大提高渔业生产水平，节约劳动成本，实现现代渔业智能化管理。该公司利用"互联网+"推动水产养殖业生产和流通全过程的信息化、标准化、智能化，研发集定制生产、远程服务、全程可溯于一体的精准管理平台，打造水产养殖业的信息物理系统（CPS）示范。

申航生态同里基地的网络平台采用云服务与客户端操作相结合的柔性组网模式，基地控制中心与公司总部机房、办公系统相互连通，实现实时的数据、视频查看以及设备控制等。公司总部的生产计划、管理要求、物资调度、销售订单等管理信息均可实时下达到基地管理系统，系统可闭环运行，也可远程操控，在线实时获取水质参数，并与自动投喂控制器、微滤机控制器、吸污机及推水增氧机的逻辑控制器实时通信，依据水产生产要求和水质参数，给出设备控制方案，并经确认后实施。

申航生态同里基地使用的气力投喂系统是正压稀相气力输送装备，利用高速空气流将饵料输送到养殖池进行抛洒，结合基地开发的水产养殖智能定制系统，可依据养殖品种、养殖密度、生产阶段、养殖标准、基地气候等多种因素，定时、定量、定参数地自动投喂。系统可以通过选择现场或远程操作，完成投喂设定、参数读取、历史数据获取和存储等工作，实现全自动投喂。高密度养殖系统的核心是推水增氧装备，该装备由鼓风机、微孔增氧格和推力导流板组成。微孔管可产生大量直径为 1mm 左右的微小气泡，气泡在水体上升过程中会因为水对气泡的压力逐渐减小而形成推动力，气泡不断生成，推动力不断加大，形成扩散水流，水流在导流板的作用下，向一个固定方向流动，流速与鼓风机的输出相关，最大流速可达 1.8m/s。好像装上"跑步机"，让喜欢顶水的鱼群挤在一起，几乎全天不停进行有氧运动，可提升鱼质的紧密度，降低脂肪含量，减少鱼病的发生。基地使用的鼓风机连接了变频器，并在控制室的水产养殖智能定制执行系统中运行，鼓风机的输出可依据水质参数、养殖密度、养殖品种、生长周期、底淤推水要求等多个复杂变量，经过数据分析和决策，实时下达指令，使变频器按需改变推水增氧机的工作频率，大幅度提高水产养殖管控能力，减少能耗浪费，保障养殖安全。基地的 320 亩池塘，采用传统的养殖方式至少需要二三十人的管理队伍，而采用智能化池塘养殖模式后，5 个人就可以完成所有的管理作业，所有的操控都通过计算机自动完成，大大节省了基地的人力资源成本。智慧池塘养殖是信息化养殖模式的转型升级，进一步提高智能化、自动化、现代化池塘养殖的生产效率。

二、智慧陆基工厂养殖

智慧陆基工厂养殖一般是指集中了相当多的智能设施、设备，拥有多种技术手段，使养殖生物处于一个相对被控制的生活环境以及较高强度的生产状态下，具有生产效率高、占地面积少的特点。其主要特征是水体的循环利用，它不同于普通的工厂化养殖，其综合运用机械、电子、化学、自动化信息技术等先进技术和工业化手段，控制养殖生物的生活环境，进行科学管理，从而摆脱土地和水等自然资源条件限制，是一种高密度、高单产、高投入、高效益的养殖方式。随着智慧渔业的发展，陆基工厂养殖将在信息技术、智能装备技术、水产养殖技术等方面快速发展，在生产作业方面全面实现智能化、自动化作业以及精准化决策。

在欧洲，智慧陆基工厂化水产养殖系统已经成为一个新型的、发展迅速、技术复杂的产业。据不完全统计，2017 年欧洲的封闭循环水养殖面积约 30 万 m^2，且发展势头迅猛。德国的 MEGA FISCH 系统采用全自动过滤设备、三池并联式立体养殖系统、恒温装置、逆向水流和海浪、自动清洗和人工海草、自动投饵系统、超饱和氧、保健保洁饲料等硬件条件,在虾养殖中取得不错的成绩;法国在大菱鲆苗种孵化和育成的生产过程中,几乎都采用循环水工艺,鲑鱼的封闭循环水养殖也开始应用到生产实践中;丹麦现有年产150~300t水产品的智慧陆基工厂化养殖系统大约50余座;西班牙Aquacria Arousa大菱鲆工厂化养殖场被认为是封闭循环水技术的典型范例,以智慧渔业理念为引领和支撑,运用现代信息化的思维理念和技术手段,精准化养殖、智能化决策,实现低成本、高产量的养殖模式。

近20年来,我国在国家政策引导、民间资本持续投入的带动下,智能传感与控制装备、养殖作业装备、智能决策系统、循环处理设备以及系统集成等方面都取得了一定的突破,并填补了部分领域国内智慧工厂化养殖的空白。目前,国内智慧陆基工厂化水产养殖使用的作业装备技术主要有增氧设备和投饵设备。增氧设备通过增加水中的氧气含量确保鱼类不会缺氧,同时抑制水中厌氧菌的生长,是设施水产养殖的必备设备。其种类繁多,主要有微孔曝气增氧机、充气式增氧机、叶轮增氧机、射流式增氧机、水车式增氧机和喷水式增氧机等。通常采用的方法是气石曝气、射流器溶氧和氧气锥。气石曝气的气泡直径过大,氧气溶解效率较低;射流器溶氧的气泡直径较小,使单位体积的气体与水接触的总表面积增加,氧气溶解效率大大提高,如果再配备氧气锥等设备,溶氧效率会更好。投饵设备在工厂化水产养殖中可以降低人工成本、节约饲料、减少病害发生率和提升鱼类品质,有效提高经济效益,实现科学养鱼。投饵机可以定时、定次、定量、定点、均匀、多餐投饵和自动投饵,具有省工省时、减少饲料浪费、保护水环境等特点,而投饵机的正确使用更能提高养殖者的养殖技能。目前,国内大多采用定时和定量的方式进行投饵,也开始引进国外先进的多因素控制理念,通过水下摄像头观察水生生物的各生长阶段、生长速度、活动量、摄食强度和数量等,记录分析各因素的影响和关系,进行一日多次智能投饵。

智慧陆基工厂养殖解决了实际生产中鱼类对水、氧、饲料的需求等问题,代替劳动力,依靠智能装备设施进行养殖,实时掌握生产进度与生长信息数据。智慧陆基工厂养殖将促进渔业产业的高效可持续发展,促使渔业向信息化、智能化、现代化转型升级。

三、智慧网箱养殖

"十三五"以来,在国家科技支撑计划、国家海洋经济创新发展区域示范专项等项目的支持下,智慧网箱养殖的研发与应用已经成为国内海水养殖发展的一种趋势。根据工作时网箱所处的水层、抗风浪状态及沉降方式等,可将网箱分为两类:浮式网箱和升降式网箱。浮式网箱结构比较简单,主要用于沿海湾。升降式网箱主要设置在较深的海域,具有一定抵御水流和风浪的能力,而且设施化程度比较高。然而,网箱养殖也带来了环境污染、水质恶化、鱼类品质下降、甚至鱼类病害增多等问题,而且大部分网箱都无法抵御恶劣海况的影响,因此,智慧网箱养殖技术依然面对许多挑战。

国际上,智慧网箱养殖关键配套系统与装备主要包括智能投饵、智能洗网、吸鱼泵、活鱼运输、气力卸鱼、水下监视器、起网机、预警系统和大型智能化养殖管理平台等方面,图8-6为智慧网箱养殖示意。随着物联网、机器视觉、人工智能、5G等高科技的不断涌现,现代网箱养殖已投入了一系列智能化装备以完成网衣清洗、精准投喂、水下检测、死鱼回收、分级计数、捕捞收获等作业任务。智能投饵机可以自动判断养殖对象的饲料需求;智能洗网装备通过自动清洗网衣附着物改善水体交换,保证了高质量网箱养殖;经过鱼类分级计数装备后,网箱内鱼类大小等级清晰,便于养殖期间的管理;捕捞收获装备可以大大减少人工劳力,减轻捕获养殖鱼类期间对鱼体的损伤。

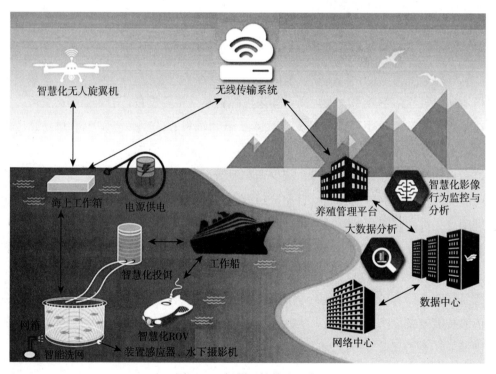

图8-6 智慧网箱养殖示意

民泽龙羊峡专门引进的挪威AKVA集团的全自动、抗风浪网箱设备,是世界领先的深水网箱智能化控制监测系统,同时也是亚洲首个自动化投喂系统及fishtalk养殖软件系统。系统可定点、定时投喂,还能实现鱼类成长全程信息化监控,可追溯系统覆盖水质、生长、病源,并根据不同的生长阶段设定投喂量,减少了人工投喂的不确定因素。同时,系统实现了死鱼搜集器和粪便搜集器,定期进行回收处理,以防对水体造成污染。

为了保证远距离运输时鱼类鲜活程度和鱼肉品质,现代网箱养殖采用闭式循环活鱼运输系统。活鱼运输系统主要包括装卸系统、水循环系统、升降温系统、鱼舱监视与照明系统。闭式循环保活运输技术具有不受外部气候与航行水域环境影响,能全天候、高密度、大批量、长距离运输活鱼的优点。通过系统内的智能温度调控(鱼舱体保温、夏天降温、冬天加温)以及智能增氧脱气、消毒杀菌、生物过滤等装备,实现运输过程中水质调节;通过自动监控系统,实现对水质的实时在线掌控。

中国移动联合中联智科高新技术有限公司、浙江庆渔堂农业科技有限公司等合作伙伴,正在开展"5G+渔业"的试点工作,基于5G网络大带宽、低时延、广覆盖的特性,打造现代化、智慧型渔业养殖模式,打开了万物互连时代的水产养殖新模式。水下高清摄像头通过5G网络实时回传水下地形、鱼群高清图片。利用智慧渔业云平台大数据分析能力实时诊断鱼群健康状况,并对意外情况进行报警;通过智能网箱及网箱中的各类传感器可以对水质进行监测,实时调控鱼群生长环境中pH、溶氧量、水温等数据,为信息化管理提供有力数据支持(http://yy-160.com/news_1718_1.html)。

四、智慧海洋牧场养殖

海洋牧场是指在一定海域内,通过人工鱼礁建设和藻类增养殖营造一个适宜海洋生物栖息的场所,在其中实行人工放流,并利用人工投饵、环境监测、水下监视、资源管理等技术进行渔场的运营管理,以增加和恢复渔业资源的生态养殖渔场。智慧海洋牧场就是在海洋牧场建设中加入物联网、传感器、云计算等新技术,实现动态监测、灾害预警、水质分析、智能反应,即实现在实际运行中高度智能化、数字化、可视化,从而具有更高生产效率和环境抗风险能力的新型海洋牧场。智慧渔业的发展为探索海洋牧场的智慧化研究和建设提供了方向和样板。传统海洋牧场经过多年的研究,显现出了海洋环境持续恶化、养殖密度过大、抗风险能力降低、设备老化、监测手段落后、人力投入大等一系列问题。智慧海洋牧场的建设就是通过智能化监测设备、水质传感器以及卫星遥感技术及时获取海洋牧场的实时数据,并通过云计算和大数据技术进行智能决策,最终做出科学的反应行动,增强海洋牧场的功能和科学性。

智慧海洋牧场的体系架构主要分为感知层、网络层、数据层和平台层四个方面。感知层是智慧海洋牧场的基础。感知层采用信息采集和识别、无线定位系统、RFID、条形码识别等传感器,对海洋牧场中的生物、船舶、渔具、人工鱼礁、水文环境、气象以及饲料的供给和消耗等各类要素信息进行智能感知、自动数据采集。网络层是将智慧海洋牧场各个子系统和不同海域的智慧海洋系统相互连通、打破信息孤岛,及时完成数据的传输和处理。网络层的主要任务是将感知层采集到的信息通过网络进行汇总、传输,将海洋牧场的相关信息进行整合、处理。数据层是智慧海洋牧场的关键，是将海洋牧场的数据进行汇总、处理，并在此基础上依托大数据挖掘技术为各类智慧应用提供数据支撑。平台层是一个大数据平台，存放各种数据，这些数据来自海洋牧场的各个系统，在平台上互连互通。在平台上依据一定的标准和算法，找出有效的数据信息，实现信息的实时反馈。

海洋牧场示范——温升区海洋牧场是基于海洋生态环境，利用现代科学技术支撑，运用现代管理科学理念与方法进行管理，最终实现资源丰富、生态良好、食品安全的可持续发展的海洋渔业生产方式（图8-7）。新型海洋牧场构建技术主要包含生境改造技术、底播与增殖放流技术、鱼类驯化技术、跟踪监测及安全评估技术以及相关配套设施建设等内容。

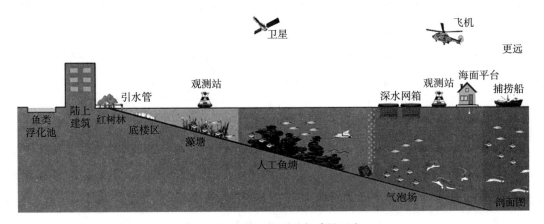

图8-7　温升区海洋牧场建设示意

生境改造技术：海洋牧场建设的首要环节，生物赖以生存栖息的基础。海洋牧场生境改造是指对近海海藻床受损、产卵场消失等生态系统荒漠化问题，根据海域水流、地质环境以及生物构成等情况，建设与生物相适应的生物栖息地。目前，主要的研究内容为人工鱼礁、海藻场、海草床、珊瑚礁等。

增殖放流技术：用人工方法直接向海洋、滩涂、江河、湖泊、水库等水域投放或移入渔业生物的卵子、幼体或成体，以恢复或增加种群的数量，改善和优化水域的群落结构。

行为驯化和控制技术：通过海洋牧场资源关键种的行为研究，掌握其生理行为和生态特性，据此设计相应的控制设施。其主要目的是控制生物在海洋牧场的生长繁殖、索饵、避敌行为以保持海洋牧场生物资源量，控制生物资源分布以保持可持续产出。

生态与环境监测技术：采用科学的方法，监测海洋牧场环境和资源质量及其发展变化趋势的各种数据的全过程，及时、准确、全面提供海洋牧场环境、生物和生态质量信息，可为保护海洋牧场的环境和科学管理提供依据。

在我国实践中，投放人工鱼礁、增殖放流、网箱养殖等经常被等同于海洋牧场建设，这导致传统渔场和海洋牧场的概念混淆，整个产业的技术水平很低。由于缺乏全国性规划或行业标准，各地的海洋牧场建设缺乏统一标准，导致海洋牧场的质量参差不齐、智慧化程度不够。同时，由经营者对渔业产量和经济效益的片面追求导致的海洋生态问题往往被忽视。如何在追求经济效益的同时保护海洋生态环境还需要深入研究。

第 九 章
智慧农产品运营

智慧农产品运营充分利用智能技术，使农产品运营更加高效、灵活、准时、环保。本章主要介绍智慧农产品运营中的商务智能应用模式及智慧农产品运营成功的关键因素。

第一节 智慧农产品运营概述

一、农产品运营

什么是农产品运营？想想最近购买的一件农产品，也许是一瓶啤酒。为什么选择这一特定产品或服务而没有选择其他产品呢？是质量好、价格便宜、使用方便吗？无论是出于什么原因，商家必须进行大量的决策才能把商品送到用户手中，包括如何生产、如何配送等。这些都是农产品运营涵盖的内容。

农产品运营包括投入、转换、产出农产品或服务的整个过程。如图9-1所示，每个组织都必须将人力、物料、机器设备等投入转换为产品或者服务。例如，百威啤酒的运营包括投入、转换、产出三个过程。啤酒投入过程需要投入水、大麦、啤酒花、酵母等，投入啤酒发酵桶和罐装设备等机器设备。处理设备和原材料的人工。转换过程主要包括将原材料转换成啤酒的生产过程。产出过程则包括啤酒营销等一系列市场服务过程。总之，一切社会组织投入、转换、产出农产品及相关服务的增值过程即农产品运营。

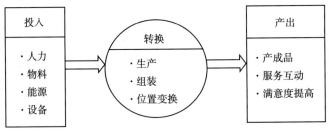

图9-1 农产品运营过程

二、智慧农产品运营

随着互联网、大数据、物联网等智能技术的普及，尤其是农业经营主体的信息技术能力提升，现代农产品运营逐渐转型升级成为智慧农产品运营。智慧农产品运营即从大规模商业数据中发现潜在的、新颖的、有用的知识，旨在支持组织的业务运作和管理决策，从而更好地为消费者提供优质的农产品和满意的服务。智慧农产品运营的重点在于农产品流通领域的智慧化。

三、智慧农产品运营的特征

智慧农产品运营的本质在于企业将大数据、云计算、物联网等智能技术应用于农产品生产和流通，充分收集、处理相应终端需求，从而全面提高农产品质量和农业服务满意度。新兴传感技术（传感器、红外感应器和无人机等）、计算技术（云计算、边缘计算和区块链等）以及网络通信技术（5G等）共同构成的新型农业物联网系统，为农业数字化、智能化和精准化提供了必要的技术基础和信息资源。智慧农产品运营具有以下基本特征：

（一）数据驱动农业决策支持系统的智能化

数字农业运营管理模型与算法的功能主要体现在两个过程。首先，在采用新兴信息与通信技术对农业要素进行数字化的过程中，要素数据采集环节与设备的优化配置、数据传输网络与传输路径的优化设计、数据存储与计算资源的合理分配等都需要相应的模型与算法，才能形成合理有效的农业要素数字化方案，同时也需要把现有农业知识和农业专家技术经验转化成计算机可以处理的模型与算法。其次，在搭建新型农业物联网系统之后，农业要素状态实时被感知并传输到数据处理中心，作为农业决策支持系统的输入，需要经过模型与算法的识别、判断与优化，确定是否进行调控以及调控的精度，然后输出到农业物联网系统中实施。可见，数据驱动的模型与算法是进行数字农业运营管理的核心，也是实现农业决策支持系统智能化的关键所在。

（二）精密数字设备与管控技术促进农业投入产出控制的精准化

经过模型与算法处理得到的新型农业物联网系统搭建方案和系统运行过程中的调控方案相当于运营管理的计划功能，是否最终实现需要精准的实施与控制，这就需要精密的数字设备与管控技术。首先是精密的数字控制设备，需要研发新一代传感器和制动器，对农业要素进行更加精准的感知与控制。例如，运用材料科学和纳米技术等创造新型纳米生物传感器和制动器，实现对农业循环系统中的微生物、病原体和水分子等的管控。其次，也需要在新型物联网环境下对农业全产业链管控技术进行创新,一方面要采用新兴信息与通信技术重塑农业全产业链,实现全链条的精准优化,淘汰多余的运行环节、管理层级和工作岗位;另一方面要采用可现场部署的移动传感器网络技术,实现对农业要素更加精准的动态管控。只有实现精准化的农业投入产出控制,才能真正实现精准农业,以持续提高农产品质量与产量。

(三)农业全产业链可追溯

农业物联网系统的布置往往能够提高产量和品质,但如果缺少农产品优质优价市场机制,可能给农场带来的是损失而不是收益的增加。而农场对新兴信息与通信技术的采纳行为往往受其感知的有用性程度影响,因此,优质优价的市场机制是驱动农场主动加入新型农业物联网系统的一个必要条件。加入农业物联网系统的农场数量增加到一定程度,会形成巨大的农业要素数据网和农业模型算法库,此时农业物联网的巨大网络价值才会凸显,而在这一网络中信息获取和各种交易机会成本会接近于零,使得农业全产业链交易过程实现透明化,进而会保障农产品优质优价市场机制的持续运行。同时,新型农业物联网环境下,由于信息的透明化和交易机会成本的消失,会在农业产业链条之间形成开放式、分布式、协同式的横向规模经济体系,进一步降低农业生产和农产品流通成本。可见,农产品优质优价市场机制是进行数字农业运营管理的重要场景和导向目标。

第二节 智慧农产品营销

智慧农产品运营涵盖一切社会组织利用智慧化技术生产、供应和销售农产品及相关服务的增值过程。农产品电子商务是智慧农产品营销的集中体现,也是智慧农产品运营的重要组成部分。农产品电子商务利用计算机网络进行农产品交换、配送、服务。互联网技术有利于各种形式的信息(数据、音频、视频等)的储存、处理、传递,也促进了农产品电子商务的发展。

一、农产品营销

市场营销是个人或群体通过创造并同他人交换产品的价值,以满足需求和欲望的一种社会管理过程。农产品营销是市场营销的重要组成部分,是农产品生产者与市场经营者为实现农产品价值进行的价值创造活动。农产品营销是探寻消费需求,结合市场竞争和企业实力,对现有产品和潜在产品进行优化并推向市场的行为。

随着我国经济的稳定发展及人民生活质量的不断提高,人们对农产品的数量、质量需求日益增加。这需要农业企业重新定位农产品或服务,以提高农产品的行业竞争力,提高农产品市场占有率、优化农产品品牌。因此，农产品营销在农产品运营过程中越来越重要。

二、智慧农产品营销——电子商务的发展

在我国政府支持下，"互联网＋农业"取得了长足的发展。"互联网＋农业"驱动了智慧农产品营销，即农产品电子商务的形成及发展。"互联网＋农业"鼓励农民积极使用互联网，引导农村因地制宜发展特色农业，推进有代表性的特色农产品走进电子商务市场。通过农产品电子商务，农村有规模地生产农产品，有策略地在线营销，这为农业、农村、农民创造了丰厚的利润。此外，我国广泛的惠农政策，吸引了大量的新农人（大学生村官、返乡下乡创业人员）进行农产品电子商务创业，这为农产品电子商务的发展提供了新的活力。

1994年是中国农业信息化的开启之年，是中国农产品电子商务发展的起点。我国从1994年开始将农业信息化和农产品进行融合发展，历经20多年的发展历程，我国逐步实现了"互联网＋农产品"的新模式，基本建立了农产品电子商务体系。总体来讲，中国农产品电子商务经历7个发展阶段。

（一）第一个阶段：1994—1998年

1994年，中国农业信息网和中国农业科技信息网相继开通，这为农产品电子商务的应用奠定了技术基础。中国农业信息网是中华人民共和国农业农村部的官方网站。该网站提供了政务动态、政策法规、项目管理、农业标准、统计信息、经济信息、价格指数、农资监管、专业合作社和农机补贴等重要的商务信息。这些信息为企事业单位开展农产品电子商务提供了重要的决策参考。

中国农业科技信息网由中国农业科学院主办、农业信息研究所承办。该网站是面向农业科研单位、农业高等院校、县级以上农业科技推广部门、农业个体经营单位及广大农业科教人员与农民的综合性信息平台。该网站为推动农产品与互联网融合提供了必要的智力支持。

（二）第二个阶段：1998—2004年

此阶段，粮食、棉花开始在网上交易，即"粮棉在网上流动起来"。中华粮网由中国储备粮管理总公司控股，被誉为"利用现代信息技术改造传统行业、提升传统服务"的成功典范。中华粮网是集粮食B2B交易服务、信息服务、价格发布、企业上网服务等功能于一体的粮食行业综合性专业门户网站，不断提供高质量的信息产品和高水平的技术手段，广泛传播电子商务理念，努力为我国粮食产业化调整及深化粮食流通体制改革做出积

极的贡献。此外，1998年中国棉花交易市场成立，棉花采购和销售可以通过网上竞卖的形式进行。

（三）第三个阶段：2005—2012年

此阶段涌现了一大批生鲜农产品电子商务企业，标志着农产品电子商务的发展进入成长期。生鲜农产品电子商务，简称生鲜电商，指电子商务企业在互联网上直接向客户销售生鲜类产品，如新鲜水果、蔬菜、生鲜肉类等农产品。

生鲜产品是电子商务中技术壁垒最高的产品类型，需要电子商务企业具有完整互联网生态，如农产品加工、物流、在线支付、客户群等。同时，生鲜电子商务也是重购率最高、市场空间最大的品类。高达数千亿的市场规模、高消费频次、刚需的特性，是吸引大量电子商务企业投身其中的重要因素。

（四）第四个阶段：2012—2013年

2012年底，生鲜电子商务企业本来生活网成功开展了"褚橙进京"营销活动，这激起了生鲜农产品电子商务企业探索在线品牌塑造的热潮。这一阶段最显著的标志是，社会媒体（如微信、QQ、微博等）成为生鲜农产品电子商务企业塑造品牌的主要渠道。

（五）第五个阶段：2013—2014年

这一时期，多种电子商务模式百花齐放。越来越多企业发现，传统农产品的销售和流通过程，通常要经过农产品经纪人、批发商、零售终端等中间部分。这种模式的流通成本越来越高，而农产品电子商务的出现有可能解决流通成本高的弊端。因此，这一阶段数字电视、新一代互联网、物联网等先进信息技术被广泛应用到农产品电子商务中。

农产品电子商务的竞争逐渐演变为电子商务模式的竞争。农产品电子商务先后出现了消费者定制模式、从商家到消费者的模式、从商家到商家的模式、农场直接供给模式、线上线下融合模式等。农产品电子商务企业应根据农产品特征，如运输需求、产品保鲜需求、消费者期望等选择合适的电商模式。

（六）第六个阶段：2014—2015年

农产品电子商务进入融资高峰期。一大批生鲜电子商务企业如本来生活网、美味七七、京东、我买网、宅急送、阿里巴巴、青年菜君、食行生鲜等先后获得投融资。这标志着我国农产品电子商务从成长期向发展期转型。

（七）第七个阶段：2015年至今

2015年7月4日，李克强总理签批《国务院关于积极推进"互联网＋"行动的指导意见》。这一意见为"互联网＋农业"的路线图提供了决策指导。互联网在农业中的应用主要包括推动移动互联网、云计算、大数据、物联网等与现代农业结合,促进农产品电子商务健康发展,引导互联网农业企业拓展国内外市场。

自此,农产品电子商务进入转型升级的新发展时期,融资和兼并重组进入高潮。2016年,生鲜电商市场的融资总额超过 60 亿元。农产品电子商务成为互联网持续投资的热点,受到国家和地方各级政府的高度重视和大力推动。国内各类农产品(生鲜)电商网站和平台风云突起,淘宝、京东、顺丰、永辉超市等巨头纷纷投入巨资运营农产品(生鲜)电商,并推动生鲜电商的业务快速增长。

三、农产品电子商务模式的基本要素

电子商务模式(e-commerce model)是为从市场中获得利润而预先规划好的一系列活动(有时也叫业务流程),是商业计划的核心。电子商务模式旨在充分利用互联网的技术优势,创造出符合农产品特征的商业绩效。电子商务模式包含八个基本要素:价值主张、盈利模式、市场机会、竞争环境、竞争优势、营销战略、组织发展和管理队伍。

(一)价值主张

企业的价值主张(value proposition)是企业商业模式的核心。价值主张明确了一家企业的产品或者服务如何满足客户的需求。为制定或分析价值主张,需要回答以下关键问题:为什么客户要选择与本公司,而不是其他企业做生意?本公司能提供哪些其他企业不具备的东西?从消费者角度出发,成功的电子商务价值主张包括:个性化定制产品和服务,降低产品搜索成本,降低价格发现成本,以及通过交付管理使交易更便捷。

例如,中华粮网(www.cngrain.com)是由中国储备粮管理总公司控股的郑州华粮科技股份有限公司建立的粮食行业综合性专业门户网站。该网站集粮食 B2B 交易服务、信息服务、价格发布、企业上网服务等功能于一体。其价值主张是"利用现代信息技术改造传统行业、提升传统服务"。

(二)盈利模式

盈利模式(revenue model)描述企业如何获得收入、产生利润以及获得高额的投资回报。商业组织的功能就是产生利润和高于其他投资项目的回报。仅有利润不足以使企业获得"成功",企业必须产生高于其他投资项目的回报。企业若做不到这一点,就会被淘汰出局。

例如,湖南省供销社的社有企业创新盈利模式,通过组建惠民服务中心,用服务体验培育农民粉丝,确立了"用服务创造价值"的盈利模式。该公司组建了 9 个惠民综合服务中心,把传统的小卖部改造成电商平台的线下体验店,开展寓教于乐的普及教育和形式多样的商业活动，驱动农村消费转型升级，促进农村电商流量增长。

（三）市场机会

市场机会（market opportunity）是指企业所预期的市场，即有实际或潜在商务价值的区域，以及企业在该市场中有可能获得潜在财务收入的机会。市场机会通常划分成一个个较小的市场来描述。实际的市场机会是用企业希望从参与竞争的小市场中所能获得的潜在收入定义的。

城镇电子商务发展已逐渐饱和，农产品电子商务市场仍存在巨大发展潜力。未来应关注：首先，培育农产品电子商务市场环境。利用农村环境，发展适应农村环境和能为农民提供福利的电子商务，鼓励电商、物流、商贸、金融、邮政、快递等各类社会资源加强合作，构建农村购物网络平台，实现优势资源的对接和整合。其次，培养农村电商人才。鼓励返乡高校毕业生、返乡青年和大学生村官等优秀人才参与农村电子商务的建设，发挥其带动和引领作用。再次，加快完善农村物流体系。鼓励传统农村商贸企业建设乡镇商贸中心和配送中心，发挥好邮政普遍服务的优势，发展第三方配送和共同配送，重点支持老少边穷地区物流设施建设，提高流通效率。

（四）竞争环境

企业的竞争环境（competitive environment）是指在同一市场中运作、销售相似产品的其他企业，还指替代产品的存在和进入市场的新途径，以及客户和供应商的力量。竞争环境会受到如下因素的影响：有多少活跃的竞争对手，其规模有多大，每个竞争对手的市场份额有多大，这些企业的盈利情况如何，以及它们如何定价。一般来讲，企业既会遇到直接竞争对手，也会遇到间接竞争对手。直接竞争对手是那些在同一个细分市场销售相似产品或服务的企业。任何细分市场中若存在大量的竞争对手，就意味着该市场处于饱和，很难获得利润。反之，缺少竞争对手的市场则可能意味着进入未开拓市场的机会，也可能意味着这是一个已经尝试过不可能成功的市场，因为赚不到钱。分析竞争环境有助于判断市场前景。农产品电子商务企业应充分了解竞争环境，充分利用竞争对手的规模、市场份额、盈利状况等信息，优化决策。

（五）竞争优势

当企业能比竞争对手生产出更好的产品，或是向市场推出更低价格的产品时，它就获得了竞争优势（competitive advantage）。企业在地域范围上也开展竞争。有些企业能开拓全球市场，而另一些企业则只能发展国内或地区市场。能在全球范围内以较低的价格提供优质产品的企业是很有优势的。许多企业能获得竞争优势，是因为它们总能获得其竞争对手无法获得的各种生产要素，至少在短期内如此。这些要素包括：企业能从供应商、运输商或劳动力方面获得不错的条件；企业可能比其任何竞争对手更有经验，有更多的知识积累，有更忠实的雇员；企业还可能有他人不能仿照的产品专利，或者能通过以前的业务关系网得到投资资金，或者有其他企业不能复制的品牌和公共形象。当市场的某个参与者拥有比其他参与者更多的资源——财务援助、知识、信息或者权力时，不对称（asymmetry）就出现了。不对称使某些企业比其他企业更有优势，使得它们能以比竞争对手更快的速度将更好的产品投入市场，有时价格更低。

先发优势（first mover advantage）是企业率先进入市场提供有用的产品和服务而获得的竞争优势。最先行动者如果建立起自己忠实的客户群，或设计出别人很难模仿的独特产品，就能在较长的时期内保持自己的先发优势。

（六）营销战略

无论企业本身有多好，制定和执行营销战略（market strategy）对企业来说是很重要的。如果不能恰当地向潜在消费者进行营销，那么即使是最好的商务理念和构想也会失败。为将企业的产品和服务推销给潜在消费者而做的每件事都是营销。营销战略是一个阐述如何进入新市场、吸引新客户的详细计划。

（七）组织发展

虽然许多企业都是由某个富有想象力的企业家发起的，但是只靠个人将理念转变为企业现实中是十分少见的。组织发展计划是企业兴旺发达的重要条件。组织发展计划是描述企业内如何组织资源以完成工作任务的计划。

例如，甘肃成县如果不是县委书记李祥的组织协调，则很难想象成县能做好核桃电子商务。县委书记李祥组织推广核桃电商，发了6 200多条微博，其中800多条与核桃直接相关。在县委书记推动下，组建了一批网上销售窗口，淘宝店与微博链接，微营销有声有色。淘宝上的"成县核桃"相关产品已经达到292种。积极开发核桃系列产品，形成青核桃、干核桃、核桃仁到核桃食品的系列化。此外，围绕核桃开展的核桃树认领、核桃文化研讨等活动也相继举行，推动核桃营销。

（八）管理团队

一支强有力的管理团队能够让商业模式迅速获得投资人的信任，能立刻获得市场份额，获得实施商业计划的经验。同时，强有力的团队能够改变运营模式，重新定义必需的业务。

四、典型的农产品电子商务模式

由于信息技术和农业的飞速发展，农产品电子商务模式也呈现出飞速的进步。典型的农产品电子商务模式主要有在线销售模式、移动商务模式和社会化商务模式。

(一) 农产品在线销售模式

传统农产品商务模式下,农产品从农户生产到消费者往往要经历多级批发商和零售商。过多的中间环节造成了效率低下、价格昂贵等流通问题,如图9-2所示。

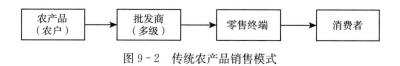

图9-2 传统农产品销售模式

然而,在线销售模式下,消费者可以与农产品运营系统中的任一经营主体直接产生商务关系,如图9-3所示。

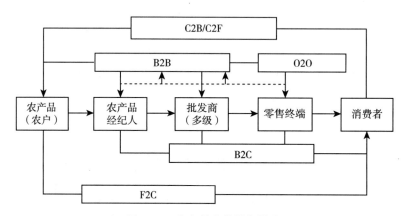

图9-3 农产品在线销售模式

在线销售模式的价值主张是消除中间环节、降低产品的流通环节成本并满足消费者利益最大化需求。它是一种效率高的营销方式。在线销售模式中,消费者可以直接与生产者发生交易(consumer to farmer,C2F),也可以与各级中间企业发生交易(consumer to business,C2B),还可以通过线上与线下相结合的方式灵活交易(online to offline,O2O)。农产品在线销售的特点:

1. 在线销售是农产品电子商务最基本的表现形式

据中国互联网络信息中心第47次《中国互联网络发展状况统计报告》,截至2020年12月,我国网民规模达9.89亿,互联网普及率达70.4%。其中,农村网民规模达3.09亿,占网民整体的31.3%。我国网络购物用户规模达7.82亿,占网民整体的79.1%;手机网络购物用户规模达7.81亿,占手机网民的79.2%。

在线销售是农产品电子商务最常见的运营方式。农产品电子商务进农村实现了对832个贫困县全覆盖,支持贫困地区发展"互联网+"新业态新模式,增强贫困地区的造血功能。

2. 农产品服务的比重加大

农产品在线销售改变了传统环境中的消费者盲目挑选、购买农产品的方式。农产品在线销售过程中，销售人员必须向消费者主动推荐、演示、讲解农产品特点，而且需要向消费者提供配送等物流服务。此外，通过农产品在线销售，生产商可以直接了解消费者对农产品的需求。因此，农产品生产商必将改变生产决策方式，适应按市场需求的敏捷生产模式。可见，在线销售农产品的模式将增加农产品服务的比重。

（二）农产品移动商务模式

农产品移动商务指通过无线通信进行农产品在线商务活动，如9-4所示。价值主张体现在，农产品移动商务允许经营主体高效地与客户接触，允许经营主体与客户即时互访各种商业信息和在线商务沟通。农产品移动商务主要的功能包括：移动电商营销、移动商务管理等。典型的农产品移动商务模式有基于位置的移动商务。移动商务模式赋予"一村一品"强大的生命力，如图9-4所示。农产品移动商务的特点：

图9-4 农产品移动商务

1. 农产品移动商务的真实性和可靠性更强

农产品移动商务无线接入网络服务，任何人可以随时便利访问与现实世界对应的网络内容，这使网络虚拟功能与现实世界的结合更紧密。因此，移动网络的现实化，加强了农产品电子商务的真实性和可靠性。

2. 农产品移动商务无处不在

移动技术的最大特点是"自由"，没有网线束缚。传统商务环境下人们感受到网线束缚，限制了传统电子商务的空间表达。农产品移动商务可以让消费者人们随时随地结账、购物，真正实现所见即所得。

3. 农产品移动商务能较好确认交易双方的身份，增强交易信任

传统的电子商务中，难以确定交易双方的真实身份，然而移动电子商务中，手机号码具有唯一性，手机 SIM 卡上存储了可以识别用户身份的必要信息（甚至是手机实名），这种身份确认对于移动商务而言，是交易双方良好的信用认证基础。

4. 农产品移动商务易于服务创新

移动通信灵活便捷，农产品移动商务更适合消费领域，更利于农产品运营领域的服务创新，如智能支付、农产品自动售货机等。

（三）农产品社会化商务模式

农产品社会化商务是电子商务的一种新的衍生模式，它借助社交网站、社交媒介、网络媒介等传播途径，通过社交互动、用户自生内容等手段来辅助农产品商品的购买和销售行为。其价值主张为：在社交媒体上获取大量的消费者流量，扩大在线口碑；同时，通过团购拼单及直接采购等方式，减少中间环节，节省流通成本，从而创造高效的商务价值。农产品社会化商务模式的特点：

1. 社会化商业中沟通成本降低

社会化媒体（如微博、QQ 空间、微信朋友圈、微信公众号等）上，人们可以随时搜索和重复利用农产品信息。农产品社会化商业模式改善了消费者与农产品经营主体的沟通。农产品经营主体应该在消费者的关注点用最恰当的方式与之沟通，建立品牌关系、维持较好的客户关系。

2. 农产品在线团购

农产品团购指消费者联合起来共同购买农产品的交易方式。农产品团购使零星的订单聚集成稍大规模的批量购买，节约了社会成本，提高了运营效率。

从农产品在线销售模式、农产品移动商务模式到农产品社会化商务模式，体现了农产品电子商务与时俱进的特征。

五、应用案例

中粮我买网于 2009 年上线，由中粮集团有限公司投资创办，是以食品类零售为主的生鲜电商企业，针对城市办公族、居民和网络依赖性强的人群。中粮我买网注重食品安全，以 QS 认证为基本标志要求，存货管理严格按照"先进先出"，保质期与进出库有明确的时间允许范围。中粮我买网经营的食品达上百个品类，生鲜食品是主要发展方向。中粮我买网凭借自身的实力，坚持以安全、便捷的原则来运行生鲜电商。可见，中粮我买网有清晰的价值主张及规范的组织管理。

(一) 中粮我买网食品库存专业化程度高

在存储空间规划上，通风、温度、湿度、灰尘等指数，商品之间摆放的关系都经过严格标准设计，操作规范细致。在仓储物流中，存储固定投资大，能力强，产品线丰富，能够充分满足消费者的多样化需求，能做到优质、健康和有鲜度。

(二) 中粮我买网促销策略多样适用

以"我买卡"形式来增加预售量，减少消费者操作上的烦琐，提高页面操作效率。用"礼包定制"来提供团购服务，礼包的数量和种类可以灵活组合，同时体现各种节日主题，来满足消费者消费心理的偏好。

网站由我买团、闪购、值得买、送礼专区、挑食、中粮专区、产地直送、大客户热线等频道组成，由进口食品、海外直采，生鲜水产、水果蔬菜，粮油米面、厨房调味，果汁饮料、冲调品、茶叶，酒（我买酒）、母婴产品、奶制品、休闲食品、饼干蛋糕、味道中国、干货、营养健康、有机、三低、早餐食品、方便食品、个护健康、美妆、清洁、餐厨用品、小家电、家纺、礼卡礼券、产地直送等大类组成。因此，我买网具有良好的营销策略。

(三) 网络分销策略

中粮我买网是中粮集团开拓的全新分销渠道，以网络销售平台为核心，布局网络战略优先策略，增加市场机会。在市场渗透上，通过网店渠道持续创新产品销售方式，驱动企业进步。通过积累与分析网购消费者购买习惯和购买行为，不断提高客户黏度，使消费者喜欢网上生鲜农产品消费的现代生活方式，并能由其需求进行产品创新和特定消费人群进行产品定制。促进新产品快速上市，保证新产品的成功率。新产品上市不再经历经销商开发、零售商选择的漫长过程，不必支付昂贵的进店费，可以快速呈现在消费者面前，实现和消费者的直接互动。销售和品牌建设同步推进，使网购平台成为品牌传播、渠道拓展的集成新途径，为中粮集团持续创新带来活力，为消费者提供最安全、最丰富、最便宜、最便捷的食品及其服务。中粮我买网根据竞争环境，不断开拓市场空间、开发新产品，从而保持强有力的竞争优势。

(四) 采购前移，供应商先导管理

中粮我买网建立了一个专业的采购团队。在产品上线之前，对所设定的采购品类进行严格的筛选，筛选的内容和细节非常多，包装完好程度、厂家是否正规、有没有超过保质期，还要对产品的供应商、原材料甚至是原材料产地、加工环节等进行全方位的考核。对于普通消费者而言，在购买食品的时候所看到的添加成分信息、食品成色、包装情况和保质情况往往是不全面的。食品的加工环境、原材料情况、产地、运输过程等这些看不见的环节其实才是食品质量和安全的关键。中粮我买网凭借专业的买手团队对食品进行全方

(五)物流冷链配送

自建物流,在北京和上海分别建设新的物流中心,单体面积都在 10 000m² 左右,同时自行开发仓库管理系统和运输管理系统,大大提高物流速度及服务质量,更好地满足消费者的需求。对保质期信息实时监控,实现保质期内配送,自主开发了物流信息系统。该系统能够记录进出库数量、货物存放地点和状态及订单跟踪信息等,并对商品销售、进量等进行统计、分析、预测工作。普遍采取区域销售的产品以当地品牌、当地采购为主,不同的地区建立适合本地的采购渠道,保证了生鲜品质,降低了物流费用。仓储在温控、防虫、防潮等上有严格操作细则。生鲜农产品冷链真正做到了全程无缝对接,建成了完全独立的低温生鲜仓库,做到了从系统上保证生鲜农产品品质和物流服务。在远洋水产品上,实现捕捞船上冷冻包装再运输,通常顾客在网上下单后,进冷库中分拣、包装,然后用冷藏车送到配送点,在配送点用冰箱、冰柜保存,"最后一千米"配送采用保温箱。商品送到以后,顾客还可以监测保温箱内的温度,一般控制在1℃。

(六)在线品牌策略

中粮我买网主要采用以下 3 种在线营销策略。

1. 广告引擎营销

广告引擎营销包括搜索引擎优化(SEO)、搜索引擎点击广告(PPC)以及搜索引擎竞价排名等。中粮我买网通过"广投放、深优化"实行广告引擎营销,使得在很多白领经常去的论坛,如人人网、开心网都能看到中粮我买网密集的营销广告。

2. 在线事件营销

中粮我买网从上线起,非常重视和消费者的互动。建立之初就推出 Flash 小游戏免费送美食,免费派发出去一万多份零食,积累了网站初期注册用户。2009 年,中粮"悦活"与开心网合作,通过"悦活"种植大赛,短时间内积累了两千万粉丝。2010 年,中粮我买网通过举办"爱拼亚运会拼字得大"互动游戏,与美团合作悦活果汁及 U 格产品,赞助新浪"备'占'世界杯"的"囤粮"等一系列活动,提高了自身的效率和树立了新的品牌形象。中粮我买网通过自己的行动,树立了老牌央企在消费者心中的形象,超前的宣传促销模式让消费者感受到了中粮我买网的崭新面貌。

3. 社会化媒体营销

2010 年,中粮我买网建立新浪微博,腾讯微博在短短 3d 内就实现了近百万倍的听众,由 299 名井喷式增长至 300 万名,如今粉丝达到了 1 040 万之多,创造了企业微博粉丝增长的神话。2012 年 7 月,中粮我买网与腾讯超市合作,推出经营型游戏"中粮我买网超市",该互动游戏极具趣味性和互动性,推出不久便赢得广大年轻人的青睐,让 QQ 超市的虚拟超市经营再度掀起热潮,在玩游戏中向用户逐步灌输中粮我买网的品牌。这也是中粮我买网 QQ 超市的最大成功之处,通过自身独特的互动游戏创新营销吸引了大批的用户。

第三节 智慧农产品供应链管理

本节将具体介绍农产品供应链以及把区块链、物联网等高新技术应用其中形成的智慧农产品供应链管理的形式和原理。

一、农产品供应链

农产品供应链由 Folkerts 和 Koehorse 定义为"一组相互依存的公司通过紧密合作,共同管理农产品增值链中的商品和服务流,从而在尽可能低的成本下实现更高的客户价值"。简言之,农产品供应链是通过对农产品物流、信息流、资金流和安全流的控制,由农户生产者、中介组织、供应商、加工企业、分销商、零售商和消费者等连接成的一个整体功能性网链式结构。目前,农产品供应链具有如下特征:

(一)自然再生产和社会再生产并存

结束农业生产后,农产品进入后继的加工和流通阶段,农产品的生命属性和"生长"活动将不同程度地持续到最终消费者。

(二)供应商的多样性和消费的不确定性

农产品供应商包括农户、农场、农工商综合公司等。其中,农户作为农业生产的主体和核心企业的供应商,其行为模式复杂。在消费方面,农产品的消费从温饱型到质量型、服务型转变,消费需求模式的演变给上游的生产和流通带来了前所未有的压力。

(三)农产品供应链对物流的要求较高

农产品生产具有区域性,但消费者需求多样、善变,因此,需要不同区域之间进行流通交易,甚至是全球之间跨国供应,然而农产品具有鲜活性和易腐性,即便采取保鲜等措施,仍会有一定比例的损耗,而且这个比例会随着时间、距离的加大而增加。

二、农产品供应链管理

按照农产品的两大主要消费方式,将农产品供应链可以分为农产品加工供应链和生鲜农产品供应链,如表9-1所示。农产品加工供应链是指农产品加工品从生产者到消费者的物理性经济活动,其核心是农产品加工。生鲜农产品供应链是指生鲜农产品从生产者到消费者的物理性经济活动,其核心是如何保证农产品的生鲜。

表9-1 农产品供应链分类

分类		产品消费特征	核心环节	管理
农产品加工供应链	果蔬类加工 畜产品加工 水海产品加工	安全性、多样性	加工	加工管理
生鲜农产品供应链	鲜果蔬类 鲜活畜产品 鲜活水海产品	安全性、及时性、新鲜性	服务	物流配送服务管理、终端管理

三、智慧农产品供应链管理

智慧农产品供应链是融合互联网、物联网、云计算、大数据、区块链等高新技术于农产品供应链管理,形成供应链体系可视化、生态化、智能化和集成化,实现商流、物流、信息流、资金流的高效整合。应用智慧农产品供应链管理能给农业带来以下作用:

(一)产前预测

根据土壤监测、气象环境监测,结合植物生长模型,可为种植户提供种植建议。对于农户合作组织来说,可以从信息共享平台获得农产品市场导向预测,从而可以从专业的角度获取科学合理的农产品种植方案,达到降低生产成本,提升抵抗市场风险的能力,切实保障农户利益,促进农业生产规模化、合理化、科学化的目的。运用大数据分析技术精准预测农产品供求平衡关系,并通过信息反馈,指导农业生产者未来生产决策,维持市场供求平衡,以防农产品价格波动过大,导致农业生产者承受巨大风险。根据预测按需分配生产资料,通过充分调配生产资料避免产能过剩或短缺以及高库存、高损耗问题。

(二)产中管理

实现农产品产业链各环节人、事、时、地、物五类关键控制点参数可追溯,实现农业可视化、工业可视化、物流可视化和消费可视化,达成生产可记录、信息可查询、流向可跟踪、责任可追究,并可有效优化投入产出与经营管理,保证产品质量与安全,辅助风险控制与科学决策。利用物联网传感设备与植物生长模型、病虫害模型等相结合,实现精准种植、智能灌溉、病虫害预警、气象灾害预警等功能。以物流环节为例,运销商与批发商可以借助物联网技术就近选择物流配送网点，通过共享化、分布式等多种灵活的冷链仓储、物流配送方式，减少运输对资源的重复利用和对环境的影响。

（三）产后分析

产后分析包括产量分析、市场分析、物资分析、订单分析等。例如，订单分析中将产品需求类别、预期需求量、消费者年龄比例等信息反馈给信息共享平台，从而生成需求订单，指导上游供应链生产种植。

（四）管理监督

区块链技术的应用能够保证相关主体信息不被随意篡改，保证信息的全面性和客观性。在该技术应用下，智慧供应链管理平台为决策者提供相对客观公允、真实有效的信息，有助于避免政策的滞后性和片面性。智慧供应链应用下的数字化监管有助于监管部门将传统的、基于经验的监管模式转变为更具体、更精细的监管模式。在基层监管部门有限的人力和资金条件下，可以提高监管的有效性、针对性和便捷性。同时，可以通过大量农产品溯源数据的应用，将依靠经验来监督的传统监管模式转变为社会化、全流程、数字化的供应链监管新模式，从根本上解决政府监管机构少、监督手段少、监管效率不高的问题。与此同时，打造农业供应链管理云平台，构建政府、消费者、产销主体、媒体等共同监督、共同治理的农产品质量安全管理体系，实现农产品质量追溯监督的社会化。

四、基于区块链的农产品质量溯源

基于区块链的农产品质量溯源系统，是智慧农产品供应链管理的重要应用。区块链是一种共享的、分布式的且防篡改的数字分类账单，由不可变更的数字记录组成。作为一种分布式和去中心化的技术，区块链是一组带有时间戳的块，这些块通过加密哈希函数进行链接。基于区块链的可追溯系统更安全、更透明、更高效，这为农产品质量追溯提供了可信的物料信息流。因此，基于区块链的农产品质量可追溯性系统为农产品信息获取、传递和储存提供创新性应用。区块链的主要功能特性如下：

（一）分散和不信任的网络

区块链由许多节点组成，以形成对等网络；没有集中的设备和管理机制；任何节点的破坏或丢失都不会影响整个系统的运行，具有出色的鲁棒性；参与者之间共享数据。区块链参与者可以通过数字签名技术来验证数据，而无需中央授权和相互信任。

（二）可追溯业务流程中的智能合约

区块链中的交易可以通过智能合约实现自动化。某些业务规则已部署在区块链上，允许参与者跟踪业务流程并验证合同规则。智能合约是用程序语言编写的商业合约,在预定条件满足时,能够自动强制执行合同条款,实现"代码即法律"的目标,而不需要可信第三方的参与。区块链的去中心化使智能合约在没有中心管理者参与的情况下,可同时运行在全网所有节点,任何机构和个人都无法将其强行停止。2016年10月,工业和信息化部发布的《中国区块链技术和应用发展白皮书》将智能合约视为一段部署在区块链上可自动运行的程序,涵盖范围包括编程语言、编译器、虚拟机、时间、状态机、容错机制等。区块链把合约执行的规则加入区块链的共识算法中,并将合约本身的代码与状态放入区块链上,当合约触发时直接读取并执行合约代码,执行的结果返回到合约状态。这样,区块链就变成了合约计算的可信环境。基于区块链的智能合约技术具备确定性、一致性、可终止、可验证和去中心化的特点。智能合约有助于供应链参与者之间的数据共享和持续流程的改进。此外,智能合约可以确保防止各方创建错误记录,尤其是与物联网设备结合使用时。

(三)共识机制

共识机制是区块链中各方达成共识并确定记录有效性的方式。这是由使用密码证明的计算机系统完成的。共识机制可以防止追溯过程中的数据篡改。

(四)交易透明度和可追溯性链的匿名性

规则及有关区块链运作的所有信息对区块链网络访问的参与者都是开放和透明的。每个事务对于所有级别的所有节点都是可见的,并且每个参与节点都是匿名的。因此,它可以确保农产品的可追溯性、可靠性、安全性和信息及时性,并实现从收获、存储到销售的透明管理。

(五)数据防篡改且可追溯

供应链中所有参与者的交易信息都记录在区块中,数据记录不可被篡改和删除。因此,可以查询和跟踪信息交换活动。透明的数据管理为审计检查、操作记录、物流跟踪和其他操作活动提供了一种可靠的方式。

(六)系统和数据的可靠性

区块链技术使区块链网络中的每个节点都能以分布式数据存储的形式获取完整的数据。数据由所有节点共同维护。例如,除非控制整个供应链中超过51%的节点,否则对单个节点上的数据库所做的更改是无效的。

五、应用案例

2019年3月30日,国家互联网信息办公室公开发布第一批共197个区块链信息服务名称及备案编号。在国家互联网信息办公室的备案名单中,上海连陌信息技术有限公司(简称连陌科技)申请注册了"步步鸡"项目,将区块链与物联网相结合,实现区块链溯源。

(一)溯源,保证吃到散养鸡

世界经济论坛网站数据显示,人类一年要吃掉至少500亿只鸡。巨头纷纷入局绿色食品养殖业:网易丁磊投身养猪业;京东推出"跑步鸡",规定每只鸡必须跑100万步。"步步鸡"项目于2018年6月20日上线,将区块链、物联网和防伪技术相互结合,可以追溯每只鸡的成长过程。

"步步鸡"养殖基地选择在皖南山区的农村基地,由当地农民养殖。在鸡的成长过程中,项目方要求所有鸡必须放养,出栏周期为180d(饲料鸡一般为45d),日常喂食蔬果、五谷杂粮及黑水虻,每只鸡每天还需要保持一定的运动量。另外,每只鸡脚上会绑定唯一的脚环令牌,可以实时记录鸡的地理位置和计步信息。如果防伪标识在鸡送到用户手上之前被撕毁,数据就立即无效。这样可防止信息被多次复制,实现每只鸡的防伪溯源。"步步鸡"打通了从鸡苗的供应源、养殖基地,到屠宰加工厂、检疫部门、物流企业等环节的信息壁垒,前端采集的数据会实时同步上链,并接入安链云生态联盟链,所有信息通过区块链进行流转。消费者收到"步步鸡"后可以通过产品溯源App进行防伪溯源信息查询,获得关于这只鸡的生态培育记录、饲料疫苗信息、种植基地信息、检测报告及质检证书等。

(二)舆情分析,市场监测

除了可以对鸡进行溯源,获取鸡生长过程中各环节的信息,"步步鸡"还可以为养殖者提供疫情监测、舆情分析。根据鸡群的活动轨迹和食用量,以及周边的环境、摄像头等的数据,模型便可以快速进行鸡群的疫情、病鸡的预警分析。"步步鸡"舆情分析系统还可以对相关部门发布的相关养殖病害情况进行实时监测,并分析当地养殖环境的相关数据,及时对疫情进行预警,降低农户的养殖风险。此外,结合舆情分析系统收集到的天气、市场、政策和食品事故等新闻数据,统一处理后,就可以获得不同市场对不同食用鸡的需求信息,如图9-5所示。

在获取各地的需求后,结合分布在全国各地的养殖场信息和销售订单信息,形成物流路径调度信息,从而实现鸡只出栏、检疫、屠宰和物流公司的对接,形成一个闭环的物联网(图9-6)。根据规划,"步步鸡"项目将在3年内覆盖千余个贫困乡村,养鸡总数将超过2 300万只,新建约10万亩生态养殖基地。目前,"步步鸡"已经在安徽、河南、贵州、山东、四川等省份的贫困地区落地。

图9-5 防伪溯源监控系统基地全景监控图

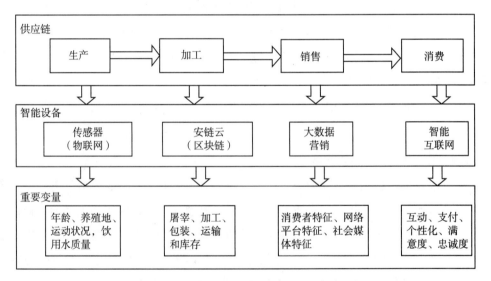

图9-6 "步步鸡"项目溯源、监测流程图

附　表

附表1　智能养猪主要细分领域、产品和典型企业

领域	类别	主要产品及功能	典型企业
猪业互联网服务平台	猪场综合服务平台	提供猪场管理、投入品和活猪交易、供应链金融、线下指导等多元服务	农信互联（猪联网）、猪之宝、扬翔股份
	猪场管理软件	PC端软件、手机App和小程序等，帮助猪场实现数据电子化及数据分析等增值服务	傲农集团（猪OK）、安佑集团（安佑云）、久翔软件（猪场管家）、微猪科技（微猪科技）、银合科技（银合ERP）、艾佩克（GPS）、丰顿科技、青花瓷、慧猪帮
	涉猪电子商务平台	投入品物资、活体生猪在线交易平台	国家生猪市场、畜牧市场、阳光畜牧商城、小牧人商城、中畜网、猪易商城、农村淘宝、京东农资频道、猪品惠、汇通农牧、金猪商城
	涉猪资讯服务	门户网站，提供行情资讯和在线培训服务	农信网、新牧网、搜猪网、猪e网、中国生猪养殖网、中国畜牧网、中国养殖网、爱猪网、中国猪药网、中国养猪网、华夏养猪网、猪价格网、赛尔畜牧网、猪场动力网
猪场物联网平台与设备	物联网平台	智能硬件与软件服务的集成，在泛农业领域为客户提供综合性解决方案	慧云信息、中国移动OneNET平台、联想懂的通信、农信通、左岸芯慧、恺易物联、引通通讯
		智能硬件与软件服务、AI算法的集成，专注于养猪业，提供全套的智能猪场解决方案	农信云、京东集团、正狐科技
	智能饲喂设备	各类猪群的自动饲喂设备，能够实现个体或小群的精准饲喂	慧农、省饲儿、大荷兰人、大牧人、大华农、大鸿恒丰、华科智农、南商农牧、梵龙电子、恒银、京鹏畜牧

（续）

领域	类别	主要产品及功能	典型企业
猪场物联网平台与设备	智能环控设备	全套的智能环境监测、控制设备	京鹏畜牧、蒙特、普立兹、慧牧科技、希恩特（青岛）、大牧人、慧牧科技、鑫芯物联
	智能穿戴设备	电子耳标、植入式芯片、电子医生等，识别猪ID，并监测猪运动量、体温、健康状况和行为	莱普生信息科技、探感科技、瑞百创科技、安乐福、富华科技、睿畜科技、高新兴物联
	智能监测设备	猪场巡检机器人，集成多种传感器、探测器、生物雷达，做猪舍智能巡检等	农信云、京东集团、正狐科技、小龙潜行
		便携式监测设备，如发情、膘情、精子质量、谷物成分监测设备等	索诺普、创怀医疗、世博畜牧、讯动网络
		智能源监测设备，智能电表、水表等	安科瑞电气、欧瑞博科技、曼顿空开科技、拓强电气、弘博电气、希崖电子、集社电子、毅仁电气、嘉荣华电子、佳岚智能空开
	智能称重设备	智能电子秤，自动收集称重数据，发送到云端处理	大华电子秤、众衡电子秤、万众衡器、慧农、省饲儿
	其他智能仪器设备	智能摄像头，帮助用户随时随地，查看视频监控	海康威视、大华股份、中维世纪科技、普顺达科技、威视达康科技、兴金鼎顺科技
		传感器，各类温度、湿度、光学、力学、气体、指纹、磁场、位置传感器等	华工科技、青岛元芯、绿度信息、华牧智能、鑫芯电子、旗硕基业科技、九纯健、信立科技
		智能网关，边缘计算、管理设备	拾联信息科技、万物云联科技、智尚电子、华辰智通
人工智能解决方案	整体解决方案	在开源平台、深度学习算法、图片识别、机器翻译、语音识别、生物特征识别实现了创新突破，能够针对客户的具体需求提供整体解决方案	阿里巴巴、京东集团、科大讯飞、云知声
	视觉识别	利用视觉识别技术进行猪识别、猪计数	影子科技、普立兹、睿畜科技、小龙潜行、佳格天地、格灵深瞳、翔创科技、阿里巴巴、京东集团、科大讯飞
		利用视觉识别技术智能估算体长、体重、背膘等指标	小龙潜行、普立兹、睿畜科技、佳格天地、科大讯飞、恒泰艾普
		利用视觉识别技术智能疾病诊断	挺好科技、猪联网猪病通
		监测猪行为，结合行为学判断猪健康状况	睿畜科技、佳格天地、正狐科技、京东集团

（续）

领域	类别	主要产品及功能	典型企业
人工智能解决方案	声音识别	结合动物行为学，利用声音识别技术判断动物生长和健康状况	科大讯飞、云知声
	人机交互	通过智能音箱实现人与设备的交互	农信云、云知声
其他领域	食品溯源平台	记录食品各个环节的食品质量安全	蓝科溯源、宝讯溯源、众合联科技、探感物联
	区块链技术	将区块链应用到食品溯源领域	阿里巴巴、京东集团、根源链、唯链、阳光链、中食链、汇鑫网桥、中国联通

资料来源：中国畜牧业协会智能畜牧分会，中国智能畜牧发展现状与趋势白皮书（2019）。

附表2 专业术语中英文对照

编号	中文表述	英文表述	英文缩写
1	智慧农业	smart farming 或 smart agriculture	—
2	数字农业	digital agriculture	—
3	精准农业	precision agriculture	—
4	遥感	remote sensing	RS
5	传感器	sensor 或 transducer	—
6	物联网	internet of things	IoT
7	区块链	block chain	—
8	大数据	big data	—
9	云计算	cloud computing	—
10	人工智能	artificial intelligence	AI
11	机器学习	machine learning	ML
12	深度学习	deep learning	DL
13	虚拟现实	virtual reality	VR
14	增强现实	augment reality	AR
15	无人机	unmanned aerial vehicle	UAV
16	传感技术	sensor technology	—
17	自动控制技术	autocontrol technology	—
18	地理信息系统	geographic information system	GIS
19	全球定位系统	global positioning system	GPS
20	射频识别	radio frequency identification	RFID
21	近场通信	near field communication	NFC
22	通用分组无线业务	general packet radio service	GPRS

(续)

编号	中文表述	英文表述	英文缩写
23	信息和通信技术	information and communication technology	ICT
24	北斗卫星导航系统	Beidou navigation satellite system	BDS
25	无线局域网	wireless local area network	WLAN
26	决策支持系统	decision-making support system	DSS
27	消息队列遥测传输	message queuing telemetry tracking	MQTT
28	专家系统	expert system	ES
29	知识图谱	knowledge graph	—
30	信息孤岛	information silo	—
31	机器视觉	machine vision	—
32	电子商务	electronic commerce 或 e-commerce	—
33	电子商务模式	e-commerce model	
34	自然语言处理	natural language processing	NLP
35	数据挖掘	data mining	—
36	叶面积指数	leaf area index	LAI
37	智能合约	smart contract	—
38	联机分析处理技术	on-line analytical processing	OLAP
39	智能决策支持系统	intelligent decision-making support system	IDSS
40	人工神经网络	artificial neural network	ANN
41	数据仓库	data warehouse	DW
42	案例式推理	case-based reasoning	—
43	数据处理系统	data processing system	—
44	归一化植被指数	normalized difference vegetation index	NDVI
45	比值植被指数	ratio vegetation index	RVI
46	植物工厂	plant factory	—
47	发光二极管	light-emitting diode	LED
48	电导率	electrical conductivity	—
49	溶解氧	dissolved oxygen	—
50	荧光灯	fluorescent lamp	—
51	电能利用率	electric energy use efficiency	EUE
52	光能利用率	light energy use efficiency	LUE
53	可编程逻辑控制器	programmable logic controller	PLC
54	现场总线控制系统	fieldbus control system	FCS
55	控制器局域网络	controller area network	CAN
56	卷积神经网络	convolutional neural network	CNN
57	长短时记忆网络	long short-term memory	LSTM

参 考 文 献

白雪冰，余建树，傅泽田，等，2020. 光谱成像技术在作物病害检测中的应用进展与趋势. 光谱学与光谱分析，40（2）：350-355.

蔡健荣，孙海波，李永平，等，2012. 基于双目立体视觉的果树三维信息获取与重构. 农业机械学报，43（3）：152-156.

曹静，2008. 精确农作管理模型与决策支持系统的研究. 南京：南京农业大学.

车晓曦，潘月红，2019. "智慧灌溉+共享经济"农业社会化服务模式探索. 农业展望，15（7）：66-70.

陈小帮，左亚尧，王铭锋，等，2020. 面向深度学习识别高空农作物的方法. 计算机工程与设计，41（2）：580-586.

陈一飞，吕辛未，罗玉峰，2017. "互联网+"智慧灌溉平台开发与应用. 中国水利（2）：46-48.

程锦祥，孙英泽，胡婧，等，2020. 我国渔业大数据应用进展综述. 农业大数据学报，2（1）：11-20.

程俊峰，魏楚伟，侯露，等，2020. 智能水肥一体化技术在蔬菜温室大棚中的应用. 南方农机，1（8）：6-7.

崔力，2020. 云存储技术的优势研究. 中国新通信，22（6）：89-91.

傅兵，2012. 基于SOA的数字农务系统关键技术研究. 南京：南京农业大学.

国家统计局，2018. 中国统计年鉴. 北京：中国统计出版社.

黄洁华，高灵超，许玉壮，等，2017. 众筹区块链上的智能合约设计. 信息安全研究，3（3）：211-219.

黄孟选，李丽华，许利军，等，2018. RFID技术在动物个体行为识别中的应用进展. 中国家禽，40（22）：1-6.

李道亮，包建华，2018. 水产养殖水下作业机器人关键技术研究进展. 农业工程学报，34（16）：1-9.

李道亮，2017. 互联网+农业：农业供给侧改革必由之路. 北京：电子工业出版社.

李道亮，杨昊，2018. 农业物联网技术研究进展与发展趋势分析. 农业机械学报，49（1）：1-20.

刘建波，李红艳，孙世勋，等，2018. 国外智慧农业的发展经验及其对中国的启示. 世界农业（11）：13-16.

芦兵，孙俊，许晓东，2018. 基于图像特征库的动物行为识别技术. 江苏农业科学，46（20）：257-260.

吕盛坪,李灯辉,冼荣亨,2019.深度学习在我国农业中的应用研究现状.计算机工程与应用,55(20):24-33,51.

麦春艳,郑立华,孙红,等,2015.基于RGB-D相机的果树三维重构与果实识别定位.农业机械学报,46(S1):35-40.

莫建飞,钟仕全,陈燕丽,等,2013.广西主要农业气象灾害监测预警系统的开发与应用.自然灾害学报,22(2):150-157.

钱建轩,朱伟兴,2018.基于计算机视觉的动物跛脚行为识别.软件导报,17(10):10-13.

区亮欣,孙宏伟,陈建东,等,2015.动物疾病智能诊断的现状与分析.兽医导刊(23):29-31,53.

屈冬玉,2016.全国农业物联网发展报告.北京:农业部市场与经济信息司.

邵奇峰,金澈清,张召,等,2018.区块链技术:架构及进展.计算机学报,41(5):969-988.

宋展,胡宝贵,任高艺,等,2018.智慧农业研究与实践进展.农学学报,8(12):95-100.

孙治贵,王元胜,张禄,等,2018.北方设施农业气象灾害监测预警智能服务系统设计与实现.农业工程学报,34(23):149-156.

唐华俊,吴文斌,余强毅,等,2015.农业土地系统研究及其关键科学问题.中国农业科学,48(5):900-910.

仝宇欣,方炜,2021.数字化植物工厂理论与实践.北京:中国农业科学技术出版社.

王晋,2014.自然环境下苹果采摘机器人视觉系统的关键技术研究.秦皇岛:燕山大学.

王荣,史再峰,高荣华,等,2020.多变环境下基于多尺度卷积网络的猪个体识别.江西农业大学学报,42(2):391-400.

王彦翔,张艳,杨成娅,等,2019.基于深度学习的农作物病害图像识别技术进展.浙江农业学报,31(4):162-169.

吴滨,黄庆展,毛力,等,2016.基于物联网的水产养殖水质监控系统设计.传感器与微系统,35(11):113-115,119.

吴文斌,史云,段玉林,等,2019.天空地遥感大数据赋能果园生产精准管理.中国农业信息,31(4):1-9.

熊航,2020.智慧农业转型过程中的挑战及对策.人民论坛 学术前沿(24):90-95.

薛梦霞,刘士荣,王坚,2017.基于机器视觉的动态多目标识别.上海交通大学学报,51(6):727-733.

闫国琦,倪小辉,莫嘉嗣,2018.深远海养殖装备技术研究现状与发展趋势.大连海洋大学学报,33(1):123-129.

杨丹,2019.智慧农业实践.北京:人民邮电出版社.

杨其长,2012.植物工厂.北京:清华大学出版社.

杨其长,魏灵玲,刘文科,2012.植物工厂系统与实践.北京:化学工业出版社.

杨子江,刘龙腾,李明爽,2018.我国渔业发展的基本态势和面临问题.中国水产(12):65-68.

余秀丽,2016.基于Kinect的苹果树三维重建方法研究.杨凌:西北农林科技大学.

张国锋,肖宛昂,2019.智慧畜牧业发展现状及趋势.中国国情国力(12):33-35.

参 考 文 献

张洁，2011. 球形果采摘机器人视觉系统设计与开发. 秦皇岛：燕山大学.

赵春江，2019. 智慧农业发展现状及战略目标研究. 智慧农业（1）：1-7.

周斌，2018. 我国智慧农业的发展现状、问题及战略对策. 农业经济，369（1）：8-10.

Ammad U M, Ali M, Le J D, et al., 2018. UAV-Assisted Dynamic Clustering of Wireless Sensor Networks for Crop Health Monitoring. Sensors (Basel, Switzerland), 18 (2).

Arslan A C, Akar M, Alagoz F, 2014. 3D cow identification in cattle farms. Trabzon：IEEE Signal Processing and Communications Applications Conference：1347-1350.

Banger K, Yuan M, Wang J, et al., 2017. A Vision for Incorporating Environmental Effects into Nitrogen Management Decision Support Tools for U. S. Maize Production. Front Plant Sci, 8：1270.

Bosona T, Gebresenbet G, 2013. Food traceability as an integral part of logistics management in food and agricultural supply chain. Food Contr, 33 (1)：32-48.

Bozic N, Pujolle G, Secci S, 2016. A tutorial on blockchain and applications to secure network control-planes. Dubai：IEEE 2016 3rd Smart Cloud Networks & Systems：1-8.

Cao J, Jing Q, Zhu Y, et al., 2015. A Knowledge-Based Model for Nitrogen Management in Rice and Wheat. Plant Production Science, 12 (1)：100-8.

Chauhan Y S, Wright G C, Holzworth D, et al., 2011. AQUAMAN：a web-based decision support system for irrigation scheduling in peanuts. Irrigation Science, 31 (3)：271-83.

Chen Q, Gui G, Ma Z, et al., 2019. A Model-Based Real-Time Decision Support System for Irrigation Scheduling to Improve Water Productivity. Agronomy, 9 (11).

Cruver P, 2015. Offshore Aquaculture and Marine Big Data. Environment Coastal & Offshore, 3 (6)：38-45.

Galvez J F, Mejuto J C, Simal-Gandara J, 2018. Future challenges on the use of blockchain for food traceability analysis. Trac Trends Anal Chem, 107：222-232.

Guth F A, Ward S, McDonnell K P, 2017. Autonomous Winter Wheat Variety Selection System. Journal of Advanced Agricultural Technologies, 4 (2)：104-10.

Harun A N, Mohamed N, Ahmad R, et al., 2019. Improved Internet of Things (IoT) monitoring system for growth optimization of *Brassica chinensis*. Computers and Electronics in Agriculture, 164.

Khan M A, Salah K, 2018. IoT security：review, blockchain solutions, and open challenges. Future Generat Comput Syst, 82：395-411.

Kondo N, Ninomiya K, Hayashi S, et al., 2005. A New Challenge of Robot for Harvesting Strawberry Grown on Table Top Culture. Tampa, Florida, USA：2005 ASAE Annual International Meeting：4-8.

Linker R, Cohen O, Naor A, 2012. Determination of The Number of Green Apples in RGB Images Recorded in Orchards. Computers & Electronics in Agriculture, 81 (1)：45-57.

Olnes S, Ubacht J, Janssen M, 2017. Blockchain in government：benefits and implications of distributed ledger technology for information sharing. Govern Inf Q, 34 (3)：355-364.

Puthal D, Malik N, Mohanty S P, et al., 2018. The blockchain as a decentralized security framework. IEEE Consum Electron Mag, 7 (2): 18e21.

Walter A, Finger R, Huber R, et al., 2017. Smart farming for sustainable agriculture, Proceedings of the National Academy of Sciences, 114 (24): 6148-6150.

Wu J, Yang G, Yang H, et al., 2020. Extracting apple tree crown information from remote imagery using deep learning. Computers and Electronics in Agriculture, 174: 105504.

Xiong H, Dalhaus T, Wang P, et al., 2020. Blockchain technology for agriculture: applications and rationale. Frontiers in Blockchain, 3: 7.

Zheng Z, Xie S, Dai H N, et al., 2018. Blockchain challenges and opportunities: a survey. Int J Web Grid Serv, 14 (4), 352-375.

图书在版编目（CIP）数据

智慧农业概论 / 熊航主编 . —北京：中国农业出版社，2021.12（2024.8重印）
普通高等教育农业农村部"十三五"规划教材
ISBN 978-7-109-28923-9

Ⅰ.①智… Ⅱ.①熊… Ⅲ.①信息技术－应用－农业－高等学校－教材 Ⅳ.①S126

中国版本图书馆 CIP 数据核字（2021）第 240358 号

智慧农业概论
ZHIHUI NONGYE GAILUN

中国农业出版社出版
地址：北京市朝阳区麦子店街 18 号楼
邮编：100125
责任编辑：李　晓　　文字编辑：张田萌
版式设计：王　晨　　责任校对：沙凯霖
印刷：中农印务有限公司
版次：2021 年 12 月第 1 版
印次：2024 年 8 月北京第 3 次印刷
发行：新华书店北京发行所
开本：787mm×1092mm　1/16
印张：17
字数：340 千字
定价：39.80 元

版权所有·侵权必究
凡购买本社图书，如有印装质量问题，我社负责调换。
服务电话：010 - 59195115　010 - 59194918